高等学校大数据专业系列教材

Python

数据分析与数据挖掘

王洁 李晓 主编

清华大学出版社

北京

内 容 简 介

本书采用理论知识与全过程案例解析相结合的方式,深入浅出地介绍运用 Python 进行数据分析与挖掘的基本概念与方法。全书共 13 章,分为四部分:Python 基础知识、数据分析相关库、数据挖掘理论与算法应用、综合案例。全书本着循序渐进、理论联系实际的原则,每个知识点及每章均选择了接近实际应用并具有典型性的丰富案例,引导读者更好地理解数据分析与挖掘的知识,并能快速开展编程实践,是一本实践性极强、深浅适度、重在应用、着重实战能力培养的教材。

本书可作为高等学校大数据管理与应用、数据科学与大数据技术、计算机科学与技术等相关专业的教材,也可作为数据分析与挖掘相关从业人员的参考书。

图书在版编目(CIP)数据

Python 数据分析与数据挖掘/王洁,李晓主编. —北京:清华大学出版社,2023.10(2024.2 重印)
高等学校大数据专业系列教材
ISBN 978-7-302-62572-8

Ⅰ. ①P… Ⅱ. ①王… ②李… Ⅲ. ①软件工具—程序设计—高等学校—教材 Ⅳ. ①TP311.561

中国国家版本馆 CIP 数据核字(2023)第 022872 号

策划编辑:魏江江
责任编辑:王冰飞
封面设计:刘 键
责任校对:时翠兰
责任印制:宋 林

出版发行:清华大学出版社
    网   址:https://www.tup.com.cn,https://www.wqxuetang.com
    地   址:北京清华大学学研大厦 A 座   邮   编:100084
    社 总 机:010-83470000   邮   购:010-62786544
    投稿与读者服务:010-62776969,c-service@tup.tsinghua.edu.cn
    质量反馈:010-62772015,zhiliang@tup.tsinghua.edu.cn
    课件下载:https://www.tup.com.cn,010-83470236
印 装 者:三河市龙大印装有限公司
经   销:全国新华书店
开   本:185mm×260mm 印 张:20.5   字   数:493 千字
版   次:2023 年 10 月第 1 版   印   次:2024 年 2 月第 2 次印刷
印   数:1501～3000
定   价:59.80 元

产品编号:081886-01

前　言

党的二十大报告指出：教育、科技、人才是全面建设社会主义现代化国家的基础性、战略性支撑。必须坚持科技是第一生产力、人才是第一资源、创新是第一动力，深入实施科教兴国战略、人才强国战略、创新驱动发展战略，这三大战略共同服务于创新型国家的建设。高等教育与经济社会发展紧密相连，对促进就业创业、助力经济社会发展、增进人民福祉具有重要意义。

"洞悉先于人，数据赢天下"。随着大数据时代的到来，数据已成为重要的生产要素和国家基础性战略资源，数据分析与挖掘的相关理论和技术在各行各业的应用也有了质的飞越。数据分析与挖掘可以从海量数据中找到具有参考意义的模式和规则，转换成有价值的信息、洞察或知识，并创造更多的新价值。数据分析与挖掘综合了人工智能、概率论、线性代数、统计学和数据库等多学科知识，要求相关从业人员既要掌握大量相关理论知识和算法原理，又能熟练运用编程语言进行开发和实践。

Python 语言具有语法简洁、功能强大、扩展库丰富、开源免费等特点，可高效完成数据统计分析、数据挖掘、可视化等任务，是目前数据分析与挖掘、机器学习和人工智能等领域广泛应用的一门编程语言。

本书基于 Python 语言，全面系统地介绍了运用 Python 进行数据分析与挖掘的基本概念与方法。全书分为四部分，共 13 章。第一部分主要讲解 Python 基础知识，包括第 1~4 章，重点介绍 Python 基础语法、函数和面向对象知识；第二部分主要讲解 Python 中数据分析的相关库，包括第 5~7 章，主要介绍使用 NumPy 和 Pandas 进行统计分析、分组与聚合、交叉分析，以及使用 Matplotlib 进行数据可视化的方法；第三部分主要讲解数据挖掘的理论与算法应用，包括第 8~10 章，重点介绍数据挖掘的相关概念、常用算法原理和实践应用；第四部分为综合案例，包括第 11~13 章，通过 3 个完整案例详细介绍了数据分析与挖掘的步骤和方法。

本书特色如下。

(1) **体系完整，结构合理**。本书按照"Python 基础知识—数据分析相关库—数据挖掘理论与算法应用—综合案例"的学习主线，循序渐进地介绍数据分析与挖掘从理论到实践的全过程。

(2) **案例主导，实践性强**。本书为每个知识点设计了丰富的典型性案例，并用 3 个综合案例帮助读者加深对全书知识的理解。通过理论知识与编程实践的充分结合，有效引导读者更好地理解和掌握数据分析与挖掘的知识，并快速开展编程实践。

(3) **内容丰富，注重应用**。各章除了章节要点、主体知识点阐述和实战案例模块外，还设置了小结和习题等模块，帮助读者进一步掌握和巩固重点和难点知识，提高应用能力。

为便于教学，本书提供丰富的配套资源，包括教学大纲、教学课件、电子教案、程序源码和习题答案。

资源下载提示

课件等资源：扫描封底的"课件下载"二维码，在公众号"书圈"下载。

素材（源码）等资源：扫描目录上方的二维码下载。

本书可作为高等学校大数据管理与应用、数据科学与大数据技术、计算机科学与技术等相关专业的教材，也可作为数据分析与挖掘相关从业人员的参考书。

由于编者水平有限，书中不当之处在所难免，欢迎广大读者批评指正。

在本书的编写过程中得到了北京市数字教育研究课题（No. BDEC2022619037）和国家自然科学基金（No.62172287）的资助，在此表示衷心的感谢。

编　者

2023 年 8 月

目　录

源码下载

第一部分　Python 基础知识

第二部分　数据分析相关库

第三部分　数据挖掘理论与算法应用

第四部分 综 合 案 例

第一部分　Python基础知识

第 1 章

Python概述

Python 是一种面向对象的解释型高级语言,近几年已成为最热门的编程语言之一。因代码体量小但功能强大,Python 成为编程语言界"简单、优雅"等美好特质的最佳代言人。Bruce Eckel 更是根据 Python 的这些优点提出了"Life is short,you need Python"(人生苦短,我用 Python)的口号。虽然 Python 在近几年才开始大火,但 Python 并不是编程语言界的新人。Python 于 1989 年被发明,1991 年第一个 Python 编译器诞生,比高级编程语言 Java 还要早 4 年。此前 Python 一直处于不瘟不火的状态,但时势造英雄,豆瓣的崛起让世人注意到"写得了网络,处理得了数据"的 Python,豆瓣的创始人在 2005 年利用 Python 的 Quixote 历时 3 个月完成了豆瓣社区框架的搭建,充分展现了 Python 的敏捷性与高效性。

在人工智能(AI)以及深度学习大热的潮流下,Python 因其动态特性俨然成为人工智能界的"网红"。在 2022 年年初 TIOBE 编程语言社区的统计中,Python 成为 TIOBE 指数排行榜的第一名,成为 2021 年度编程语言。TIOBE 认为,Python 的受欢迎程度并没有就此停止,因为它目前的分数领先其他语言 1% 以上,Python 已经完全成为许多领域事实上的标准编程语言,而且没有迹象表明 Python 的胜利步伐会很快停止。教育部考试中心也于 2017 年 10 月 11 日发布文件,决定将"Python 语言程序设计"纳入计算机二级考试,而随着国家对于人工智能的重视以及相关技术的进步,Python 作为人工智能的首选语言,其在"语言圈"的地位处于稳步上升阶段。

本章要点:

* 了解 Python 的优点和特性。
* 掌握 Python 开发环境的安装与配置。
* 掌握编辑和运行 Python 程序的方法。
* 熟悉 Python 的运行原理。
* 熟悉 Python 的编写规范。

1.1 Python 简介

在学习 Python 之前,读者可以先对 Python 的"成名之路"进行了解,Python 的简历如表 1-1 所示。

表 1-1　Python 的简历

姓名	Python	业界称号	胶水语言
出生地	荷兰国家数学和计算机科学研究所	父亲	Guido van Rossum
成长地	Python 社区	老师	C 语言
出生年月	1989 年 12 月	信念	让用户感觉更好
偶像	ABC 语言		

　　Python 作为程序设计语言界的新生代偶像,是一种高级、开源的面向对象编程的计算机程序设计语言,其以优美、清晰、简单的形象实现在数据分析、Web 开发、机器学习、网络采集等领域的多栖发展。Python 语言在 1989 年 12 月"出生"于荷兰国家数学和计算机科学研究院(Centrum Wiskunde & Informatica,CWI)。1989 年圣诞假期期间,Python 之父——荷兰人吉多·范罗苏姆(Guido van Rossum)为了打发假期时间决心开发一个新的脚本解释程序,作为 ABC 语言的一种继承。Python 的命名源于 Guido 最喜欢的一部电视喜剧——Monty Python's Flying Circus。Python 在诞生及成长过程中一直秉承着自己的偶像前辈——ABC 语言的信念:让用户感觉更好。Python 师从 C 语言,1991 年第一个 Python 编辑器问世,它就是用 C 语言实现的,并且 Python 中的很多语法都来自 C,Python 一直以 C 语言为榜样,希望可以做到像 C 语言一样拥有可以全面调用计算机功能的接口。

　　Python 还是开源(open source)运动里的优秀代表。Python 在成长过程中逐步走出自己的出生地 CWI,并在 Python 社区得到了快速成长,Python 自身的很多功能以及大部分标准都来自社区,并逐渐拥有了自己的网站和基金,借助完全开源的开发方式,Python 得到了更加快速的成长,形成其独树一帜的特色,奠定了其在语言界的偶像地位。比如,由于具有丰富和强大的库,使得 Python 极具"亲和力",能够把其他语言制作的各种模块轻松地联结在一起,因此常被称为"胶水语言"。

1.2　Python 的特点和应用领域

1.2.1　Python 的特点

　　从前面 Python 的简介中读者已经对 Python 的特点有了一定的了解,Python 的特点可以总结如下:

1. 简单易用

　　与其他程序设计语言相比,Python 更加简单易用,即使是初学者,Python 也力图做到让他们能够像阅读英语一样读懂代码。Python 自诞生之日以及在后续的发展过程中一直坚守"初衷"——解决问题,而不是让程序员把精力耗费在搞明白语言本身。

2. 免费开源

　　Python 是开源运动里的优秀代表,即 Python 语言是免费且开源的,正是因为这一点,Python 可以让全世界的使用者方便地阅读它的源代码、对源代码进行改进与应用,这也是

Python能够快速发展、日益强大的原因,同时这也有利于社会各类人才与开发人员的健康合作,形成良好的社区氛围。

3. 规范的代码风格

这是Python比较知名的特点之一,Python为了使代码的可读性更高,采用强制缩进的方式。PEP8(《Python Enhancement Proposal ♯8》)是针对Python代码格式编订的风格指南,遵循风格指南有利于多人协作。

4. 运行效率高

首先,相较于Java等,Python的运行速度是比较快的,因为其底层以及很多标准库、第三方库等都是用C编写的;其次,Python避开了编译、链接等障碍,减少了在开发、调试、部署上所需要的时间,大大提高了工作效率。

5. 提供了丰富的库

Python为使用者提供了广泛的标准库,可以帮助使用者快速处理数据库、文本数据、机器学习、人工智能等工作。当然,除标准库外,Python还提供了许多其他高质量的库,例如Python图像库、wxPython等。

6. 易于移植、部署

Python作为开源的可解释性语言,支持所有的主流操作系统,包括Linux、Windows以及MacOS等,并且部署方便。

7. 可扩展、可嵌入

当用户想要提高某部分代码的执行速度时,可以考虑使用C或者C++来进行编写,实现对Python的扩展;此外,也可以使用Python编写模块嵌入C/C++,进而简化程序,减少代码。

1.2.2　Python的应用领域

从JetBrains开发者生态系统的调查可知Python目前主要的应用领域,结果如图1-1所示。从调查可知,在过去5年中开发者使用Python的方式没有改变,Web开发和数据分析仍然是使用Python语言最常见的方式,各占50%左右。75%参与学术研究的调查对象使用Python语言,因此它是学术界最受欢迎的语言之一。从图1-1可以看出,目前Python主要应用于Web开发、数据分析、机器学习、编写网络爬虫进行数据采集、系统管理等领域。

举例来说,人工智能领域的无人驾驶、著名的AlphaGo中都有Python的身影。目前,Python可以说是人工智能的标准语言,相关框架也有很多,例如PyTorch、TensorFlow等。在Web开发领域,目前很多知名网站都在使用Python来完成各种任务,例如豆瓣。豆瓣的整体框架以及几乎所有的业务均是使用Python开发的,还有国内最大的问答社区"知乎"、国外的YouTube等都是用Python开发的。

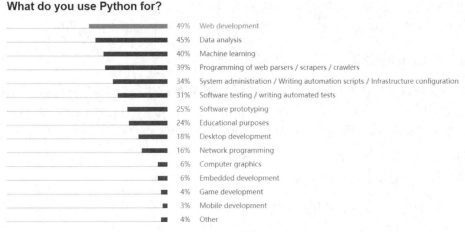

图 1-1 Python 的应用领域调查

1.3 Python 开发环境的搭建

Python 可应用于多种操作系统，包括 Windows、Linux/UNIX、Mac OS X 等，用户可以通过终端窗口输入"python"命令查看本地是否已经安装 Python 以及 Python 的安装版本。

1.3.1 Python 的下载

如果要下载 Python 的安装版本，可以在浏览器的地址栏中输入网址"http://www.python.org/downloads/"进行下载，目前 Python 的最新版本是 3.10.2，如图 1-2 所示。在该页面选择适合自己操作系统的 Python 版本，下载相应的 Python 安装程序。例如在图 1-2 所示的页面中单击 Download Python 3.10.2，即可下载适合 Windows 的 python-3.10.2.exe，下载成功后，双击该文件进行安装即可。

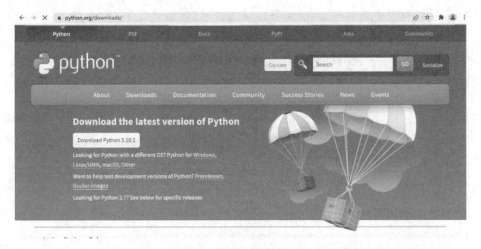

图 1-2 Python 的下载页面

此外，用户也可以登录 Python 官网（https://www.python.org/）查看 Python 的最新源代码、二进制文档及新闻资讯等信息。

在 Python 官网上可以在线浏览 Python 的文档，也可以下载 PDF、HTML 或 PostScript 等格式的 Python 文档。Python 文档的下载地址为"https://www.python.org/doc/"。

1.3.2　Python 的安装

Python 已经被移植在许多平台上（经过改动使它能够工作在不同平台上）。用户需要下载适用于自己所使用平台的二进制代码，然后安装 Python。如果用户所使用平台的二进制代码是不可用的，则需要使用 C 编译器手动编译源代码。编译的源代码在功能上有更多的选择性，为 Python 的安装提供了更多的灵活性。

以下是各个平台安装包的下载和安装方法。

1. 在 UNIX & Linux 平台上安装 Python

以下是在 UNIX & Linux 平台上安装 Python 的简单步骤：

（1）打开 Web 浏览器，访问"https://www.python.org/downloads/source/"网址。

（2）选择 UNIX/Linux 的源代码压缩包。

（3）下载及解压压缩包。如果需要自定义一些选项，可修改 Modules/Setup。

（4）执行 ./configure 脚本。

（5）make。

（6）make install。

执行以上操作后，Python 会安装在 /usr/local/bin 目录中，Python 库安装在 /usr/local/lib/pythonXX，XX 为用户所使用的 Python 的版本号。

2. 在 Windows 平台上安装 Python

以下是在 Windows 平台上安装 Python 的简单步骤：

（1）打开 Web 浏览器，访问"https://www.python.org/downloads/windows/"网址。

（2）在下载列表中选择 Windows 平台安装包，包的格式为 python-XYZ.msi，XYZ 为用户所要安装的版本号，如图 1-3 所示。

图 1-3　下载 Windows 平台的 Python

（3）如果要使用安装程序 python-XYZ. msi，Windows 系统必须支持 Microsoft Installer 2.0(MSI)。如果没有安装 MSI，可以下载并安装到本地计算机，如图 1-4 所示。

Files

Version	Operating System	Description	MD5 Sum	File Size	GPG
Gzipped source tarball	Source release		045fb3440219a1f6923fefdabde63342	17496336	SIG
XZ compressed source tarball	Source release		a80ae3cc478460b922242f43a1b4094d	12642436	SIG
macOS 64-bit/32-bit installer	Mac OS X	for Mac OS X 10.6 and later	9ac8c85150147f679f213addd1e7d96e	25193631	SIG
macOS 64-bit installer	Mac OS X	for OS X 10.9 and later	223b71346316c3ec7a8dc8bff5476d84	23768240	SIG
Windows debug information files	Windows		4c61ef61d4c51d615cbe751480be01f8	25079974	SIG
Windows debug information files for 64-bit binaries	Windows		680bf74bad3700e6b756a84a56720949	25858214	SIG
Windows help file	Windows		297315472777f28368b052be734ba2ee	6252777	SIG
Windows x86-64 MSI installer	Windows	for AMD64/EM64T/x64	0ffa44a86522f9a37b916b361eebc552	20246528	SIG
Windows x86 MSI installer	Windows		023e49c9fba54914ebc05c4662a93ffe	19304448	SIG

图 1-4　下载 MSI

（4）在 python-XYZ. msi 下载后，双击下载包，即可进入 Python 安装向导。安装非常简单，只需要使用默认的设置一直单击"下一步"按钮，直到安装完成即可。

1.4　Anaconda 的下载与安装

Anaconda 是目前最流行的 Python/R 的开源数据科学平台，提供了在 Linux、Windows 和 Mac OS 上使用 Python 进行数据分析和机器学习最简单的方式，使开发者不用花费大量时间进行开发环境的安装和配置。Anaconda 包含了 Python，并使用 Conda 来管理库、依赖项和环境，同时集成了 NumPy、Pandas 等多个科学包及其依赖项。因为包含了大量的科学计算和数据分析包，Anaconda 的下载文件比较大（约 500MB），如果用户只需要某些包，或者需要节省带宽或存储空间，也可以使用 Miniconda 这个较小的发行版（仅包含 Conda 和 Python）。

除 Python 本身之外，Anaconda 中集成了 Conda、众多科学计算和数据分析挖掘所需的主流工具包，以及两种不同风格的编辑器 Spyder 和 Jupyter。其中，Conda 是一个开源的包、环境管理器，可以用于在同一个计算机上安装不同版本的软件包及其依赖项，并能够在不同的环境之间切换。

Anaconda 中集成的工具包包括可以进行高效数据分析的 Dask、NumPy、Pandas、Numba 等，进行机器学习的 scikit-learn，以及进行数据可视化的 Matplotlib、Bokeh、Datashader、HoloViews 等。

Anaconda 的下载地址为"https://www. anaconda. com/download/♯ windows"，如图 1-5 所示。

用户可以从该页面选择合适的 Anaconda 版本下载并双击进行安装。

图 1-5　Anaconda 的下载

1.5　Anaconda 中的 Python 开发环境

Python 有很多集成开发环境可以选择,例如 PyCharm、Sublime Text、Eclipse＋Pydev 等,开发者可以根据自己的喜好进行选择。Anaconda 中集成了 Jupyter Notebook 和 Spyder 等开发环境,下面分别进行介绍。

1.5.1　Jupyter 的使用

Jupyter Notebook 是一个开源的 Web 应用程序,是一个集说明性文字、数学公式、代码和可视化图表于一体的网页版交互式 Python 语言运行环境,即用户可以使用 Jupyter 创建和共享包含实时代码、公式、可视化和描述文本的文档。Jupyter 的用途包括数据清洗和转换、数值模拟、统计建模、数据可视化、机器学习等,对于更详细的内容,读者可参考 "https://jupyter.org/"对应的网页。

在 Anaconda 的菜单中,可以单击 Jupyter Notebook 菜单项启动 Jupyter Notebook。在启动后,默认浏览器将会自动打开,同时会打开一个日志窗口,显示 Jupyter 的工作状态,如图 1-6 所示。

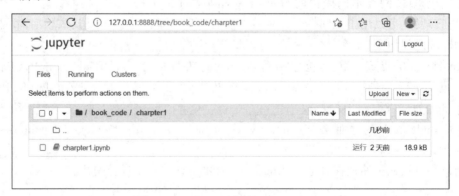

图 1-6　Jupyter 的工作界面

在打开的浏览器窗口中可以单击 Upload 按钮,将一个已有的文件上传(扩展名为.ipynb),也可以选择 New 新建特定类型的文件进行编辑和运行。

在选择新建 Python 3 后,将打开一个新的浏览器窗口。在窗口中可以看到一个个单元格(Cell),用户可以在 Cell 中输入代码。在 Cell 菜单项中选择相应的项或单击 ▶ 图标可以运行代码,也可以使用 Ctrl+回车运行当前选中的 Cell,或者使用 Shift+回车运行当前选中的 Cell 并指向下一个单元格,如图 1-7 中的例子所示。

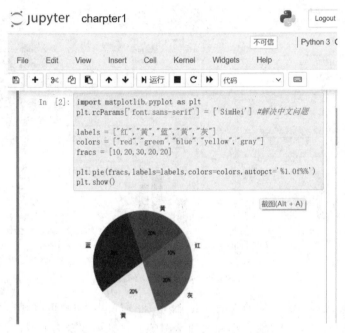

图 1-7 在 Jupyter 中输入代码并运行

在 Jupyter 中,可以按 Tab 键对已定义的变量名字、变量的属性及方法名称或模块进行补全。

如果想查看 Jupyter 的默认工作路径,可以新建一个.ipynb 文件,并使用如下语句,则在运行语句输出的目录中可以看到刚才新建的.ipynb 文件。

```
import os
print(os.path.abspath("."))
```

1.5.2 Spyder 的使用

1. Spyder 简介

Spyder 是 Python(x,y)的作者开发的一个跨平台的集成开发环境。和其他的 Python 开发环境相比,它最大的优点就是模仿 MATLAB 的"工作空间"的功能,可以很方便地观察和修改数组的值。

2. Spyder 环境测试

Spyder 环境安装成功后,可以在 Spyder 里编写一个 Python 程序 test_spyder.py,单击

"运行"按钮,测试 IDE 开发环境是否安装配置成功。

Spyder 为开发者提供了代码提示、变量浏览等功能。在 Spyder 中编程时,当用户输入系统关键字或函数的前几个字符,再按 Tab 键,即可得到 Spyder 给出的代码提示,Spyder将自动补齐代码。例如在图 1-8 所示的例子中输入 imp,然后按 Tab 键,Spyder 会自动将imp 补齐为 import。

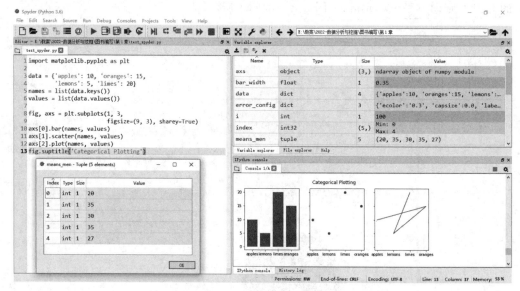

图 1-8　Spyder 环境测试

在 Spyder 集成环境右上侧的 Variable explorer 窗口中,用户可以观察当前程序中变量的情况,包括变量的名字、类型、大小和取值情况等。在某个变量名上双击,可以打开窗口查看该变量的详细情况,如图 1-9 所示。

在程序文件编写完成后,可以选择 Run 菜单中的相应菜单项进行运行。如果运行整个文件,可以单击 Run 菜单项或按下 F5 键;如果只运行部分代码,可以选中要执行的代码,然后单击 Run cell 或按下 Ctrl+回车,如图 1-10 所示。

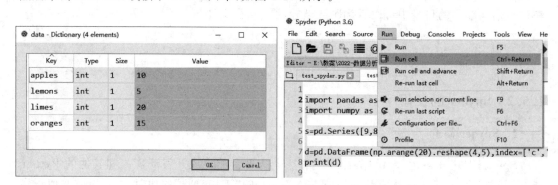

图 1-9　Spyder 集成编程环境中的变量浏览器　　图 1-10　Spyder 集成编程环境中的 Run 菜单项

Spyder 集成环境右下侧的 IPython console 中显示了代码的运行结果。用户可以在IPython console 中输入语句,直接运行观察结果,如图 1-11 所示。

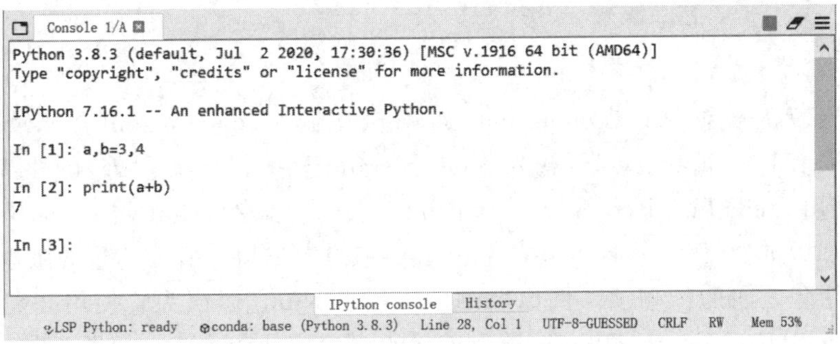

```
Console 1/A

Python 3.8.3 (default, Jul  2 2020, 17:30:36) [MSC v.1916 64 bit (AMD64)]
Type "copyright", "credits" or "license" for more information.

IPython 7.16.1 -- An enhanced Interactive Python.

In [1]: a,b=3,4

In [2]: print(a+b)
7

In [3]:
```

图 1-11　Spyder 集成编程环境中的 IPython console

1.5.3　使用 Conda 管理包

Anaconda 被广泛应用的主要原因之一就是其中整合了大量与数据分析和机器学习相关的包，并使用 Conda 来管理库、依赖项和环境，开发者不需要在 Python 中单独安装和配置各种包。

1. 查看已安装的包

用户可以在 Anaconda Prompt 中通过 conda list 命令查看 Anaconda 中已经安装的包，如图 1-12 所示。

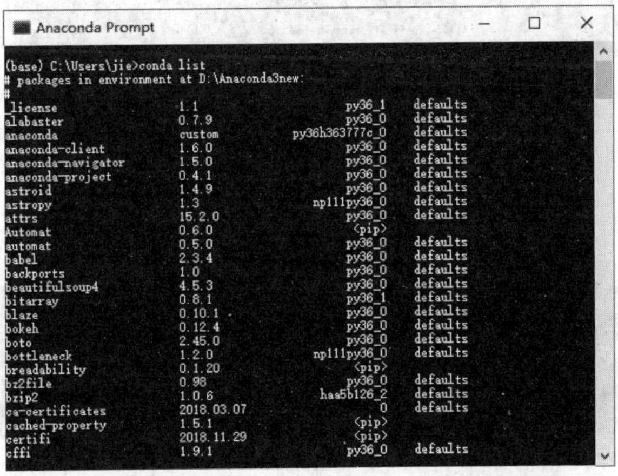

图 1-12　查看 Anaconda 中已经安装的包

用户也可以使用 conda list package_name 查看某个具体包的安装情况，例如图 1-13 中分别使用 conda list numpy 和 conda list Pygame 查看两个包的安装情况。

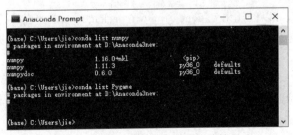

图 1-13　查看具体某个包的安装情况

2. 安装包

如果要安装新的包，可以在 Anaconda Prompt 中输入 conda install package_name。

例如要安装 PyGraphviz，可以输入 conda install PyGraphviz。另外，也可以同时安装多个包，例如使用 conda install numpy scipy pandas 会同时安装 NumPy、SciPy、Pandas 包；还可以通过添加版本号（例如 conda install numpy＝1.10）来指定所需的包的版本。Conda 会自动安装各个包之间的依赖项。例如，SciPy 依赖于 NumPy，因为它使用并需要 NumPy。如果只安装 SciPy(conda install scipy)，则 Conda 还会安装 NumPy(如果还未安装)。

注意：用户还可以下载所需包对应的安装文件（一般扩展名为 .whl，常用下载地址为"https://www.lfd.uci.edu/~gohlke/pythonlibs/"）。安装文件下载到本地以后，可以进行安装。例如下载 PyTorch(2017 年首次推出的一种旨在实现简单灵活实验的深度学习框架)对应的安装文件 torch-1.0.0-cp36-cp36m-win_amd64.whl，注意所下载的安装文件要和本机安装的 Python 版本以及操作系统相符合，可以在 Anaconda Prompt 中使用 python --version 命令查看已经安装的 Python 版本，如图 1-14 所示，需要注意的是 python 与 --version 之间要有一个空格。

图 1-14　查看已经安装的 Python 版本

然后切换到 WHL 文件所在的目录，再使用 pip install torch-1.0.0-cp36-cp36m-win_amd64.whl 进行安装，如图 1-15 所示。

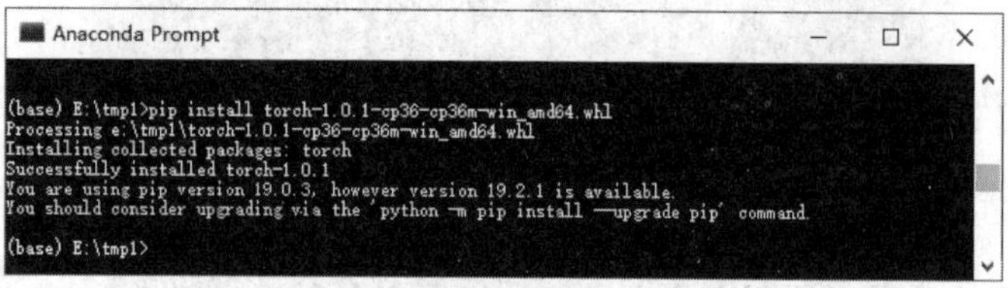

图 1-15　下载 WHL 文件安装包

3. 卸载和更新包

1) 卸载包

当需要卸载包时，可以使用语句 conda remove package_name。在该语句中，package_name 是用户需要卸载的包的名称。例如，当想要卸载 NumPy 包时，可以在终端输入 conda remove numpy。

2) 更新包

当需要更新包时，可以使用语句 conda update package_name。例如 conda update numpy。

如果想更新环境中的所有包（可能会比较耗时），可以使用 conda update-all。

1.5.4 第三方包管理的例子

下面以 scikit-learn 包为例介绍第三方包的管理。scikit-learn 是一个开源的机器学习工具包,集成了各种常用的机器学习算法和数据预处理工具。scikit-learn 是简单高效的数据挖掘和数据分析工具,可供用户在各种环境中重复使用;可建立在 NumPy、SciPy 和 Matplotlib 上;开源,具有可商业使用的 BSD 许可证。

scikit-learn 的官网地址为"http://scikit-learn.org"。在 Anaconda 中默认已经安装了 scikit-learn 工具包,用户可以编写代码测试 scikit-learn 程序包是否能正确应用。

编写如下代码:

```
from sklearn import datasets
iris = datasets.load_iris()
digits = datasets.load_digits()
print(digits.data)
```

运行结果如图 1-16 所示。

```
[[  0.   0.   5. ...,   0.   0.   0.]
 [  0.   0.   0. ...,  10.   0.   0.]
 [  0.   0.   0. ...,  16.   9.   0.]
 ...,
 [  0.   0.   1. ...,   6.   0.   0.]
 [  0.   0.   2. ...,  12.   0.   0.]
 [  0.   0.  10. ...,  12.   1.   0.]]
```

图 1-16 scikit-learn 工具包的测试结果

1.6 使用百度 AI Studio 云计算编程环境

百度 AI Studio(Artificial Intelligence Studio,人工智能平台)是集成了大数据和人工智能的云计算平台。该平台集合了 AI 教程、代码环境、算法/算力和数据集,为开发者提供了免费的在线云计算编程环境,用户不需要再进行环境配置和依赖包设置等烦琐步骤,可以随时随地上线 AI Studio 开展深度学习项目。

AI Studio 平台支持 Python 交互式编程语言开发环境,环境秒级启动,并集成了 PaddlePaddle 深度学习框架,可以轻松地运行大数据和人工智能的相关项目,解决 AI 学习过程中的一系列难题,例如不易获得高质量的数据集,以及本地难以使用大体量数据集进行模型训练等。

1.6.1 登录 AI Studio 平台

使用百度账号登录 AI Studio 平台,该平台的网址为"http://aistudio.baidu.com",如图 1-17 所示。

1.6.2 创建项目

在"项目"下选择"我的项目",并单击"创建项目",如图 1-18 所示。依次选择项目类型、配置环境(选择"基础版"可免费使用)、输入项目的描述信息后,项目即创建成功,分别如

图 1-19(a)、(b)和(c)所示。注意可以在输入项目的描述信息的同时为项目添加或创建数据集。

图 1-17　AI Studio 平台

图 1-18　使用 AI Studio 平台创建"我的项目"

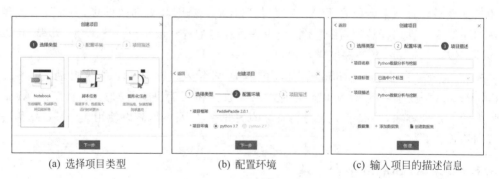

(a) 选择项目类型　　　　(b) 配置环境　　　　(c) 输入项目的描述信息

图 1-19　在 AI Studio 平台上创建项目的步骤

1.6.3　启动并运行项目

在项目创建后,可以启动环境并进入程序的编写环境。AI Studio 的项目采用 Python 语言编写程序,程序的编写和运行环境为 Notebook。选择"运行"菜单下的"全部运行"菜单项,即可运行该项目。用户可以通过左侧的"data"目录上传数据,并通过右下方的按钮进行变量监控、查看运行历史及进行性能监控等。启动项目和 AI Studio 的 Notebook 编程环境分别如图 1-20 和图 1-21 所示。

图 1-20　启动项目

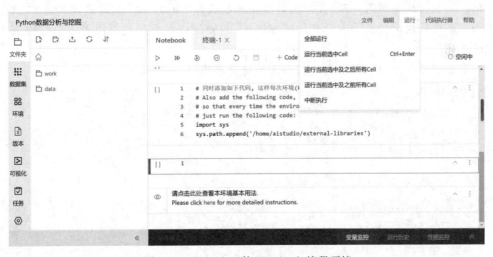

图 1-21　AI Studio 的 Notebook 编程环境

1.7　Python 的运行原理

　　程序设计语言可以分为编译型语言和解释型语言。其中,使用编译型语言编写的程序需要经过编译、汇编、链接才能输出由机器指令组成的目标代码,而解释型语言则是通过解释器产生中间代码,并由另一个可以理解中间代码的解释器程序执行。Python 是一种动态解释型语言,因此它在运行时首先需要一个解释器(interpreter,或编译器,是对解释器的广义称呼)。此外,还需要程序运行时支持的库,该库包含一些已经编写好的组件、算法、数据结构等。

　　Python 程序的整个运行过程大致分为以下 3 个步骤。

（1）由开发人员编写程序代码，也就是编码阶段，此时产生的文件是以.py为扩展名的。

（2）解释器将程序代码编译为字节码，字节码在Python虚拟机程序里对应的是PyCodeObject对象，而字节码在磁盘上是以扩展名为.pyc的文件的形式存在，默认放置在Python安装目录的_pycache_文件夹下，主要作用是提高程序的运行速度。

（3）解释器将编译好的字节码载入一个Python虚拟机（Python Virtual Machine）中，由虚拟机一条一条执行字节码指令，进而完成程序的运行。

Python程序的整个运行过程如图1-22所示。

源代码 →（解释器）→ 字节码 →（解释器）→ Python虚拟机

图1-22　Python程序的运行过程

1.8　Python的编写规范

1.8.1　行和缩进

不同于Java、C♯等常用的程序设计语言，缩进对于Python而言，可以说是Python的语法之一。Python的代码块不使用花括号{}或者begin-end来控制类、函数以及其他逻辑判断，而是使用代码缩进和冒号来分隔代码块，这也是Python的重要特色之一。Python接受空格和制表符作为缩进，需要注意的是空格和制表符不能混用。缩进的数量是可变的，但要求所有的代码块语句必须包含相同的缩进量，一般使用一个制表符或者4个空格来表示特定的代码块。

当采用了不合理的代码缩进时程序的执行会报错，如下例所示：

```
if True:
    print("True")
else:
print("False")                    ♯不合理的代码缩进
```

执行以上代码会出现如下错误提醒：

```
$ python test.py
  File "test.py", line 4
print("False")
              ^
IndentationError: unindent does not match any outer indentation level
IndentationError: unindent does not match any outer indentation level
```

错误表明，编写代码使用的缩进方式不一致，有的是Tab键缩进，有的是空格缩进，改为一致即可。

1.8.2　多行语句

在Python语句中一般以新行作为语句的结束符。用户可以使用斜杠"\"或者括号[]、{}、()将一行的语句分为多行显示，如下例所示：

```
(1)d = a + b + c
(2)d = a + \
      b + \
```

```
c
(3)d = (a +
       b +
       c)
```

(1)、(2)、(3)3个语句块的效果是一样的。

1.8.3 Python 引号

在 Python 中引号(')、双引号(")、三引号('''或""")都可以用来表示字符串,需要注意的是引号的开始与结束必须是相同类型的。

1. 单引号和双引号

举例来看:str= 'I love Python. '和 str= ''I love Python''的效果是一样的。

当字符串中包含单引号时,使用双引号可以省略转义字符,这样更有利于避免错误、提高可阅读性。例如,str='I\'m a student'和 str="I'm a student"是等价的。

同理,如果字符串中包含双引号,则使用单引号会使代码看起来更加简化。例如:

```
str2 = 'Guido says:"life is short,I use Python".'
```

2. 三引号

三引号可以由多行组成,这是编写多行文本的快捷语法,常用于文档字符串。例如:

```
str1 ='''list of name:
        Python
        Java
        C'''
```

str1 的输出结果是:

```
list of name:
        Python
        Java
        C
```

当三引号表示字符串时还起到了换行的作用。另外,三引号还有一个特别的作用,就是在文件的特定地点可以起到注释的作用。

1.8.4 Python 注释

1. 单行注释

在 Python 中使用"#"来进行单行注释,例如:

```
In:
    #!/usr/bin/python
```

```
#  - * - coding: UTF - 8 - * -
# 文件名：test.py
# 第一个注释
print "Hello, Python!"; # 第二个注释
```
Out:
```
    Hello, Python!
```

2. 多行注释

在 Python 中可以使用三引号来进行多行注释,其中 3 个单引号(''')和 3 个双引号(""")的作用是一样的。例如：

```
str = input("请输入一个字符串:")
'''这是一个多行注释
这是一个多行注释
'''
"""这是一个多行注释
这是一个多行注释
"""
```

1.9 本章小结

本章介绍了 Python 的特点和应用领域,介绍了 Python 语言中的基本概念,分析了 Python 的优点和特性,重点介绍了 Python 开发环境的搭建,包括 Python 的下载与安装,并在此基础上详细介绍了目前主流的 Anaconda 开发环境的下载、安装与使用,介绍了在 Anaconda 中如何编辑和运行 Python 程序,同时介绍了使用百度 AI Studio 云计算编程环境进行在线 Python 程序开发的方法。本章还介绍了 Python 程序的运行原理以及 Python 语言的编程规范。

第 2 章

Python基础语法

掌握 Python 基础语法,是使用 Python 进行数据分析与挖掘的基础。Python 语言的特性是简洁明了,语法简单,在使用变量时不需要事先定义变量类型,且 Python 会自动分配、回收内存。因此,Python 虽然不像其他计算机语言有丰富的语法格式,却可以完成其他计算机语言所能完成的功能,而且更易实现。

本章要点:
- Python 的输入和输出。
- Python 的数据结构。
- Python 程序的流程控制。

2.1 标识符与变量

2.1.1 Python 标识符

在 Python 中,标识符可以由英文、数字以及下画线(_)组成,但不能以数字开头。Python 中的标识符是区分大小写的。

以下画线开头的标识符有特殊意义,具体包括:①以单下画线开头的(例如_test)代表不能直接访问的类属性,需通过类提供的接口进行访问,不能用 from xxx import * 的形式导入;②以双下画线开头的(例如__test)代表类的私有成员;③以双下画线开头和结尾的(例如__test__)代表 Python 中特殊方法专用的标识,例如__init__()代表类的构造函数。

2.1.2 Python 关键字

关键字是在 Python 内部已经使用的标识符,这些关键字不能用作常数或变数,或者任何其他标识符名称。所有的 Python 关键字只包含小写字母,可以使用如下语句查看 Python 中的关键字。

例 2-1 查看 Python 中的关键字。

```
In:
import keyword
print(keyword.kwlist)
```

```
Out:
    ['False', 'None', 'True', 'and', 'as', 'assert', 'break', 'class', 'continue', 'def', 'del', 'elif
    ', 'else', 'except', 'finally', 'for', 'from', 'global', 'if', 'import', 'in', 'is', 'lambda',
    'nonlocal', 'not', 'or', 'pass', 'raise', 'return', 'try', 'while', 'with', 'yield']
```

2.1.3　变量与赋值

与其他高级语言(例如 C 和 Java)不同,Python 的变量一般不需要声明,而是根据赋值给变量的数据来自动确定变量的类型,然后分配相应的存储空间。

在 Python 中定义一个变量,就是向内存申请一个带地址的访问空间对象,用来存储数据,用户可以通过变量名找到(指向)这个值。基于变量的数据类型,解释器会分配指定内存,并决定什么数据可以被存储在内存中。因此,变量可以指定不同的数据类型,这些变量可以存储整数、小数或字符。

每个变量在内存中创建,都包括变量的标识、名称和数据这些信息。每个变量在使用前都必须赋值,变量赋值以后该变量才会被创建。等号(=)用来给变量赋值。等号(=)运算符左边是一个变量名,等号(=)运算符右边是存储在变量中的值。

2.2　输入与输出

2.2.1　数据的输入

1. input()函数

在 Python 中从键盘输入数据可以使用 input()函数,该函数的返回值是字符串。
语法:变量名=input("输入提示信息字符串")
功能:从标准输入读取一行,并以字符串形式返回(去掉结尾的换行符)。
例 2-2　使用 input()函数输入数据。

```
In:
    str = input("请输入一个字符串:")
    print("输入的字符串是: % s" % str)
Out:
    请输入一个字符串:hello world
    输入的字符串是: hello world
```

如果需输入其他类型的数据,可以在 input()函数外使用 int()或 float()等类型转换函数。
例 2-3　在 input()函数外使用类型转换函数。

```
In:
    data = int(input("请输入一个整数:"))
    print("输入的整数是: % d" % data)
Out:
    请输入一个整数:123
    输入的整数是: 123
```

2. eval()函数

语法：eval(expression[,globals[,locals]])

功能：eval()函数用来执行一个字符串表达式，并返回表达式的值。

eval()是Python中的一个内置函数，功能十分强大。eval()函数的作用是将字符串当成有效的表达式来求值并返回计算结果。在输入数据时，input()函数会把所有输入值(包括数字)视为字符串，而eval()函数将会去掉字符串最外层的引号，将其解释为一个变量。

在例2-4中使用eval()函数接收多个数据输入。注意，字符串数据在输入时要带上引号，且间隔符必须是逗号。

例2-4 使用eval()函数输入数据。

```
In:
    print("请输入一个学生的学号、姓名和年龄:",end="")
    sno,sname,sage = eval(input())
    print("输入的学生的学号是",sno,"姓名是:",sname,"年龄是",sage)
Out:
    请输入一个学生的学号、姓名和年龄:'s1','张三',21
    输入的学生的学号是 s1 姓名是:张三年龄是 21
```

2.2.2 数据的输出

在Python中最常用的数据输出方式就是使用print()。print()函数可以与相关格式化函数组合使用，以实现输出控制。如果希望输出的形式更加多样，可以使用百分号(%)或str.format()函数来格式化输出值。如果希望将输出的值转化成字符串，可以使用str()或repr()函数来实现。

- str()：返回一个用户易读的表达形式。
- repr()：产生一个解释器易读的表达形式。

语法：print(*objects,sep=' ',end='\n',file=sys.stdout,flush=False)

功能：把objects中的每个对象都转化为字符串的形式，然后写到file参数指定的文件中，默认是标准输出(sys.stdout)；每一个对象之间用sep所指的字符进行分隔，默认是空格；所有对象都写到文件后，会写入end参数所指的字符，默认是换行。

1. 用字符串百分号(%)格式化输出

格式：%[(name)][flags][width].[precision]typecode

用字符串百分号(%)格式化输出的对照表如表2-1所示。

表2-1 用字符串百分号(%)格式化输出的对照表

输出类型	格式	说　　明	实　　　例
以整数输出	%o	按八进制输出整数	语句：print('%o'%16)　　#按八进制输出16 输出：20
	%d	按十进制输出整数	语句：print('%d'%16)　　#按十进制输出16 输出：16
	%x	按十六进制输出整数	语句：print('%x'%16)　　#按十六进制输出16 输出：10

输出类型	格式	说　　明	实　　例
以浮点数输出	%f	保留小数点后面 6 位有效数字	语句：print('%f' % 3.14)　#以浮点数输出,默认保留 #6 位小数 输出：3.140000
	%.nf	保留 n 位小数	语句：print('%.3f' % 3.1415926)　#以浮点数输出,保 #留 3 位小数 输出：3.142
	%e	保留小数点后面 6 位有效数字,以指数形式输出	语句：print('%e' % 3.14)　#默认保留 6 位小数,用科 #学记数法 输出：3.140000e+00
	%.3e	保留 3 位小数,使用科学记数法	语句：print('%.3e' % 3.14)　#取 3 位小数,用科学记 #数法 输出：3.140e+00
	%g	在保证 6 位有效数字的前提下使用小数方式,否则使用科学记数法	语句：print('%g' % 3.1415926)　#默认保留 6 位有效 #数字 输出：3.14159
	%.2g	保留两位有效数字,使用小数或科学记数法	语句：print('%.2g' % 3141.926)　#取两位有效数字,自 #动转换为科学记数法 输出：3.1e+03
以字符串输出	%s	以字符串输出	语句：print('%s' % 'Hello World')　#以字符串输出 输出：Hello World
	%20s	右对齐,占位符 20 位	语句：print('%20s' % 'Hello World')　#右对齐,取 20 #位,不够则补位 输出：Hello World
	%-20s	左对齐,占位符 20 位	语句：print('%-20s' % 'Hello World')　#左对齐,取 20 #位,不够则补位 输出：Hello World
	%.2s	截取两位字符串	语句：print('%.2s' % 'Hello World')　#取两位 输出：He
	%10.2s	占位符 10 位,截取两位字符串	语句：print('%10.2s' % 'Hello World')　#右对齐,取两位 输出：He 语句：print('%-10.2s' % 'Hello World')　#左对齐,取两位 输出：He

例 2-5　用字符串百分号(%)格式化输出。

```
In:
    print("学生姓名是：% s, 年龄是：% d " % ('李明',20)) #按位置顺序依次输出
    print("学生姓名是：%(name)s, 年龄是：%(age)d " % {'name':'王红','age':21}) #自定义
key输出
    #定义名字宽度为10,并右对齐.定义身高为浮点类型,保留小数点后两位
    print("学生姓名是：%(name) + 10s, 年龄是：%(age)d, 身高是：%(height).2f" % {'name':
'张华','age':22,'height':1.7512})
    print("原数：% d, 八进制：% o, 十六进制：% x" % (15,15,15))　#八进制及十六进制转换
    print("原数：% d, 科学记数法 e:% e, 科学记数法 E:% E" % (1000000000, 1000000000,
1000000000))　#用科学记数法表示
    print("百分比显示：%.2f % %" % 0.75) #用百分号表示
```

```
Out:
    学生姓名是：李明，年龄是：20
    学生姓名是：王红，年龄是：21
    学生姓名是：张华，年龄是：22，身高是：1.75
    原数：15，八进制：17，十六进制：f
    原数：1000000000，科学记数法 e：1.000000e + 09，科学记数法 E：1.000000E + 09
    百分比显示：0.75 %
```

2. 用 format()函数格式化输出

相对基本格式化输出采用"％"的方法，format()的功能更强大，该函数把字符串当成一个模板，通过传入的参数进行格式化，并且使用花括号"{}"作为特殊字符代替"％"。

格式：[[fill]align][sign][♯][0][width][,][. precision][type]

下面通过一些实例介绍 format()函数的基本使用，更详细的使用方法请参考 Python 的帮助文档。

1）按位置访问参数

例 2-6　按位置访问参数输出实例。

```
In:
    print ('{0}, {1}, {2}'.format('a', 'b', 'c'))
    print('{}, {}, {}'.format('a', 'b', 'c'))
    print( '{2}, {1}, {0}'.format('a', 'b', 'c'))
    print( '{0}{1}{0}'.format('abra', 'cad'))
Out:
    a, b, c
    a, b, c
    c, b, a
    abracadabra
```

2）按名称访问参数

例 2-7　按名称访问参数输出实例。

```
In:
    print('姓名：{sname}，身高：{height}'.format(sname = '李明', height = '175.5'))
    student = {'sname': '李明', 'height': '175.5'}        #通过字典设置参数
    print('姓名：{sname}，身高：{height}'.format( ** student))
Out:
    姓名：李明，身高：175.5
    姓名：李明，身高：175.5
```

3）对齐文本并指定宽度

例 2-8　对齐文本并指定宽度输出实例。

```
In:
    x = 3.14
    print("{0},{1},{2}".format(x,x * x,x * x * x))
    print("{0:.2f},{1:.3f},{2:.4f}".format(x,x * x,x * x * x))        #保留两位小数
```

```
print("{0:6.2f},{1:10.3f},{2:20.4f}".format(x,x*x,x*x*x))        #右对齐
print("{0:< 6.2f},{1:<10.3f},{2:< 20.4f}".format(x,x*x,x*x*x))   #左对齐
print("{0:> 6.2f},{1:>10.3f},{2:>20.4f}".format(x,x*x,x*x*x))    #右对齐
print("{0:^6.2f},{1:^10.3f},{2:^20.4f}".format(x,x*x,x*x*x))     #居中对齐
print("{0:*^6.2f},{1:*^10.3f},{2:*^20.4f}".format(x,x*x,x*x*x))  #居中对齐,用
                                                                  #*作为填充字符
Out:
3.14,9.8596,30.959144000000002
3.14,9.860,30.9591
  3.14,     9.860,             30.9591
3.14 ,9.860    ,30.9591
  3.14,     9.860,             30.9591
 3.14 ,  9.860  ,    30.9591
*3.14*,**9.860***,******30.9591*******
```

2.2.3　输入和输出实战例题

例 2-9　编写程序,请用户输入 3 个分数,计算并输出平均分,输出结果保留两位小数。

```
s1 = float(input("please input the first score:"))
s2 = float(input("please input the second score:"))
s3 = float(input("please input the third score:"))
print("Average score:",format((s1 + s2 + s3)/3.0,"0.2f"))
```

例 2-10　编写程序,将华氏温度转换成摄氏温度,换算公式为 C＝(H−32)＊5.0/9,其中 C 是摄氏温度,H 是华氏温度。

```
H = eval(input("请输入华氏温度: "))
C = (H − 32) * 5.0/9
print(str.format("华氏温度: %.2f 对应的摄氏温度是: %.2f" % (H,C)))
```

例 2-11　打印 99 乘法表,并按左下三角格式输出。

```
for i in range(1, 10):
    for j in range(1, i + 1):
        print("{0} * {1} = {2}".format(j, i, j * i), end = " ")
    print(" ")
```

2.3　Python 数据结构

Python 中常用的数据结构可以概括为 3 种,即标量(Scaler)、序列(Sequence)和映射(Mapping)。

2.3.1　标量——基本数据类型

Python 使用对象模型来存储数据,每一个数据类型都有一个相对应的内置类,新建一

个数据,实际就是初始化并生成一个对象。Python 中的基本数据类型主要包括:

1. 整型(int)

可以是正整数或负整数,无小数点、无大小限制。整数类型包括十进制整数、二进制整数(以 0b 开头)、八进制整数(以 0o 开头)及十六进制整数(以 0x 开头)。

2. 浮点型(float)

浮点型数字由整数部分和小数部分组成,浮点型常量也可以使用科学记数法表示。

3. 布尔型(bool)

布尔型的运算结果是 True 和 False 常量,这两个常量的值是 1 和 0,可以和数值型数据进行运算。

4. 复数(complex)

复数由实数部分和虚数部分构成,可以用 a+bj 或者 complex(a,b)表示,复数的实部 a 和虚部 b 都是浮点型。

例 2-12　数值数据类型及转换测试。其中,bin()、oct()和 hex()函数的作用分别是将 int 转换成二进制、八进制和十六进制的字符串,注意这 3 个函数的返回值都是 string 类型。

```
In:
    a,b,c,d = 1,1.23,False,5 + 6j          #进行赋值后,变量 a、b、c、d 分别为整型、浮点
                                           #型、布尔型和复数
    print(type(a),type(b),type(c),type(d)) #输出变量 a、b、c、d 的数据类型
    e = 2030000000203000002030
    f = e + 5
    print('Type of f is:{}, Value of f is:{}'.format(type(f),f))   #输出变量 f 的数据类型和值
    g = 2.17e + 18
    h = g - 3
    print('Type of h is:{}, Value of h is:{}'.format(type(h),h))   #输出变量 h 的数据类型和值
    print(bin(26),oct(26),hex(26))    #将整数 26 转换为二进制、八进制和十六进制的字符串
    print(bin(0x1a),oct(0x1a),int(0x1a))  #将十六进制的整数 0x1a(即 26)转换为二进制、八
                                          #进制的字符串和十进制的整数
    print(int(35.8),float(23))        #将 35.8 转换为整数输出,将 23 转换为浮点数输出
    print(isinstance(24,float))       #判断 24 是否为浮点数,输出布尔型结果
    print(complex(5))                 #输出复数 5
    print(complex(3,4))               #输出复数 3 + 4j
Out:
    < class 'int'>< class 'float'>< class 'bool'>< class 'complex'>
    Type of f is:< class 'int'>, Value of f is:2030000000203000002035
    Type of h is:< class 'float'>, Value of h is:2.17e + 18
    0b11010 0o32 0x1a
    0b11010 0o32 26
    35 23.0
    False
    (5 + 0j)
    (3 + 4j)
```

2.3.2　序列类型——列表、元组和字符串

1. 概述

Python 中的序列(Sequence)类型主要包括列表、元组和字符串,这些类型有相同的访问模式,例如可以通过下标位移量来访问序列中的元素,可以通过切片的方式一次性得到列表中的多个元素。

1) 序列类型操作符

表 2-2 列出了序列类型适用的操作符,注意优先级顺序从高到低。

表 2-2　序列的常用操作符

操　作　符	说　明
seq[index]	返回序列中下标为 index 的元素
seq[in1:in2]	返回序列中下标从 in1 到 in2 的元素的集合
seq[i:j:k]	按间隔 k 返回序列中下标从 i 到 j 的元素的集合
seq * n	序列重复 n 次
seq1+seq2	两个序列连接
element in seq	判断元素是否在序列中
element not in seq	判断元素是否不在序列中
s.index(x[,i[,j]])	x 在 s 中首次出现的索引(在索引 i 之后,或在索引 j 之前)
seq.count(x)	返回 x 在序列中出现的次数

2) 序列类型转换函数

序列类型转换函数可以用来对列表、元组和字符串几种序列类型进行转换。常用的序列类型转换函数如表 2-3 所示。

表 2-3　序列类型转换函数

函　数	说　明
list(iter)	把可迭代对象转换为列表
tuple(obj)	把一个可迭代对象转换为元组对象
str(obj)	把 obj 对象转换为字符串对象

3) 其他常用序列类型函数

其他常用序列类型函数如表 2-4 所示。

表 2-4　其他常用序列类型函数

函　数	说　明
len(iter)	返回序列类型对象的长度
max(iter,key=None)	返回序列中的最大项
min(iter,key=None)	返回序列中的最小项
reserve(iter)	对序列元素进行反向排序
sorted(iter,key=None,reverse=False)	对序列元素进行排序
zip([iter0,iter1,…iterN])	把可迭代对象作为参数,将对象中对应的元素打包成一个个元组,然后返回由这些元组组成的对象

2. 列表

列表是 Python 中最基本的数据结构,也是最常用的 Python 数据类型。列表的特点是通过一个变量存储多个数据值,且数据类型可以不同。列表可以修改,例如添加或删除列表中的元素。

1) 列表的创建

列表的创建是用方括号括起所有元素,并且元素之间用逗号分隔。一对空的方括号表示空列表。

例 2-13 创建列表实例。

```
In:
    seq = [1,2,3,2,5,6,7,8]
    print(seq)
Out:
    [1, 2, 3, 2, 5, 6, 7, 8]
```

2) 列表的截取

列表使用从前往后从 0 开始的正向索引,或从 -1 开始的从后往前的逆向索引来标注元素的位置。例如,第一个元素的索引是 0,第二个元素的索引是 1,最后一个元素的索引是 -1,倒数第二个元素的索引是 -2,以此类推,如图 2-1 所示。

列表使用方括号形式的切片功能来截取子列表。用户可以对列表中的数据项进行修改或更新,例如使用 del 语句来删除列表中的元素。运算符"+"用于合并列表,"*"用于重复列表。

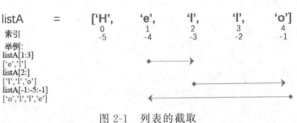

图 2-1 列表的截取

例 2-14 列表的截取。

```
In:
    aList = [i for i in range(11)]      #生成一个由0~10的整数构成的列表
    print(aList[0:5])                   #输出列表中的第0到4个元素
    print(aList[0:5:2])                 #输出列表中的第0到4个元素,步长为2
    print(aList[:])                     #输出列表中的所有元素
    print(aList[:-1])                   #输出列表中的最后一个元素前的所有元素
    print(aList[::-1])                  #逆序输出列表中的所有元素(从0到最后一个元素,步长为-1)
    print(aList[-1:-6:-2])              #输出列表中从-1到-6前的元素,步长为-2
    print(aList[-1::-1])                #逆序输出列表中的所有元素
Out:
    [0, 1, 2, 3, 4]
    [0, 2, 4]
    [0, 1, 2, 3, 4, 5, 6, 7, 8, 9, 10]
    [0, 1, 2, 3, 4, 5, 6, 7, 8, 9]
    [10, 9, 8, 7, 6, 5, 4, 3, 2, 1, 0]
    [10, 8, 6]
    [10, 9, 8, 7, 6, 5, 4, 3, 2, 1, 0]
```

说明：在列表截取中索引包含起点，但不包含结束的索引值。例如，aList[: -1]表示截取 aList 中除最后一个元素以外的值。

3）列表的方法

在 Python 中有很多操作列表的函数或方法，例如 len(list)，可以用来求列表的长度。列表数据类型本身也提供了一些方法，如表 2-5 所示为列表的常用方法。

表 2-5 列表的常用方法

方 法	说 明
list. append(x)	添加元素 x 到列表的末尾
list. extend(iter)	将另一个列表添加到列表的末尾
list. insert(i,x)	在下标为 i 的元素之前加入一个元素
list. remove(x)	从列表里删除第一个值为 x 的元素
list. pop([i])	删除列表中给定位置的项，然后将其返回。如果没有指定索引，a. pop()将删除并返回列表中的最后一项
list. clear()	从列表中删除所有元素
list. count(x)	返回 x 出现在列表中的次数
list. sort(key=None,reverse=False)	对原列表中的项目进行排序
list. reverse()	反转列表元素
list. copy()	返回列表的 shadow 副本，类似于 a[：]

例 2-15 列表中的方法。

```
In:
    fruits = ['apple', 'banana', 'banana']    #定义一个水果列表
    data = [1,2,3]
    fruits.append('grape')                    #添加一个元素'grape'到列表的末尾
    print('The result of append is:{}'.format(fruits))
    fruits.append(data)                       #添加一个列表 data 到列表 fruits 的末尾
    print('The result of append data list is:{}'.format(fruits))
    fruits.remove(data)                       #将列表 data 从列表 fruits 中删除
    print('The result of remove is:{}'.format(fruits))
    fruits.extend(data)                       #将另一个列表添加到列表 fruits 的末尾
    print('The result of extend is:{}'.format(fruits))
    fruits.insert(0,'kiwi')                   #在下标为 0 的元素之前加入一个元素'kiwi'
    fruits.insert(-1,'horse')                 #在下标为 -1 的元素之前加入一个元素'horse'
    print('The result of insert is:{}'.format(fruits))
    fruits = ['apple', 'banana', 'banana']
    count = fruits.count('apple')             #返回'apple'在列表中出现的次数
    print('The count of apple is:{}'.format(count))
    index1 = fruits.index('banana')           #返回列表中第一个值为'banana'的元素的下标
    print('The index of banana is:{}'.format(index1))
    index2 = fruits.index('banana', 2)        #从下标 2 开始找下一个'banana'所在的位置
    print('The next index of banana from 3 is:{}'.format(index2))
    fruits.reverse()                          #反转列表
    print('The reversed list is:{}'.format(fruits))
    fruits.sort()                             #对列表进行排序
    print('The sorted list is:{}'.format(fruits))
    pop = fruits.pop()
    print('The pop of list is:{}'.format(pop))
```

```
Out:
    The result of append is:['apple', 'banana', 'banana', 'grape']
    The result of append data list is:['apple', 'banana', 'banana', 'grape', [1, 2, 3]]
    The result of remove is:['apple', 'banana', 'banana', 'grape']
    The result of extend is:['apple', 'banana', 'banana', 'grape', 1, 2, 3]
    The result of insert is:['kiwi', 'apple', 'banana', 'banana', 'grape', 1, 2, 'horse', 3]
    The count of apple is:1
    The index of banana is:1
    The next index of banana from 3 is:2
    The reversed list is:['banana', 'banana', 'apple']
    The sorted list is:['apple', 'banana', 'banana']
    The pop of list is:banana
```

4) 列表的解析

Python通过对列表中的每个元素应用一个函数进行计算,从而将一个列表映射为另一个列表,称为列表解析。

列表解析的基本语法格式如下:

[< 表达式> for < 变量> in < 列表>]

或

[<表达式> for <变量> in<列表> if <条件>]

例 2-16 列表实例(注意以下两种方法等价)。

方法一:

```
In:
    print([(x, y) for x in [1,2,3] for y in [3,1,4] if x != y])
Out:
    [(1, 3), (1, 4), (2, 3), (2, 1), (2, 4), (3, 1), (3, 4)]
```

方法二:

```
In:
    test = []
    for x in [1,2,3]:
        for y in [3,1,4]:
            if x != y:
                test.append((x, y))
    print(test)
Out:
    [(1, 3), (1, 4), (2, 3), (2, 1), (2, 4), (3, 1), (3, 4)]
```

例 2-17 列表的解析。

```
In:
    vec = [-4, -2, 0, 2, 4]
    print('原列表为: {}'.format(vec))
    listA = [x * 2 for x in vec]              #创建值增大两倍的新列表
```

```
print('值增大两倍的新列表: {}'.format(listA))
listB = [x for x in vec if x >= 0]            ＃筛选列表以去掉负数
print('去掉了负数的列表: {}'.format(listB))
listC = [abs(x) for x in vec]                 ＃对所有元素应用函数 abs()取绝对值
print('应用函数 abs()取绝对值后的列表: {}'.format(listC))
freshfruit = ['banana', 'loganberry ', 'passion fruit ']
new_freshfruit = [weapon.strip() for weapon in freshfruit]  ＃去掉字符串列表中的空格
print('去掉空格后的字符串列表: {}'.format(new_freshfruit))
listD = [(x, x ** 2) for x in range(6)]   ＃创建有两个元素的列表,形如 (number, square)
print('有两个元素的列表: {}'.format(listD))
vec = [[1,2,3], [4,5,6], [7,8,9]]         ＃使用两个"for"来生成列表
print('两个"for"嵌套生成的列表: {}'.format([num for elem in vec for num in elem]))
from math import pi
listE = [str(round(pi, i)) for i in range(1, 6)]   ＃包含复杂表达式和嵌套函数的列表
print('包含复杂表达式和嵌套函数的列表: {}'.format(listE))
```

Out:

```
原列表为: [-4, -2, 0, 2, 4]
值增大两倍的新列表: [-8, -4, 0, 4, 8]
去掉了负数的列表: [0, 2, 4]
应用函数 abs()取绝对值后的列表: [4, 2, 0, 2, 4]
去掉空格后的字符串列表: ['banana', 'loganberry', 'passion fruit']
有两个元素的列表: [(0, 0), (1, 1), (2, 4), (3, 9), (4, 16), (5, 25)]
两个"for"嵌套生成的列表: [1, 2, 3, 4, 5, 6, 7, 8, 9]
包含复杂表达式和嵌套函数的列表: ['3.1', '3.14', '3.142', '3.1416', '3.14159']
```

3. 元组

Python 中的元组与列表类似,也是元素的有序序列,不同之处在于元组中的元素值不能修改。元组的创建很简单,只需要在括号中添加元素,并使用逗号隔开即可,元组中没有 append()、extend()和 insert()等方法。元组的内置函数包括 len()、max()、min()、tuple()等。

例 2-18 元组的创建及访问。

In:

```
tup1 = ('apple', 'banana', 'banana')
tup2 = (1,2,3,4,5,6,7,8,9,10)
list1 = [i for i in range(10,21,1)]
tup3 = tuple(list1)                 ＃将列表转换为元组
tup4 = tup1 + tup3                  ＃将元组连接成为新元组
print ("tup1[0]: ", tup1[0])
print ("tup2[1:5]: ", tup2[1:5])
print ("tup3[-1:-6:-1]: ", tup3[-1:-6:-1])
print(18 in tup4)                   ＃判断元素是否在元组中存在
print(tup2 * 2)                     ＃元组的复制
```

Out:

```
tup1[0]: apple
tup2[1:5]: (2, 3, 4, 5)
tup3[-1:-6:-1]: (20, 19, 18, 17, 16)
True
(1, 2, 3, 4, 5, 6, 7, 8, 9, 10, 1, 2, 3, 4, 5, 6, 7, 8, 9, 10)
```

4. 字符串

Python 中的字符串是一个有序字符的集合,用于表示和存储文本信息。字符串可以使用单引号(')、双引号(")或三引号(''')来创建。其中,三引号允许一个字符串跨多行,字符串中可以包含换行符、制表符以及其他特殊字符。

例 2-19　字符串的创建。

```
In:
    str1 = 'I \'m a student'
    print(str1,type(str1),len('My major is computer.'))
    str2 = "d:\\address\\name"
    print(str2)
    str3 = '''Hi\n
    Python \t I love study!< br>'''
    print(str3)
Out:
    I 'm a student < class 'str'> 21
    d:\address\name
    Hi

    Python     I love study!< br>
```

1) 字符串运算符

在 Python 中可以使用"＋""＊"等运算符对字符串进行连接和重复输出等运算,常用的字符串运算符如表 2-6 所示。

表 2-6　字符串运算符

运算符	说　　　明
＋	对字符串进行连接
＊	重复输出字符串
[]	通过索引获取字符串中的字符
[:]	截取字符串中的一部分
in	成员运算符,如果字符串中包含给定的字符,返回 True
not in	成员运算符,如果字符串中不包含给定的字符,返回 True
r/R	原始字符串,所有的字符串直接按照字面意思来使用,没有转义特殊或不能打印的字符

例 2-20　字符串运算符实例。

```
In:
    str1 = "Hi"
    str2 = "Python"
    print("str1 + str2 输出结果: ", str1 + '\t' + str2)    ＃字符串 str1 和 str2 用 Tab 连接
    print("str2 * 3 输出结果: ",str2 * 3)                ＃字符串 str2 重复 3 遍输出
    print("str1[1] 输出结果: ", str1[1])                 ＃输出字符串 str1 的第 1 个字符
    print("str2[1:3] 输出结果: ", str2[1:3])            ＃输出字符串 str2 的第 1 个到第 2 个字符
    ＃判断字符 H 是否在字符串变量 str1 中
```

```
        if( "H" in str1):
            print("H 在变量 str1 中")
        else:
            print("H 不在变量 str1 中")
        ♯判断字符 K 是否不在字符串变量 str2 中
        if( "K" not in str2):
            print("K 不在变量 str2 中")
        else:
            print("K 在变量 str2 中")
        print(r'Hi\nPython\t study\n')
        print(R'Test\n String')
Out:
        str1 + str2 输出结果：HiPython
        str2 * 2 输出结果：PythonPython
        str1[1] 输出结果：i
        str2[1:3] 输出结果：yth
        H 在变量 str1 中
        K 不在变量 str2 中
        Hi\nPython\t study\n
        Test\n String
```

2）字符串内建函数

Python 提供了丰富的字符串内建函数，可以用来对字符串实现查找、检测、大小写转换等功能，常用的字符串内建函数如表 2-7 所示。

表 2-7　字符串内建函数

函　　数	说　　明
string. capitalize()	把字符串的首字符大写
string. count(str,beg＝0, end＝len(string))	返回 str 在 string 里面出现的次数，如果指定 beg 或 end，则返回指定范围内 str 出现的次数
string. find(str,beg＝0, end＝len(string))	检测 str 是否包含在 string 中，如果是，则返回开始的索引值，否则返回 −1，可用 beg 和 end 指定范围
string. join(seq)	以 string 作为分隔符，将 seq 中所有的元素连接为一个新的字符串
string. lower()	将 string 中所有的大写字母转换为小写
string. replace(str1,str2,num)	把 string 中的 str1 替换成 str2，如果指定 num，则替换不超过 num 次
string. split(str＝"",num)	以 str 为分隔符将 string 切片，如果指定 num 值，则仅分隔 num＋个子字符串
string. strip()	去掉 string 左边和右边的空格
string. upper()	将 string 中的小写字母转换为大写

例 2-21　字符串内建函数实例。

```
In:
    str1 = 'I am a student'
    print(str1.find('am'))
    print(str1.lower(),str1.upper())
    print(str1.replace('student','teacher'))
```

```
str2 = "Baidu#Alibaba#Tencent#Taobao"
print(str2.split('#'))                    #以#为分隔符
print(str2.split('#', 1))                 #以#为分隔符分隔成两个
str3 = '-'
seq = ('a','b','c','d','e')
print(str3.join( seq ))
```
```
Out:
2
i am a student I AM A STUDENT
I am a teacher
['Baidu', 'Alibaba', 'Tencent', 'Taobao']
['Baidu', 'Alibaba#Tencent#Taobao']
a-b-c-d-e
```

2.3.3 映射类型——字典

字典是 Python 中的一种非常有用的映射(Mapping)类型,可以存储任意类型的对象。字典中的每个数据称作项,项由键-值对组成,每个键-值对(key=>value)用冒号(:)分隔,每对之间用逗号(,)分隔,整个字典包括在花括号({})中,格式如下:

```
dict = {key1 : value1, key2 : value2 }
```

字典与列表的区别在于字典是无序的,项中的键可以对数据值进行索引,并且仅能被关联到一个特定的值。对字典的常见操作包括访问字典中的值、增加新的键-值对、修改或删除已有键-值对、删除字典元素、检测字典中是否存在键等。例 2-22 演示了字典的基本使用。

例 2-22 字典实例。

```
In:
tel = {'Tom': 1111, 'Jerry': 2222}
tel['Mary'] = 3333                        #往字典中增加键-值对
print(tel)
print(tel['Jerry'])
del tel['Tom']                            #删除键'Tom'
tel.update({'Jerry':9999})                #更新键'Jerry'的值
print(tel)
tel_new = sorted(tel)
print('Sorted of tel is',tel_new)
print('List of telis:',list(tel))
print('Bob' in tel)                       #判断键'Bob'是否在字典中
print('Bob' not in tel)
print(tel.keys())                         #输出字典的键
print(tel.values())                       #输出字典的值
# 输出字典中 key 对应的值
print('The values for each key in dict:')
for key in tel.keys():
    print(tel[key])
tel.clear()                               #清空字典
del tel                                   #删除字典
```

```
Out:
    {'Tom': 1111, 'Jerry': 2222, 'Mary': 3333}
    2222
    {'Jerry': 9999, 'Mary': 3333}
    Sorted of tel is ['Jerry', 'Mary']
    List of tel is: ['Jerry', 'Mary']
    False
    True
    dict_keys(['Jerry', 'Mary'])
    dict_values([9999, 3333])
    The values for each key in dict:
    9999
    3333
```

2.3.4　集合类型

Python 中的集合(Set)是不重复元素的无序集合。集合类型的常用功能包括成员关系测试、消除重复元素、科学计算(例如并、交、差、对称差)等。

Python 中的集合分为可变集合(set)和不可变集合(frozen set)两种。对于可变集合(set),可以添加和删除元素,对于不可变集合(frozen set)则不允许这样做。

例 2-23　集合实例。

```
In:
    fruits = {'apple', 'orange', 'apple', 'pear', 'orange', 'banana'}
    print(fruits)                    ♯集合中的重复元素被删除
    print('orange' in fruits)        ♯集合元素的检测
    print('crabgrass' in fruits)
    ♯两个集合的操作
    a = set('abcdefabc')
    b = set('acd')
    print('a is:',a)
    print('a - b is:',a - b)         ♯在集合 a 中但不在集合 b 中的元素
    print('a | b is:',a | b)         ♯在集合 a 中或在集合 b 中的元素
    print('a & b is:',a & b)         ♯在集合 a 中且在集合 b 中的元素
    print('a ^ b is:',a ^ b)         ♯在集合 a 中或在集合 b 中的元素,但不能同时在集合 a 和集合 b 中
Out:
    {'banana', 'pear', 'orange', 'apple'}
    True
    False
    a is:{'c', 'e', 'a', 'b', 'd', 'f'}
    a - b is:{'e', 'f', 'b'}
    a | b is:{'c', 'e', 'a', 'b', 'd', 'f'}
    a & b is:{'a', 'c', 'd'}
    a ^ b is:{'e', 'b', 'f'}
```

2.3.5　Python 数据结构实战例题

例 2-24　判断输入的字符串是不是回文字符串。

```
In:
    s = input("请输入一个字符串:")
    t = ''.join(reversed(s))
    if(s == t):
    print('{} 是回文字符串'.format(s))
    else:
    print('{} 不是回文字符串'.format(s))
```

例 2-25　集合实例,用 0～10 的随机数生成一个长度为 20 的列表,统计其中各个数出现的频率。

```
In:
    import random
    x = [random.randint(0,10) for i in range(20)]
    d = set(x)
    for v in d:
        print(v,':',x.count(v))
```

例 2-26　列表实例,从键盘输入一个单词 sdel,将文件 words.txt 中的所有单词读入字符串 sall,并将 sall 中与 sdel 相同的单词都删除。提示:Jupyter Notebook 只能打开当前目录下的数据集(TXT、CSV 等),所以需要把 data 目录下的 words.txt 文件 Upload(导入)到当前目录,如图 2-2 所示。在本例中,请注意列表的 extend()方法和 append()方法的区别。

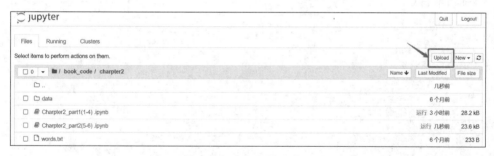

图 2-2　Jupyter 文件的上传

```
In:
    sall = []
    f = open('words.txt','r')
    for r in f:
        print(r)
        s = r.split()
        sall.extend(s)
    sall.sort()
    print(sall)
    sdel = input('input the word to delete:')
    k = sall.count(sdel)
    for i in range(k):
        sall.remove(sdel)
    print(sall)
```

例 2-27　字符串实例。恺撒密码也称移位密码，它是最简单、最广为人知的加密技术之一。恺撒密码是一种替换密码，其中明文中的每一个字母都被一个字母替换，这个字母在字母表中的位置是固定的。例如，如图 2-3 所示，如果右移两位，a 将被 c 替换，b 将变为 d，以此类推。这种方法是以恺撒大帝的名字命名的，他在私人信件中使用了这种方法。

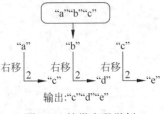

图 2-3　恺撒密码举例

```
In:
    s = input()
    t = ''
    step = eval(input('input step:'))
    for c in s:
        if 'a' <= c <= 'z':
            t += chr( ord('a') + ((ord(c) - ord('a')) + step ) % 26 )
        elif 'A' <= c <= 'Z':
            t += chr( ord('A') + ((ord(c) - ord('A')) + step ) % 26 )
        else:
            t += c
    print(t)
```

例 2-28　字典实例，统计 data 目录下 ci. txt 文件中保存的歌曲"My heart will go on"中的词频，将词频排在前 10 的单词输出。提示：需要把 data 目录下的 ci. txt 文件 Upload（导入）到当前目录。

```
In:
    sall = list()
    with open('ci.txt','r') as f:
        for r in f:
            s = r.split()
            sall.extend(s)
    counts = {}
    for word in sall:
        counts[word] = counts.get(word,0) + 1
    wordItems = list(counts.items())
    wordItems.sort(key = lambda x:x[1], reverse = True)
    # print(wordItems)
    for i in range(10):
        word, count = wordItems[i]
        print("{0:<10}{1:5}".format(word,count))
```

2.4　运算符与表达式

　　Python 中的运算符包括赋值运算符、算术运算符、比较（关系）运算符、逻辑运算符、位运算符、成员运算符等。以下对常用的运算符进行介绍。

1. 赋值运算符

　　赋值运算符包括＝（简单的赋值运算符）、＋＝（加法赋值运算符）、－＝（减法赋值运算符)、*＝(乘法赋值运算符)、/＝(除法赋值运算符)、%＝(取模赋值运算符)、**＝(幂赋值运算符)、//＝(取整除赋值运算符)等。

2. 算术运算符

算术运算符包括＋(加)、－(减)、*(乘)、/(除)、%(取模,返回除法的余数)、**(幂,返回 x 的 y 次幂)、//(取整除,向下取接近除数的整数)等。

3. 比较(关系)运算符

比较(关系)运算符包括＝＝(等于,比较对象是否相等)、!＝(不等于,比较两个对象是否不相等)、＞(大于,返回 x 是否大于 y)、＜(小于,返回 x 是否小于 y)、＞＝(大于或等于,返回 x 是否大于或等于 y)、＜＝(小于或等于,返回 x 是否小于或等于 y)。

4. 逻辑运算符

逻辑运算符包括 and(与)、or(或)和 not(非)。

例 2-29 算术运算符实例,计算圆锥体的表面积和体积。

```
In:
    import math
    print("即将计算圆锥体的表面积和体积,请输入相关数据")
    radius = float(input("请输入圆锥体的半径: "))
    height = float(input("请输入圆锥体的高: "))
    sarea = math.pi * radius * math.sqrt(radius ** 2 + height ** 2)\
     + math.pi * radius ** 2
    volume = 1/3 * math.pi * radius ** 2 * height
    print("圆锥体的表面积 = {0:.2f}".format(sarea),\
          "圆锥体的体积 = {0:.2f}".format(volume))
Out:
    即将计算圆锥体的表面积和体积,请输入相关数据
    请输入圆锥体的半径: 2
    请输入圆锥体的高: 3
    圆锥体的表面积 = 35.22 圆锥体的体积 = 12.57
```

例 2-30 逻辑运算符实例,闰年的判断。

```
In:
    year = int(input("请输入年份: "))
    if (year % 4 == 0) and (year % 100 != 0) or (year % 400 == 0):
        print("是闰年")
    else:
        print("不是闰年")
Out:
    请输入年份: 2024
    是闰年
```

表达式是将不同类型的数据(常量、变量或函数)用运算符按照一定的规则连接起来的式子。单独的一个值可以是表达式,单独的一个变量也可以是表达式。Python 代码由表达

式和语句组成,并由 Python 解释器负责执行。表达式和语句的区别在于,表达式是一个值,它的结果是一个 Python 对象。例如,a>b、3+5、float(12)、range(50)等。

2.5　Python 流程控制

2.5.1　顺序结构

顺序结构是流程控制中最简单的一种结构,该结构的特点是按照语句的先后次序依次执行,每条语句只执行一次。

例 2-31　计算椭球的表面积和体积。

```
In:
    import math
    print("请输入椭球方程的 3 个系数: ")
    a = float(input("请输入 a: "))
    b = float(input("请输入 b: "))
    c = float(input("请输入 c: "))
    s = 4/3 * a * b * math.pi
    v = 4/3 * a * b * c * math.pi
    print("x1 = {0:.3f},x2 = {1:.3f}".format(s,v))
Out:
    请输入椭球方程的 3 个系数:
    请输入 a: 1
    请输入 b: 2
    请输入 c: 3
    x1 = 8.378,x2 = 25.133
```

例 2-32　绘制正方形。

```
In:
    import turtle as t
    t.forward(100)
    t.right(90)
    t.forward(100)
    t.right(90)
    t.forward(100)
    t.right(90)
    t.forward(100)
    t.ht()
    t.mainloop()
```

输出结果如图 2-4 所示。

2.5.2　选择结构

Python 中的 if 语句实现了选择结构控制,用户可以使用 if…elif…结构来实现多分支控制。在 Python 中没有 switch 语句,但是通过其他方式可以获得类似 switch 语句功能的效果。

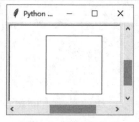

图 2-4　绘制正方形

1. 选择结构——if…else 条件语句

Python 中的选择结构的语法如下：

```
if 条件:
    条件为真时要执行的语句块
else:
    条件为假时要执行的语句块
```

选择结构会根据条件的判断结果来决定执行哪个语句块，在任何一次运行中两个分支的语句块只执行其中的一个，不可能两个语句块同时执行。在选择结构执行完毕后会继续执行其后的语句。

例 2-33 从用户输入的 3 个数中输出最大的数。

```
In:
    print("请输入 3 个数: ")
    a = float(input("请输入 a: "))
    b = float(input("请输入 b: "))
    c = float(input("请输入 c: "))
    maxNum = a
    if (maxNum < b):
        maxNum = b
    if(maxNum < c):
        maxNum = c
    print("最大值是: {0:.3f}".format(maxNum))
Out:
    请输入 3 个数:
    请输入 a: 3
    请输入 b: 4
    请输入 c: 2
    最大值是: 4.000
```

例 2-34 猜数字游戏。

```
In:
    guess = eval(input("猜一下我心里想的是哪个数字:"))
    if guess == 8:
        print("你是我肚子里的蛔虫吗!\n猜对了也没有奖励^ - ^")
    else:
        print("猜错啦,我心里想的是 8")
    print("游戏结束,不玩啦")
Out:
    猜一下我心里想的是哪个数字:4
    猜错啦,我心里想的是 8
    游戏结束,不玩啦
```

2. 选择结构——if…elif…else 判断语句

if…elif…else 的语法格式如下：

```
if 条件 1:
    条件 1 为真时执行的语句块 1
elif 条件 2:
    条件 1 为假且条件 2 为真时执行的语句块 2
…
elif 条件 n:
    条件 1 至条件 n－1 全部为假且条件 n 为真时执行的语句块 n
else:
    上述条件都不满足时执行的语句块 n＋1
```

例 2-35　成绩等级换算。

```
In:
    print("成绩等级换算")
    grade = float(input("请输入 0～100 的学生成绩:"))
    if(grade < 0 or grade >= 100):
        print("无效成绩!")
        exit(0)
    if(grade >= 90):
        print("{0}的成绩等级是: {1}".format(grade,"优秀"))
    elif(grade >= 80):
        print("{0}的成绩等级是: {1}".format(grade,"良好"))
    elif(grade >= 70):
        print("{0}的成绩等级是: {1}".format(grade,"中等"))
    elif(grade >= 60):
        print("{0}的成绩等级是: {1}".format(grade,"及格"))
    else:
        print("{0}的成绩等级是: {1}".format(grade,"不及格"))
Out:
    成绩等级换算
    请输入 0～100 的学生成绩:76
    76.0 的成绩等级是: 中等
```

例 2-36　身体质量指数 BMI 的计算,计算方法如表 2-8 所示。

表 2-8　BMI 计算方法

分类	国际 BMI 值	国内 BMI 值
偏瘦	<18.5	<18.5
正常	$18.5\sim25$	$18.5\sim24$
偏胖	$25\sim30$	$24\sim28$
肥胖	$\geqslant30$	$\geqslant28$

```
In:
    height, weight = eval(input("请输入身高(m)和体重(kg),用逗号隔开:"))
    BMI = weight / (height ** 2)
    print("BMI 数值为:{:.2f}".format(BMI))
    external = ""
    internal = ""
```

```
    if BMI >= 30:
        external, internal = "肥胖", "肥胖"
    elif BMI >= 28:
        external, internal = "偏胖", "肥胖"
    elif BMI >= 25:
        external, internal = "偏胖", "偏胖"
    elif BMI >= 24:
        external, internal = "正常", "偏胖"
    elif BMI >= 18.5:
        external, internal = "正常", "正常"
    else:
        external, internal = "偏瘦", "偏瘦"
    print("BMI 指标为:国际{},国内{}".format(external, internal))
```
Out:
```
    请输入身高(m)和体重(kg),用逗号隔开:1.60,60
    BMI 数值为:23.44
    BMI 指标为:国际正常,国内正常
```

3. 选择结构——if 语句的嵌套

在 if…else 语句的缩进块中可以包含其他的 if…else 语句,称作嵌套的 if…else 语句。在嵌套的选择结构中根据对齐的位置来进行 else 与 if 的配对。

简单的形式如下:

```
if 条件1:
    if 条件2:
        条件 1 为真且条件 2 为真时执行的语句块 1
    else:
        条件 1 为真且条件 2 为假时执行的语句块 2
else:
    条件 1 为假时执行的语句块 3
```

例 2-37　判断三角形的类型。

In:
```
    print("请输入三角形的 3 条边的边长: ")
    a = int(input("请输入第一条边"))
    b = int(input("请输入第二条边"))
    c = int(input("请输入第三条边"))
    if(a + b > c and a + c > b and c + b > a):
        if(a^2 + b^2 == c^2 or a^2 + c^2 == b^2 or b^2 + c^2 == a^2):
            print("这是个直角三角形")
        elif(a^2 + b^2 > c^2 or a^2 + c^2 > b^2 or b^2 + c^2 > a^2):
            print("这是个锐角三角形")
        else:
            print("这是个钝角三角形")
    else:
        print("这不是三角形")
```

```
Out:
    请输入三角形的 3 条边的边长：
    请输入第一条边 3
    请输入第二条边 4
    请输入第三条边 5
    这是个直角三角形
```

例 2-38　判断驾驶员是否酒驾或醉驾。

```
In:
    alcohol = float(input("输入驾驶员每 100mL 血液中酒精的含量："))
    if alcohol < 20:
        print("驾驶员不构成酒驾")
    else:
        if alcohol < 80:
            print("驾驶员已构成酒驾")
        else:
            print("驾驶员已构成醉驾")
Out:
    输入驾驶员每 100mL 血液中酒精的含量：80
    驾驶员已构成醉驾
```

4. 选择结构——switch 语句的替代方案

在 Python 中可以通过字典方式模拟其他语言（例如 C 语言）中的 switch 语句，实现方法分为两步，首先定义一个字典（字典是由键-值对组成的集合，字典的使用参见后续章节），其次调用字典的 get() 方法获取相应的表达式。

例 2-39　简单的计算器。

```
In:
    import re
    print("简单的计算器")
    str1 = input("请输入只有一个运算符的式子(例如 5 + 3)：")
    p = re.compile(r'\d + ')
    op1 = int(p.findall(str1)[0])
    op2 = int(p.findall(str1)[1])
    q = re.compile(r'\W + ')
    opt = q.findall(str1)[0]
    if((opt == '/' or opt == '% ' or opt == '//') and op2 == 0 ):
                    print("除数为零,非法!")
                    exit(0)
    po = {
        ' + ':op1 + op2,
        ' − ':op1 − op2,
        ' * ':op1 * op2,
        '/':op1/op2,
        '^':op1^op2,
```

```
            '%':op1 % op2,
            '//':op1//op2
    }
    result = po.get(opt)
    print('{0}{1}{2} = {3}'.format(op1,opt,op2,result))
```
Out:
```
    简单的计算器
    请输入只有一个运算符的式子(例如 5 + 3):4 * 8
    4 * 8 = 32
```

例 2-40 阿拉伯数字的转换。

In:
```
    dict = {0:"零", 1:"一", 2:"二", 3:"三", 4:"四",
            5:"五", 6:"六", 7:"七", 8:"八", 9:"九"}
    num = input("请输入阿拉伯数字:")
    for i in num:
            print(dict.get(eval(i)), end = "")
```
Out:
```
    请输入阿拉伯数字:123
    一二三
```

2.5.3 循环结构

循环结构是结构化程序设计常用的结构,可以简化程序,或解决顺序结构和选择结构无法解决的问题。

循环是指在满足一定条件的情况下重复执行一组语句的结构,其中重复执行的语句称作循环体。循环结构设计的三要素如下。

(1)初始化语句:循环控制变量赋初值或其他循环中用到的变量的初始化。

(2)循环条件:循环结构继续执行的条件,是一个结果为 True 或 False 的表达式。

(3)迭代语句:通常是循环控制变量的改变,且朝着循环结束条件的方向变化,从而使得循环可以正常结束。

1. 循环结构——while 循环

while 循环的语法格式如下:

```
[初始化语句]
while (循环条件):
语句块
    [迭代语句]
```

循环结构的执行流程如下:

(1)判断“循环条件”,如果为 True,则执行下面缩进的循环体。

(2)执行完毕后再次判断“循环条件”,若为 True,则继续执行循环体;若为 False,则不再执行循环体,循环结束。

（3）循环结束后继续执行循环结构之后的语句。

例 2-41 自然数求和。

```
In:
    i = 2
    s = 0
    while(i < 1000):
        s = s + i;
        i = i + 2
    print("1000 以内的偶数的和是: {0}".format(s))
Out:
    1000 以内的偶数的和是: 249500
```

例 2-42 判断计算结果。

```
In:
    import random
    number1 = random.randint(0, 99)
    number2 = random.randint(0, 99)
    if number1 < number2:
        number1, number2 = number2, number1
    answer = eval(input("What is " + str(number1) + " - " + str(number2) + "?"))
    while number1 - number2 != answer:
        answer = eval(input("Wrong answer. Try again. \
                            What is" + str(number1) + " - " + str(number2) + "?"))
    print("You got it!")
Out:
    What is 44 - 1?43
    You got it!
```

2. 循环结构——for 语句

for 语句的基本形式如下：

```
for <变量> in <序列>:
    循环体语句块
```

其中，序列可以是等差数列、字符串、列表、元组或者是一个文件对象。在执行过程中，变量依次被赋值为序列中的每一个值，然后执行缩进块中的循环体语句。在序列中的所有元素全部扫描完毕后循环结束。

例 2-43 计算分数之和。

```
In:
    print("本程序计算分数之和.")
    num = int(input('请输入一个正整数: '))
    s = 0
    flag = 1
    for i in range(1, num * 2 + 1, 2):
```

```
        s = s + flag * (1/i)
        flag = - flag
    print("分数之和是: {0:.6f}".format(s))
```
Out:
```
本程序计算分数之和.
请输入一个正整数: 15
分数之和是: 0.802046
```

例 2-44 计算 $1-2+3-4+\cdots+999-1000$。

In:
```
sumN = 0
for i in range(1, 1001):
    if i % 2 == 0:
        i = - i
        sumN = sumN + i
    else:
        i = i
        sumN = sumN + i
print(sumN)
```
Out:
```
- 500
```

3. 循环结构——break 和 continue 语句

在 Python 中,当需要中途从循环结构中退出时,可以使用 break 语句来完成。

语法格式: break

当需要跳过循环体中未执行的语句,返回到循环体的头部继续执行新一轮的循环时,可以使用 continue 语句来完成。

语法格式: continue

例 2-45 用户登录模拟。

In:
```
uname = "zhangsan"
upass = "123456"
count = 0;
for i in range(1,4):
    sname = input("请输入用户名: ")
    spass = input("请输入密码: ")
    if(sname == uname and spass == upass):
            print("登录成功!")
            break
    else:
        print('用户名或密码错!')
        count += 1
```

```
        if(count == 3):
                print("错误超过 3 次,不容许登录!")
```

Out:
```
    请输入用户名: zhangsan
    请输入密码: 123456
    登录成功!
```

例 2-46   计算最大公约数和最小公倍数。

In:
```
    x = int(input('x = '))
    y = int(input('y = '))
    if x > y:
        x, y = y, x
    for i in range(x, 0, -1):
        if x % i == 0 and y % i == 0:
            print('{}和{}的最大公约数是{}'.format(x, y, i))
            print('{}和{}的最小公倍数是{}'.format(x, y, x * y // i))
            break
```
Out:
```
    x = 18
    y = 24
    18 和 24 的最大公约数是 6
    18 和 24 的最小公倍数是 72
```

4. 循环结构——循环中的 else 语句

Python 支持在循环语句中关联 else 语句。如果 else 语句和 for 循环语句一起使用，else 块只在 for 循环正常终止时执行(而不是遇到 break 语句)，如果 else 语句用在 while 循环中,当条件变为 False 时,则执行 else 语句。

例 2-47   判断质数。

In:
```
    num = int(input("请输入一个大于 1 的整数: "))
    count = num // 2
    while count > 1:
        if num % count == 0:
            print("{0}的最大约数是{1}".format(num,count))
            break
        count = 1
    else:
        print("{}是一个质数!".format(num))
```
Out:
```
    请输入一个大于 1 的整数: 23
    23 是一个质数!
```

5. 循环结构——嵌套循环

在循环结构的循环体内可以包含任意 Python 语句,因此也可以包含另外的循环结构,称为嵌套循环。嵌套循环具有以下几个特点：

（1）最外层的循环称为外循环,所包含的循环称为内循环；

（2）内循环必须完全包含在外循环中；

（3）外循环和内循环的控制变量不能相同；

（4）在嵌套循环结构中嵌套的层数可以是任意的。

例 2-48　输出 3 位的水仙花数,它的每一位上的数字的 3 次幂之和等于它本身（例如 $1^3 + 5^3 + 3^3 = 153$）。

```
In:
    for i in range(1,10):
        for j in range(0,10):
            for k in range(0,10):
                if i ** 3 + j ** 3 + k ** 3 == i * 100 + j * 10 + k:
                    print(i ** 3 + j ** 3 + k ** 3)
Out:
    153
    370
    371
    407
```

6. 循环结构——pass 语句

在循环结构中,for 或 while 语句之后必须紧跟至少包含一条语句的缩进语句块,然而在有些情况下需要一个没有循环体语句块的循环结构,这种情况可以使用 pass 语句,pass 语句是一个"什么也不做"的占位符语句。

例 2-49　选择与循环结构实例,判断 5 以内的素数。

```
In:
    import math
    k = 2
    while(k < 5):
        isPrime = True
        j = int(math.sqrt(k)) + 1
        for i in range(2,j):
            if k % i == 0:
                print(k,'不是素数')
                isPrime = False
                break
        if(isPrime):
            print(k,'是素数')
        k = k + 1
Out:
    2 是素数
    3 是素数
    4 不是素数
```

2.6 本章实战例题

例 2-50 用循环实现猜拳游戏。

```
In:
    import random
    print("猜拳游戏".center(20, '-'))
    while True:
        try:
            n = eval(input("请输入游戏次数:"))
            a = 0;b = 0;c = 0
            for i in range(n):
                print("第{}局".format(i + 1))
                player = input("请玩家出拳(石头,剪刀,布): ")
                while player not in ["石头", "剪刀", "布"]:
                    player = input("输入错误,请重新出拳: ")
                computer = random.choice(["石头", "剪刀", "布"])
                print("计算机出拳:" + computer)
                if (player == "石头"and computer == "剪刀")\
                or(player == "剪刀"and computer == "布")\
                or(player == "布"and computer == "石头"):
                    a = a + 1
                    print("玩家胜利")
                elif player == computer:
                    b = b + 1
                    print("平局")
                else:
                    c = c + 1
                    print("计算机胜利")
            print("共进行{0}局游戏,其中玩家胜利{1}局,计算机胜利{2}局,双方战平{3}局".
format(n, a, c, b))
            break
        except:
            print("输入错误")
```

例 2-51 用循环实现猜数字游戏。

```
In:
    import random
    secret = random.randint(1,20)
    count = 0
    while count < 5:
        try:
            temp = input("猜一下我心里想的是哪个数字:")
            guess = int(temp)
            count = count + 1
            if guess == secret:
                print("你是我心里的蛔虫吗?")
```

```
                    print("猜中了也没有奖励")
                    break
            elif guess > secret:
                    print("大了大了")
            else:
                    print("小了小了")
        except:
            print("输入格式错误,请重新输入")
    else:
        print("次数用光啦,游戏结束")
```

例 2-52　用循环和条件判断实现评分过程模拟。

```
In:
    scoreList = []
    s = 0
    while True:
        try:
            n = eval(input("请输入评委数量:"))
            if n > 2:
                break
            else:
                print("输入错误请重新输入")
        except:
            print("输入错误请重新输入")
    for i in range(n):
        while True:
            try:
                score = eval(input("请输入评委{}的分数".format(i + 1)))
                if 0 <= score <= 100:
                    scoreList.append(score)
                    scoreList.sort()
                    break
                else:
                    print("输入错误,请重新输入")
            except:
                print("输入错误,请重新输入")
    print("去掉一个最低分:" + str(scoreList[0]))
    print("去掉一个最高分:" + str(scoreList[ - 1]))
    del scoreList[0]
    del scoreList[ - 1]
    for i in range(n - 2):
        s = s + scoreList[i]
    print(s)
    avg_score = s/(n - 2)
    print(avg_score)
```

例 2-53　在字典 students 中放了各位同学的名字和 Python 课程分数,请输出字典中分数最高的同学的名字和分数。

```
In:
students = {'zhangsan':90,'liming':78,'wanghuan':95,'liutao':83}
maxScore_key = 'zhangsan'
for key in students.keys():
    if students[maxScore_key]< students[key]:
        maxScore_key = key
print('分数最高的同学是:{},最高分数是:{}'.format(maxScore_key,students[maxScore_key]))
```

例 2-54　用输入、输出、循环及条件判断语句实现身份证信息检索。

```
In:
    while True:
    try:
        id = input('请输入你的 18 位身份证号: ')
        region = int(id[0:2])
        gender = int(id[-2])
        year = int(id[6:10])
        month = 10 * int(id[10]) + int(id[11])
        day = 10 * int(id[12]) + int(id[13])
        d = {11:'北京市',12:'天津市',13:'河北省',14:'山西省',15:'内蒙古自治区',21:'辽宁省',\
            22:'吉林省',23:'黑龙江省',31:'上海市',32:'江苏省',33:'浙江省',34:'安徽省',\
            35:'福建省',36:'江西省',37:'山东省',41:'河南省',42:'湖北省',43:'湖南省',\
            44:'广东省',45:'广西壮族自治区',46:'海南省',50:'重庆市',51:'四川省',52:'贵州省',\
            53:'云南省',54:'西藏自治区',61:'陕西省',62:'甘肃省',63:'青海省',64:'宁夏回族自\
            治区',65:'新疆维吾尔自治区',71:'台湾省',81:'香港特别行政区',91:'澳门特别行政区'}
        if region in d and year < 2020 and month < 13 and day < 32:
            print("该身份证号码属于{}".format(d.get(region)))
            print('号主出生是{}年{}月{}日'.format(year,month,day))
            if (gender % 2) == 0:
                print('号主性别为女')
            else:
                print('号主性别为男')
            s = "鼠牛虎兔龙蛇马羊猴鸡狗猪"
            print('号主生肖是{}'.format(s[(year - 1900) % 12]))
            m = ['水瓶座','双鱼座','白羊座','金牛座','双子座','巨蟹座',\
                '狮子座','处女座','天秤座','天蝎座','射手座','摩羯座']
            y = (19,18,20,19,20,21,22,22,22,23,22,21)
            month = month - 1
            if day > y[month]:
                print("号主星座是{}".format(m[month]))
            else :
                print("号主星座是{}".format(m[month - 1]))
            break
        else:
            print("输入错误,请重新输入")
    except:
        print("输入错误,请重新输入")
```

2.7 本章小结

本章主要介绍了 Python 的基础语法,包括标识符与变量、输入和输出、Python 数据结构、运算符与表达式、Python 中的流程控制语句等。

本章重点介绍了 Python 中的标量(Scaler)、序列(Sequence)和映射(Mapping)3 种数据结构,并结合多个实践例题讲解了多种数据结构的应用方法。

通过本章的学习,读者可以掌握 Python 中的顺序、选择及循环结构的程序设计。

2.8 本章习题

1. 编写程序,输入球的半径 r,输出球的表面积和体积(结果保留 3 位小数)。提示:球的表面积的计算公式为 $4\pi r^2$,球的体积的计算公式为 $\frac{4}{3}\pi r^3$。

2. 编写程序,输入一个 3 位自然数,输出其百位、十位和个位上的数字。

3. 已知列表 li=['apple','banana','cherry','grape','orange'],请依次完成以下操作:①计算列表长度并输出;②修改列表中第 2 个位置的元素为"peach",并输出修改后的列表;③删除列表中第 2～4 个元素,并输出列表;④在列表中追加元素"strawberry",并输出列表;⑤在列表的第 1 个位置插入元素"pear",并输出列表;⑥在列表的第 1 个位置插入元素"pear",并输出添加后的列表;⑦将列表中的所有元素反转,并输出反转后的列表;⑧使用 for、len、range 输出列表的索引;⑨使用 enumrate()函数输出列表元素和序号(序号从 100 开始)。

4. 任意输入 3 个英文单词,按字典顺序输出。

5. 输出 100～200 的所有素数。

6. 字符个数统计,统计给定字符串中的字符个数并输出。

7. 由数字 1、2、3、4 能组成多少个互不相同且无重复数字的 3 位数? 请输出这些数。

8. 输入一个字符串,分别统计其中字符、空格、数字、其他字符出现的次数,请用字典结构实现。

第 3 章

函　数

本章介绍 Python 语言中的函数，内容包括函数的定义方法、函数中参数的传递方法、函数中参数的设置、匿名函数及递归函数等。

本章要点：

- 函数的定义方法。
- 函数参数的设置。
- 匿名函数的使用。

3.1　函数概述

3.1.1　模块和包

Python 程序是由函数（Function）、模块（Module）和包（Package）组成的。其中，模块是处理某一类问题的变量、函数和类的集合，包是由一系列模块组成的集合。

模块是一个 Python 文件，以 .py 结尾，在模块中能定义函数、类和变量，在模块中也能包含可执行的代码，运用模块能够有逻辑地组织 Python 代码段。常用的模块导入方法有以下 3 种：①import module1（模块名），之后在程序中就可以使用在模块中定义的变量、函数及类等，例如使用"模块名.函数名"来调用其中的函数；②from module1 import *，* 表示导入该模块中的所有函数及变量等；③from module1 import name1，表示导入模块中的一个指定部分，例如 from fib import fibonacci 代表导入模块 fib 中的 fibonacci 函数。

包是一个分层次的文件目录结构，它定义了一个由模块、子包、子包下的子包等组成的 Python 应用环境。简单来说，包就是文件夹，但该文件夹下必须存在__init__.py 文件，该文件的内容可以为空。__init__.py 用于标识当前文件夹是一个包。

3.1.2　什么是函数

如果在开发程序时需要某块代码多次，为了提高编写的效率以及方便代码的重用，把具有独立功能的代码块组织为一个小模块，这就是函数。函数是 Python 为了代码效率的最大化以及减少冗余而提供的最基本的程序结构。函数是一段代码，通过名字来进行调用，它能将一些数据（参数）传递进去进行处理，然后返回一些数据（返回值），也可以没有返回值。

3.2 函数的定义

Python 中自定义函数的创建方法如下：使用关键字 def 定义函数，其后紧接函数名，括号内包含了将要在函数体中使用的形式参数（简称形参，调用函数时为实参，函数可以有参数，也可以没有，但必须保留括号），以冒号结束；然后另起一行编写函数体，函数体的缩进通常为 4 个空格或者一个制表符。需要注意的是，函数在定义后如果不经调用，将不会被执行。

定义函数的格式如下：

```
def 函数名():
    函数体
```

例 3-1 函数的定义举例。

```
In:
    def add(x, y):
        x = x + 3
        y = y + 4
        return x, y
    x, y = 10, 20
    add(x, y)
    print(x, y)
    x, y = add(x, y)
    print(x, y)
Out:
    10 20
    13 24
```

例 3-2 用函数实现 Fibonacci 序列。

```
In:
    def fib(n):
        a, b = 0, 1
        while a < n:
            print(a, end = ' ')
    a, b = b, a + b
            print()
    fib(6)          # 调用函数
Out:
    0
    1
    1
    2
    3
    5
```

3.3　参数传递

Python中函数参数的传递可以分为实参为不可变对象的传递和实参为可变对象的传递。字符串、元组、数值等类型是不可以更改的对象,而列表和字典等是可以修改的对象。若实参为不可变对象,即使函数体中修改了形参,实参的值在函数调用返回时仍然保持不变;如果函数调用时参数为可变对象的传递,若函数体中修改了形参,则实参的值会随之发生改变。

3.3.1　实参变量指向不可变对象

实参变量可以指向不可变的对象,例如整型。不可变对象是指对象所指向的内存中的值不能被改变,当改变这个变量时,原来指向的内存中的值不变,变量不再指向原来的值,而是开辟一块新的内存,变量指向新的内存。

例3-3　实参变量指向不可变对象实例。

```
In:
    def change(a):
        print('<2>修改值前,形参a的内存地址:',id(a))
        a=a+1               ♯改变a的值
        print('<3>修改值后: a={}'.format(a))
        print('<3>修改值后,形参a的内存地址:',id(a))
    def main():
      x=3
      print('<1>调用函数前,实参x的内存地址:',id(x))
      print('<1>调用函数前: x={}'.format(x))
      change(x)
      print('<4>调用函数后: x={}'.format(x))
      print('<4>调用函数后,实参x的内存地址:',id(x))
    main()
Out:
    <1>调用函数前,实参x的内存地址: 140716719748960
    <1>调用函数前: x=3
    <2>修改值前,形参a的内存地址: 140716719748960
    <3>修改值后: a=4
    <3>修改值后,形参a的内存地址: 140716719748992
    <4>调用函数后: x=3
    <4>调用函数后,实参x的内存地址: 140716719748960
```

分析:在Python中,类型属于对象,变量是没有类型的,变量只是指向了对象。本例函数调用时,在参数传递后,实参变量x和形参变量a都指向对象3(整型)。在change()函数内,对a赋新值4,即a+1后,由于不可变对象的值不能变化,所以为4分配新的内存单元,同时使a指向这个对象。函数调用返回时,由于变量x和a指向了不同的对象,而x所指向的不可变对象的内存地址一直没变,所以输出的x的值也不变。

3.3.2　实参变量指向可变对象

实参变量可以指向可变对象,例如列表。可变对象是指对象的值可以改变,当更改这个变量时还是指向原来的内存地址,只是在原来的内存地址进行值的修改并没有开辟新的内存。

例 3-4 实参变量指向可变对象实例。

```
In:
    def change(a):
        print('<2>修改值前,形参 a 的内存地址:',id(a))
        a.append(999)    #a 和 x 指向同一个地址,因为 a 是可变类型,故不创建对象副本,直接修改
        print('<3>修改值后: a = {}'.format(a))
        print('<3>修改值后,形参 a 的内存地址:',id(a))
    def main():
        x = [1,2]
        print('<1>调用函数前,实参 x 的内存地址:',id(x))
        print('<1>调用函数前: x = {}'.format(x))
        change(x)
        print('<4>调用函数后: x = {}'.format(x))
        print('<4>调用函数后,实参 x 的内存地址:',id(x))
    main()
Out:
    <1>调用函数前,实参 x 的内存地址: 2188578220032
    <1>调用函数前: x = [1, 2]
    <2>修改值前,形参 a 的内存地址: 2188578220032
    <3>修改值后: a = [1, 2, 999]
    <3>修改值后,形参 a 的内存地址: 2188578220032
    <4>调用函数后: x = [1, 2, 999]
    <4>调用函数后,实参 x 的内存地址: 2188578220032
```

分析:本例函数调用时,在参数传递后,实参变量 x 和形参变量 a 都指向同一个列表(list)对象[1,2]。由于列表对象本身是可以改变的,因此在 change()函数内向列表中加入一个元素不会重新创建对象,而是直接在原对象中添加了新的元素。调用结束后,变量 x 和 a 仍然指向同一个对象,改变 a 指向对象的值也就改变了 x 指向对象的值。

注意:若在函数中给形参赋予了全新的值,即让形参指向了新的对象,则形参的改变就不会影响到实参,例如在例 3-4 的 change()函数中,令 a=['Apple']。如果形参的改变是直接在原指向对象上进行操作,函数调用后形参和实参仍然指向同一个对象,则形参的改变会同步到实参。

3.4 函数参数的设置

3.4.1 函数参数的类型

在 Python 中函数参数主要有 4 种,即位置参数、默认参数、关键字参数、可变参数。

1. 位置参数

在调用函数时,根据函数定义的参数位置来传递参数,实参的个数、顺序必须和形参保持一致,否则会抛出异常。

2. 默认参数

在定义函数时为部分形参设置了默认值,在调用函数时可传或不传该默认参数的值(注意,所有位置参数必须出现在默认参数前,包括函数定义和调用)。

3. 关键字参数

在调用函数时可以通过"键-值"形式指定参数,即传参时把定义函数时的参数名和对应的值一起传入函数中,此时可不考虑传入参数的顺序。

4. 可变参数

可变参数主要包括任意数量的可变位置参数和任意数量的关键字可变参数,＊args 参数传入时存储在元组中,＊＊kwargs 参数传入时存储在字典内。

在 Python 中定义函数时参数的顺序一般为位置参数、默认参数、可变参数、关键字参数,否则会造成程序不能被正确解析。此外,在定义函数时应尽量避免 3 种以上的参数类型混合使用,否则会造成函数的可读性较差。

例 3-5　没有参数的函数。

```
In:
    def printInfo():
        '定义一个函数,能够完成打印信息的功能'        #定义函数的注释信息
        print('---------------------------------------')
        print('        人生苦短,我用 Python           ')
        print('---------------------------------------')
    print('The function name is:',printInfo.__name__)  #获取函数的名称
    print('The function note is:',printInfo.__doc__)   #获取函数的注释信息
    printInfo()
Out:
    The function name is: printInfo
    The function note is: 定义一个函数,能够完成打印信息的功能
    ---------------------------------------
        人生苦短,我用 Python
    ---------------------------------------
```

注意:__name__可以获取函数的名称,__doc__可以获取函数的注释信息。

3.4.2　位置参数

在传递位置参数时,实参依次按顺序传递给形参即可,注意,实参与形参必须按顺序一一对应。

例 3-6　编写带两个位置参数的函数,输出一个数据区间内所有的素数。

```
In:
    import math
    def getPrimeList(lower,upper):            #返回数据区间[lower,upper]内的所有素数
        primeList = []                        #primeList 为返回的素数列表
```

```
            for num in range(lower, upper + 1):
                if num > 1:                        #所有的素数都要大于1
                    for i in range(2, num + 1):
                        if num % i == 0:            #判断 num 能否被 i 整除
                            break                   #不是素数,则退出 for 循环
                    if i == num:                    #若 i 等于 num,说明 num 是素数
                        primeList.append(num)
            return primeList
        start = int(input('请输入区间的最小值: '))    #输入区间的最小值
        end = int(input('请输入区间的最大值: '))       #输入区间的最大值
        pList = getPrimeList(start,end)
        print("在区间", start, "和", end, "之间的素数有:",pList)
Out:
        请输入区间的最小值: 10
        请输入区间的最大值: 20
        在区间 10 和 20 之间的素数有: [11, 13, 17, 19]
```

3.4.3 默认参数

默认参数指在定义函数时就为参数设置了默认值,在调用函数时可以不传递这个默认参数。需要注意的是,默认参数一般要放到参数列表的最后,即默认参数后面不能再有不带默认值的参数。

例 3-7 在定义函数时设置参数的默认值。

```
In:
    def f(x = True):
        if x:
            print("{} is a correct word".format(x))
        else:
            print("Not right!")
    f()                        #使用参数的默认值调用函数
    x = False
    f(x)                       #不使用默认值调用函数
Out:
    True is a correct word
    Not right!
```

例 3-8 计算椭球的表面积和体积,在调用时修改默认参数的值。

```
In:
    import math
    def cal(a = 1, b = 1, c = 1):
        s = 4/3 * a * b * math.pi
        v = 4/3 * a * b * c * math.pi
        return s,v
    print("请输入椭球方程的 3 个系数: ")
    a,b,c = eval(input("请输入 a,b,c: "))
    s,v = cal(a,b,c)
    print("x1 = {0:.3f},x2 = {1:.3f}".format(s,v))
```

```
Out:
    请输入椭球方程的 3 个系数:
    请输入 a,b,c: 1,2,3
    x1 = 8.378, x2 = 25.133
```

注意: 默认参数一般要放到参数列表的最后, 例如下例会报错。

```
In:
    def f(x = True, y):      #默认参数的例子,默认参数一般要放到参数列表的最后
        if x:
            print("{} is a correct word".format(x))
        else:
            print("Not right!")
    f(False)                 #报错
Out:
    File "< ipython - input - 13 - 32adc56681e6 >", line 1
        def f(x = True, y):
    SyntaxError: non - default argument follows default argument
```

修改为如下格式即可:

```
In:
    def f(x, y = True): #默认参数的例子,默认参数一般要放到参数列表的最后
    if x:
            print("{} is a correct word".format(x))
        else:
            print("Not right!")
    f(False)
Out:
    Not right!
```

说明: 默认值只计算一次。当默认值是可变对象(例如列表、字典或大多数类的实例)时, 这会有所不同。以下函数将在后续调用中累积传递给它的参数值, 默认值在定义范围内的函数定义点进行计算, 例如下例。

例 3-9 默认值在定义范围内的函数定义点进行计算的实例。

方法一:

```
In:
    i = 5
    def f(arg = i):
        print(arg)
    i = 6
    f()             #调用时使用默认值
Out:
    5
```

方法二:

```
In:
    i = 5
    def f(arg = i):
```

```
    print(arg)
i = 6
f(i)            #调用时传入参数值
```
Out:
```
6
```

请分析方法一和方法二的不同之处。

例 3-10 默认值对后续调用影响的实例。

In:
```
def f(a, L = [ ]):
    L. append(a)
    print('参数 L 的内存地址',id(L))
    return L
print('第一次调用后的返回值: ',f(1))
print('第二次调用后的返回值: ',f(2))
print('第三次调用后的返回值: ',f(3))
```
Out:
```
参数 L 的内存地址 2188578218176
第一次调用后的返回值: [1]
参数 L 的内存地址 2188578218176
第二次调用后的返回值: [1, 2]
参数 L 的内存地址 2188578218176
第三次调用后的返回值: [1, 2, 3]
```

分析：f()函数在定义时，默认参数 L 的值就被计算出来了，即[ ]。因为默认参数 L 也是一个变量，它指向列表类型对象[ ]，每次调用该函数，L 指向的对象不变，对象的内容可变。若改变了 L 的内容，则下次调用时默认参数的内容就变了，不再是函数定义时的[ ]了。

如果不希望在后续调用之间共享默认值，则每次调用函数时让 L 指向新的对象，如下例所示：

In:
```
def f(a, L = None):
    if L is None:
        L = [ ]            #L 定义为新的列表
    L. append(a)
    print('参数 L 的内存地址',id(L))
    return L
print('第一次调用后的返回值: ',f(1))
print('第二次调用后的返回值: ',f(2))
print('第三次调用后的返回值: ',f(3))
```
Out:
```
参数 L 的内存地址 2188577083520
第一次调用后: [1]
参数 L 的内存地址 2188578364544
第二次调用后: [2]
参数 L 的内存地址 2188578365504
第三次调用后: [3]
```

60 Python数据分析与数据挖掘

3.4.4 关键字参数

如果希望函数调用时不用固定参数的顺序,可以在调用的同时指定形参和实参,这些参数称为关键字参数。使用关键字参数是指在函数调用时可以明确地为形参指定实参,可以不用固定参数的顺序。

例 3-11 使用关键字参数的实例。

```
In:
    def parrot(age, name, color):
        print('-- Parrot name is:{},Age is:{},Color is:{}--'.format(name,age,color))
    parrot(8,color = 'Red',name = 'Jerry')   #传入一个位置参数,传入两个关键字参数,顺序与形
                                              #参可以不一致
Out:
    -- Parrot name is:Jerry,Age is:8,Color is:Red--
```

3.4.5 可变参数

在 Python 函数中还有一种参数类型——可变参数,即传入函数的参数个数是可变的。可变参数可以分为形参前使用 * args 和使用 ** kwargs 两种形式,若定义函数时二者同时存在,一定要将 * args 放在 ** kwargs 之前。

1. 在形参前使用 * 号

在定义函数时,在形参 args 前添加一个 * 号,则 * args 参数收集所有未匹配的位置参数组成一个元组(tuple)对象,形参 args 指向此元组(tuple)对象。在调用函数时, * args 参数用于解包元组(tuple)对象的每个元素,作为一个一个位置参数传入函数中。

例 3-12 可变参数实例,传入的参数组成一个元组。

```
In:
    def calc( * number):           #将传入的数累加
        sum = 0
        print('Type of number is:',type(number),'Value of number is:',number)
        for n in number:
            sum = sum + n
        return sum
    print(calc(1,2,3))             #将 1,2,3 作为参数传递给函数 calc()
    l = [1,2,3,4,5]
    print(calc( * l))              #将列表[1,2,3,4,5]作为参数传递给函数 calc()
Out:
    Type of number is: < class 'tuple'> Value of number is: (1, 2, 3)
    6
    Type of number is: < class 'tuple'> Value of number is: (1, 2, 3, 4, 5)
    15
```

2. 在形参前使用 ** 号

在定义函数时,在形参 kwargs 前添加两个 ** 号,则 ** kwargs 参数收集所有未匹配的

位置参数组成一个字典(dict)对象,形参 kwargs 指向此字典(dict)对象。在调用函数时,∗∗kwargs 参数用于解包字典(dict)对象的每个元素,作为一个一个关键字参数传入函数中。

可变长度参数具有可以扩展函数的功能。例如,在 person()函数中,函数保证能接收到 name 和 age 两个参数,但是如果调用者愿意提供更多的参数,函数也能收到。假设用户正在实现账号注册的功能,除了用户名和年龄是必填项以外,其他都是可选项,利用可变长度参数来定义这个函数就能满足注册的需求。

例 3-13 可变参数实例,传入的参数组成一个字典。

```
In:
    def person(name,age, ∗∗kw):
        print('Name is:',name,',Age is:',age,',Other parameters:',kw)
    person('Michael',30)                    #传入两个位置参数
    person('Michael',30,City = 'Beijing')    #传入两个位置参数及可变参数
    person('Michael',30,City = 'Beijing',Gender = 'Male',Job = 'Engineer')    #传入两个位置参数
                                                                              #及可变参数

    extra = {'Gender':'Male','Job':'Engineer'}
    print('传入的字典数据: ',extra)
    person('Michael',30, ∗∗extra) #传入两个位置参数,一个字典类型作为可变参数
Out:
    Name is: Michael ,Age is: 30 ,Other parameters: {}
    Name is: Michael ,Age is: 30 ,Other parameters: {'City': 'Beijing'}
    Name is: Michael ,Age is: 30 ,Other parameters: {'City': 'Beijing', 'Gender': 'Male', 'Job':
    'Engineer'}
    传入的字典数据: {'Gender': 'Male', 'Job': 'Engineer'}
    Name is: Michael ,Age is: 30 ,Other parameters: {'Gender': 'Male', 'Job': 'Engineer'}
```

∗∗extra 表示把 extra 这个 dict 的所有 key-value 用关键字参数传入函数的 ∗∗kw 参数,kw 将获得一个 dict,注意 kw 获得的 dict 是 extra 的一个副本,对 kw 的改动不会影响到函数外的 extra。

3.5 匿名函数

Python 允许使用 lambda 语句创建匿名函数,常用于临时需要一个函数的功能,但又不想定义函数的场合,即函数没有具体的名称。在 lambda 语句中,冒号前是函数的参数列表,若有多个参数,要使用逗号分隔,冒号右边是返回值。如此便构建了一个函数对象,与使用 def 语句创建的函数相比,使用 lambda 语句创建的函数对象没有名字。

lambda 函数的语法只包含一个语句,如下:

```
lambda [arg1 [,arg2,…,argn]]:expression
```

实例如下:

```
sum = lambda arg1, arg2: arg1 + arg2
print( "Value of total : ", sum( 10, 20 ))          #调用 sum()函数
```

lambda 函数能接收任何数量的参数,但只能返回一个表达式,匿名函数不能直接调用

print(),因为 lambda 需要一个表达式。

例 3-14 匿名函数实例 1。

```
In:
    f = lambda x,y:x + y
    print(type(f))
    k = f(10,12)
    print(k)
Out:
    <class 'function'>
    22
```

例 3-15 匿名函数实例 2。

```
In:
    pairs = [(5, 'five'), (2, 'two'), (4, 'four'), (3, 'three'),(1,'one')]
    pairs.sort(key = lambda pair: pair[0])
    print(pairs)
Out:
    [(1, 'one'), (2, 'two'), (3, 'three'), (4, 'four'), (5, 'five')]
```

3.6 递归函数

如果一个函数在执行过程中又调用了函数本身,则称之为递归函数。递归函数可以将一个大的复杂问题层层转换为一个问题本质相同但规模更小的问题。需要注意以下问题:递归必须有一个明确的结束条件;每次进入更深一层的递归时,问题的规模相比上次递归都应有所减少;函数递归的深度不能太大,否则容易引起内存崩溃。

例 3-16 用递归函数实现返回 Fibonacci 序列的前 n 个数。

```
In:
    result = []
    def fac(n):
        if(n <= 1):
            return n
        else:
            return(fac(n - 1) + fac(n - 2))
    n = int(input("请输入 n:"))
    print("Fibonacci 序列:")
    for i in range(n):
        result.append(fac(i))
    print(result)
Out:
    请输入 n:10
    Fibonacci 序列:
    [0, 1, 1, 2, 3, 5, 8, 13, 21, 34]
```

3.7 本章实战例题

例 3-17 定义无参函数和有参函数的实例。

```
In:    def happyA():
           print('Happy New Year')
       def happyB(name):
       happyA()
       happyA()
           print('Hello {}'.format(name))
       happyA()
       happyB('Tom')
```

例 3-18 定义与调用函数的实例。

```
In:    def happyA(name):
           print('Happy birthday {}!'.format(name))
       def happyB(person):
           happyA(person)
           happyA(person)
           print("Happy Happy {}".format(person))
           happyA(person)
           happyA(person)
       def main():
           # name = 'Tom'
           person = input('input name:')
       happyB(person)
       main()
```

例 3-19 定义计算平面上两点间距离的函数 distance(),计算三角形的周长,点在横坐标和纵坐标上的位置分别用 x 和 y 表示。

```
In:    import math
       def square(x):
           return x * x
       def distance(x1,y1,x2,y2):
           dist = math.sqrt(square(x1 - x2) + square(y1 - y2))
           return dist
       def isTig(x1,y1,x2,y2,x3,y3):
           flag = ((x1 - x2) * (y3 - y2) - (x3 - x2) * (y1 - y2))!= 0
           return flag
       def main():
           print('x,y')
           x1,y1 = eval(input('x1,y1:'))
           x2,y2 = eval(input('x2,y2:'))
```

```
        x3,y3 = eval(input('x3,y3:'))
        if(isTig(x1,y1,x2,y2,x3,y3)):
            per = distance(x1,y1,x2,y2) + \
                distance(x3,y3,x2,y2) + distance(x1,y1,x3,y3)
            print('the per is:{}'.format(per))
        else:
            print('no triangle!s')
    main()
```

例 3-20　输入一个数字,用递归函数求出该数字的各位数之和。

In:
```
l = []
def sum_digits(b):
    if(b == 0):
        return l
    dig = b % 10
    l.append(dig)
    sum_digits(b//10)
n = int(input("请输入一个数字: "))
sum_digits(n)
print(sum(l))
```

例 3-21　设置函数参数默认值的实例。

In:
```
def ask_ok(prompt, retries = 4, reminder = 'Please try again!'):    # 默认参数值
    while True:
        ok = input(prompt)
        if ok in ('y', 'ye', 'yes'):
            return True
        if ok in ('n', 'no', 'nop', 'nope'):
            return False
        retries = retries - 1
        if retries < 0:
            raise ValueError('invalid user response')
        print(reminder)
```

例 3-22　编写函数,求输入的正整数的阶乘。

In:
```
def getFac(num):
    factorial = 1
    if num < 0:
        print("无法求负数的阶乘!")
    elif num == 0:
        print("0 的阶乘是 1!")
    else:
        for i in range(1,num + 1):
```

```
            factorial = factorial * i
        return factorial
num = int(input('请输入一个正整数: '))
fac = getFac(num)
print("{}的阶乘是: {}".format(num,fac))
```

例 3-23　从键盘输入 n 个数组成列表(输入-1结束),编写带可变参数的函数 calc(输入参数为该列表),求该列表的总和及均值。

```
In:
    def calc( * numList):
    sumList = 0
        for i in range(len(numList)):
            sumList += numList[i]
        return sumList,sumList/len(numList)
    numList = []            #用来存放用户输入的数据
    k = eval(input('input k:'))
    while k!= - 1:          #以 - 1 结束输入
    numList.append(k)
        k = eval(input('input k:'))
    print('The sum and avg is:',calc( * numList))
```

例 3-24　使用函数判断输入字符串是否为回文串。

```
In:
    def main():
        s = input("input a string:").strip()
        if iss(s):
                print("Yes")
        else:
                print("No")
    def iss(s):
        low = 0
        high = len(s) - 1
        while low < high:
                if s[low] != s[high]:
                        return False
                low += 1
                high -= 1
        return True
    main()
```

例 3-25　使用函数根据中奖概率模拟中奖次数。

```
In:
    import random
    count1, count2, count3 = 0, 0, 0
    n = eval(input("请输入模拟抽奖次数:"))
    def reward():
```

```
        global count1, count2, count3
        for i in range(n):
            number = random.uniform(0, 1)
            if 0 < number <= 0.1:
                count1 += 1
            elif 0.1 < number <= 0.3:
                count2 += 1
            else:
                count3 += 1
        print("一等奖:", count1, "二等奖:", count2, "三等奖:", count3)
    reward()
```

3.8　本章小结

　　本章主要介绍了 Python 语言中的函数,并结合实例讲解了函数的定义方法、函数参数的传递方法、函数参数的设置,以及匿名函数、递归函数等内容。

　　本章需重点掌握的内容包括函数的定义方法、函数参数的设置和匿名函数的使用。

3.9　本章习题

　　1. 定义函数 triangle(a,b,c),其可以根据用户输入的 3 条边判断三角形的类型。

　　2. 编写带可变参数的函数,分别用来计算用户输入的任意个非 0 数据的平均值、方差、中位数。

　　3. 编写函数 fun(filename),从文件中(文件中是由空格分开的数字)读出所有数字,求所有数字的和。

　　4. 编写函数 getbin(number),返回输入整数的二进制形式。

　　5. Fibonacci 序列实例,定义函数,返回由斐波那契数列中前 n 个数组成的列表。

　　6. 编写函数,删除传入字符串中的标点符号。

第4章

类 与 对 象

Python 不仅可以处理大量数据,还经常被作为一种开发工具使用。作为一种面向对象的编程语言,Python 为复杂程序的编写提供了便利。本章介绍 Python 面向对象编程的基础内容,主要包括类的属性与方法的介绍以及相关应用实例的分析,帮助读者理解面向对象的编程思想。

本章要点:
- 面向对象与面向过程的区别。
- 类与对象的联系。
- 类的定义与使用。
- 类的属性与方法。
- 类的封装、继承和多态。

4.1 面向对象

面向对象这一编程思想是针对面向过程这一思想的不足所提出的,并在之后得到广泛的使用。目前,面向对象编程思想的应用不仅仅局限于程序设计和软件开发,而是扩展到了更多的领域,例如数据库系统、交互式界面、应用结构、应用平台、分布式系统、网络管理结构、CAD 技术、人工智能等。

面向对象是以"对象"为核心反映现实中的事物,并以对象之间的消息传递描述事物之间的关系,从而构建程序。在实际应用中,首先需要依据对现实需求的分析抽象提取出多个对象,然后为其增加相应的属性和功能,从而让对象实现相关的动作。面向过程则是以解决问题的过程为核心进行编程,是一种自顶向下,逐步细化的过程,侧重于过程之间的关系。当遇到复杂的问题时,过程之间相互调用,步骤流程错综复杂,面向过程就很难解决,或者代码会特别繁杂,显示出明显的不足。相对于面向过程来说,面向对象更适用于复杂化的程序,且易维护、易复用、易扩展,思维逻辑更加贴近于现实生活,更容易解决大型的、复杂的业务逻辑。

4.2 类与对象的联系

Python 作为面向对象的语言,其实现基础就是类和对象。

类(class)是指具有相似特征和行为的事物的集合,是一种广义的数据类型,支持定义复杂数据的特性,包括静态特性(即数据抽象)和动态特性(即行为抽象,也就是对数据的操作方法),例如正方形、平行四边形都属于四边形这一类,而四边形的周长和面积则是对应的操作。

　　对象是现实中该类事物的一个个体,是类的实例。一个类可以支持多个对象的创建,而创建类的一个实例的过程被称为实例化。例如,鸟类是一个类,其中性别、年龄等是属性,会飞、鸣叫等是方法,而喜鹊、麻雀、鹦鹉等鸟类是几个对象。

　　由此,类与对象的联系主要有以下几点:

　　(1)类是对象的抽象,而对象是类的具体实例。

　　(2)类是抽象的,而对象是具体的。

　　(3)每一个对象都是某一个类的实例。

　　(4)每一个类在某一时刻都有零或更多的实例。

　　(5)类是静态的,它们的存在、语义和关系在程序执行前就已经定义好;对象是动态的,它们在程序执行时可以被创建和删除。

　　(6)类是生成对象的模板。

4.3　类的定义与使用

　　类的主要组成部分为静态特征和动态特征,静态特征反映在数据上指类具有的属性,动态特征反映在数据上指类具有的方法。在 Python 中,类通过 class 定义,在定义时类名一般需要首字母大写。其具体的定义格式如下:

```
class 类名:
    属性名 = 属性值
    def __init__(self, x, y):
        self.XXX = x
        self.XXX = y
    def 方法名(self):
        方法体
    def 方法名(self):
        方法体
```

　　说明:定义类与内置类型的地位相同,可以出现在代码中的任何位置,最常见的是出现在模块的外层,作为模块中的全局定义类,往往通过 import 语句导入并使用。

　　构造函数(__init__)也称为初始化程序,通常在创建和初始化这个类的新对象时被调用。Python 提供了一个默认的构造函数,如果类中没有显式定义__init__()方法,则创建对象时调用默认方法,不做任何操作,直接返回一个对象;如果类中显式定义了__init__()方法,则创建对象时会优先调用显式方法。__init__()方法的第一个参数是 self,表示正在创建的对象,可以通过方法体中的语句为对象的属性赋值。该方法还可以有多个参数,在创建对象时需要为这些参数提供实际值,从而实现对象属性的操作。

　　类属性是在类中方法之外定义的,可以通过类名访问。此外,类属性也可以通过对象访问,但一般不建议这样做,因为容易导致类属性值不一致的情况。

　　类方法是对动态特征的抽象,在一个类中可以定义多个不同的方法,而每个方法的第一个参数都是 self,其代表要创建的对象本身。此外,类方法只能通过对象来调用,即向类发消息请求对象执行某个方法。

在类的定义结束后,在主程序中实现对类的使用,即初始化一个对象,通过访问类属性和类方法实现对创建对象的相关操作。其具体的语法格式如下:

```
对象名 = 类名()
对象名.方法名()
```

下面通过具体实例进行说明。

例 4-1 类的定义实例1。

```
In:
    #定义类
    class Student:
        age = 20
        def learning(self):
            print("I need study hard")
        def play(self):
            print("I like to play football")
    #创建对象
    from myclass import Student
    zhangsan = Student()
    print(Student.age)
    zhangsan.learning()
    zhangsan.play()
Out:
    20
    I need study hard
    I like to play football
```

说明:类的定义放在 myclass.py 文件中。首先在 myclass.py 文件的开头使用%%writefile myclass.py,将其写入文件,然后运行%run myclass.py,生成 myclass 模块。在后面的例子中即可调用该模块。

分析:在本例中使用到其中的 Student 类,采用导入模块的形式将其导入。创建一个"Student"类的对象"zhangsan",在创建时采用 Python 默认的构造函数,并通过"类名.属性"和"对象名.方法名"的方式访问类属性(age)和对应的方法(learning()和 play()方法)。

例 4-2 类的定义实例2。

```
In:
    #定义类
    class Student_new:
        age = 20
        def __init__(self,h,w):
            self.weight = w
            self.height = h
        def BMI(self):
            return self.weight/(self.height * self.height)
```

```
# 创建对象
from myclass import Student_new
wangwu = Student_new(160,55)
print("王五的体重：",wangwu.weight,",身高：",wangwu.height)
print("王五的BMI值：",wangwu.BMI())
# 修改实例属性
wangwu.weight = 50
print("王五减肥后的体重：",wangwu.weight)
```
Out:
```
王五的体重：55 ,身高：160
王五的BMI值：0.0021484375
王五减肥后的体重：50
```

分析：Student new类的定义在myclass.py文件中。在类定义中定义了类属性(age)、对象属性(weight和height)和方法(BMI())。在主程序中创建一个名为"wangwu"的对象，创建时采用显式定义的构造函数__init__()，并将其初始化，传入对象的身高和体重。然后以"对象名.属性"和"对象名.方法名"的方式访问类属性和对应的方法，同时在主程序中修改属性值。

4.4　属性

属性用来描述类所具有的特征，是专属于类的变量。例如学生的年龄、身高、体重等均是描述学生的特征。类属性通常以"."的方式访问。

4.4.1　实例属性和类属性

属性有两种不同的位置，因此定义类时有两种不同的属性。一种是在定义类中且在方法之外定义的属性，称之为类属性，这是所有类对象都具有的属性。在通常情况下，类属性通过类名进行访问，也可以通过对象名进行访问，但一般不推荐，因为容易造成属性值不一致的情况。同时可以在主程序中直接修改属性值或者直接添加属性，例如Student类中的age属性。

另一种属性是实例属性，是指定义在构造函数__init__()中的属性，在定义时以self为前缀。实例属性是描述某一对象特征的数据，故是专属于对象的属性，也只能通过对象名访问，例如Student_new类中的self.weight和self.height属性。实例属性的设置比较灵活，可以在定义类的__init__()方法中设置，也可以在主程序中直接添加修改。

例4-3　类的实例属性与类属性实例。

In:
```
# 定义类：同例4-2中的类
# 主程序
from myclass import Student_new
wangwu = Student_new(160,55)
print("王五的年龄：",Student_new.age)
print("王五的体重：",wangwu.weight,",身高：",wangwu.height)
print("王五的BMI值：",wangwu.BMI())
```

```
＃修改类属性
Student_new.age = 25
print("王五的 5 年之后的年龄:",Student_new.age)
＃修改实例属性
wangwu.weight = 50
print("王五减肥后的体重：",wangwu.weight)
＃增加类属性
Student_new.sex = "男"
print("王五的性别：",Student_new.sex)
＃增加实例属性
wangwu.score = 98
print("王五的体测成绩：",wangwu.score)
```
Out:
```
王五的年龄：20
王五的体重：55 ,身高：160
王五的 BMI 值：0.0021484375
王五的 5 年之后的年龄：25
王五减肥后的体重：50
王五的性别：男
王五的体测成绩：98
```

分析：Student_new 类的定义在 myclass.py 文件中。在创建对象时采用显式定义的构造函数__init__(),并通过"对象名.属性"和"对象名.方法名"的方式访问类属性和对应的方法。同时在主程序中对已有的类属性和实例属性进行修改,并新增类属性(sex)和实例属性(score)。

4.4.2 公有属性和私有属性

有时类中的一些属性不希望对外公开,则可以屏蔽这些属性。Python 中默认的成员函数和成员变量都是公开的,其中的私有属性和方法没有用类似 Java 中的 public、private 等关键字来修饰,仅以编程来实现区分。在 Python 中,定义私有变量只需要在变量名或函数名前加两个下画线,那么这个函数或变量就是私有的,只能在类的内部调用。

在类的定义中,在属性名前有前缀"__"的属性为私有属性,其余均为公有属性。在一般情况下,私有属性只能在类内部使用,但也可以在类外部以"实例名._类名__私有属性名"的方式访问。

例 4-4 类的公有属性和私有属性实例。

In:
```
＃定义类
class Student_private:
    sex = "男"
    __age = 20
    def __init__(self,h,w):
        self.__weight = w
        self.height = h
    def BMI(self):
        return self.__weight/(self.height * self.height)
```

```
♯主程序
from myclass import Student_private
wangwu = Student_private(160,55)
print("王五的性别:",Student_private.sex)
print("王五的年龄:",wangwu._Student_private__age)
print("王五的体重: ",wangwu._Student_private__weight,",身高: ",wangwu.height)
print("王五的BMI值: ",wangwu.BMI())
```
Out:
```
王五的性别: 男
王五的年龄: 20
王五的体重: 55 ,身高: 160
王五的BMI值: 0.0021484375
```

类属性访问的错误示范一:

In:
```
print("王五的年龄: ",Student_private.age)
```
Out:
```
AttributeError: type object 'Student_private' has no attribute 'age'
```

类属性访问的错误示范二:

In:
```
♯类属性访问——错误示范
print("王五的体重: ",wangwu.__weight)
```
Out:
```
AttributeError: 'Student_private' object has no attribute '__weight'
```

分析: Student_private 类的定义在 myclass. py 文件中。在类的定义中,分别定义了私有属性 __age 和 __weight,以及性别等公有属性,并在 BMI()方法中直接调用了私有属性__weight。在创建对象时采用显式定义的构造函数 __init__(),并通过"对象名. 属性"和"对象名. 方法名"的方式访问公有的类属性和对应的方法,但不适用于私有方法的访问,否则会报错。

在例 4-4 中,用户不能用 wangwu. __weight 方式访问学生的体重,用户也因此知道了__weight 是一个私有变量。那么有没有一种方法让用户通过 wangwu. weight 访问学生体重的同时继续保持__weight 私有变量的属性呢? 这时可以借助 Python 的@property 装饰器,见例 4-5。

例 4-5　装饰器实例。

In:
```
♯定义类
class Student_private_new:
    sex = "男"
    __age = 20
    def __init__(self,h,w):
        self.__weight = w
        self.height = h
    def BMI(self):
```

```
        return self.__weight/(self.height * self.height)
    # 利用 property 装饰器把函数伪装成属性
    @property
    def weight(self):
        print('王五的体重:',wangwu.__weight)
# 主程序
wangwu = Student_private_new(160,55)
print(wangwu.weight)
```
Out:
```
    王五的体重: 55
```

注意：一旦给函数加上装饰器@property,则调用函数的时候可以不加括号直接调用。

4.5 方法

4.5.1 实例方法

在前面的例子中涉及的方法均属于实例方法,由此读者对实例方法有了初步的了解。实例方法是类定义中比较常见的方法,它是在类中定义的,一般以 self 作为第一个参数,self代表调用这个方法的对象本身,相当于 Java 中 this 的效果,而在方法调用时可以不传入self 参数,Python 会自动将调用这个方法的对象作为参数传入,这也进一步说明实例方法只可以通过对象进行调用。

在类定义中,可以通过 self 关键字实现对象属性的修改,当方法体中的属性与类属性同名时会覆盖类属性的值。

例 4-6 实例方法实例。

In:
```
    # 定义类
    class Cars:
        price = 100
        def price_used(self):
            self.price = 80
    # 主程序
    from myclass import Cars
    c1 = Cars()
    print(c1.price)
    c1.price_used()
    print(c1.price)
```
Out:
```
    100
    80
```

分析:在本例中,Cars 类的定义在 myclass.py 文件中,Cars 类中的类属性与方法中的属性同名(即"price"属性)。在主程序中,首先创建 Cars 类的对象 c1。从运行结果可以看出,在访问 price_used()方法之前,使用 c1 对象访问的 price 属性值为 100,说明访问的是类属性。在调用对象方法后,再使用 c1 对象访问的 price 属性值为 80,此时访问的是对象方法中的同名属性。

4.5.2 类方法

类方法是使用修饰器@classmethod修饰的方法,它的第一个参数是"cls",表示类本身,作用如同self。类方法可以通过类名或对象名调用。

例4-7 类方法实例。

```
In:
    #定义类
    class Books:
        all_count = 100
        def sell_one(self):
            self.all_count = 99
        @classmethod
        def sell_two(cls):
            cls.all_count = 98
    #主程序
    from myclass import Books
    b1 = Books()
    b1.sell_one()
    print(Books.all_count)
    #对象调用类方法
    b1.sell_two()
    print(Books.all_count)
    #类调用类方法
    Books.sell_two()
    print(Books.all_count)
Out:
    100
    98
    98
```

分析:Books类的定义在myclass.py文件中,在类声明中分别定义了实例方法sell_one()和类方法sell_two()。从前两个调用结果看,在调用实例方法sell_one()后,类属性的值没有发生改变,但调用类方法sell_two()后,类的属性值发生变化;对比后两个调用结果,可见类和对象都可以调用类方法。

4.5.3 静态方法

静态方法与类方法类似,是使用修饰器@staticmethod修饰的方法,该方法既不需要对象参数self,也不需要类参数cls,所以该方法没有默认参数。在调用静态方法时,可以通过类名或对象名来调用。

例4-8 静态方法实例。

```
In:
    #定义类
    class Test:
        @staticmethod
```

```
        def static():
            print("练习静态方法")
    ♯主程序
    from myclass import Test
    tt = Test()
    tt.static()
    Test.static()
Out:
    练习静态方法
    练习静态方法
```

分析：从运行结果来看，类和对象均可实现静态方法的调用。

这3种方法的主要区别在于参数，实例方法被绑定到一个实例，只能通过实例进行调用；但是对于类方法和静态方法，可以通过类名和对象两种方式进行调用。

4.6 继承

面向对象的一个重要特征就是继承，该特征主要反映类与类之间的一种所属关系，其中已经存在的定义类一般称为"父类"，而将要在父类的基础上定义的类称为"子类"。当子类具有与父类相同的属性和方法时，不需要重复相同的代码，只需直接定义新增的特征或方法，即将共性的内容放在父类中，子类只需要关注自己特有的内容，这一特性极大地提高了代码的利用率。例如，在"学生"类的基础上再定义新的子类"小学生""中学生"或"大学生"。这些子类完全拥有"学生"类的属性和方法。如果父类中有私有属性或方法，子类不能继承。

在 Python 程序中，继承使用的语法格式为：

```
class 父类名：
    方法体
class 子类名(父类名)：
    方法体
```

注意：子类定义中的父类名表示其继承自哪一个父类，可以是简单的单个类名，也可以是多个类名，还可以是复杂的表达式，只要值是类对象即可。当有多个类名时，中间以逗号","隔开，也表示子类继承自多个父类，称为多继承。

4.6.1 隐性继承

隐性继承是指子类完全继承父类的全部属性与方法，没有在子类的方法体中定义其他的属性或方法，从而子类具有和父类一样的特征与功能，但如果父类中含有私有属性或方法，子类并不能继承。

例 4-9 隐性继承实例。

```
In:
    ♯定义类
    class Animal:
        foot = 4
```

```
        def eating(self):
            print("动物都需要吃东西")
    class Bird(Animal):
        pass
    #主程序
    magpie = Bird()
    print(magpie.foot)
    magpie.eating()
Out:
    4
    动物都需要吃东西
```

分析：在上述代码中定义了一个 Animal 类，类中定义了一个属性 foot，还定义了一个 eating()方法，该方法输出一个字符串。然后又定义了一个 Bird 类，继承自 Animal 类。方法体中没有新增任何其他方法或属性。最后又创建了一个 magpie 对象，并访问其 foot 属性与 eating()方法。

例 4-10 子类对象访问父类实例。

```
In:
    #定义类
class Animal:
    have_foot = 4
    def __init__(self):
        self.__tail = 1
    def get_tail(self):
        print(self.__tail)
    def __eating(self):
        print(" --- 动物都需要吃东西")
class Bird(Animal):
    def get_bird_tail(self):
        print(self.__tail)
```

主程序之一（子类对象访问父类的私有属性，报错）：

```
In:
    magpie = Bird()
    magpie.get_bird_tail()
Out:
    AttributeError: 'Bird' object has no attribute '_Bird__tail'
```

主程序之二（子类对象访问父类的私有方法，报错）：

```
In:
    magpie.__eating()
Out:
    AttributeError: 'Bird' object has no attribute '__eating'
```

主程序之三（子类对象访问父类的方法，成功）：

```
In:
    magpie.get_tail()
Out:
    1
```

分析:在上述代码中定义了一个父类"Animal",它的属性__tail 是私有的,__eating()方法是私有的,have_foot 属性是公有的,get_tail()方法是公有的。然后定义了一个"Bird"子类,其中有一个 get_bird_tail()方法,该方法访问父类的__tail 属性。

从 3 次运行结果来看,子类对象调用 get_bird_tail()方法和__eating()方法失败,可见其不能直接访问父类的私有属性和私有方法,而子类对象访问父类的公有方法 get_tail()成功,可见子类对象可以通过访问父类方法来间接访问父类的私有属性。

4.6.2 覆盖

在子类与父类的继承关系中,有时会出现子类方法名与父类方法名同名的情况,但其功能却不一样,在调用该方法时父类方法被完全覆盖,即对象调用了子类中的同名方法。

例 4-11 覆盖实例。

```
In:
    #定义类
    class Animal:
        have_foot = 4
        def __init__(self):
            self.__tail = 1
        def get_tail(self):
            print(self.__tail)
        def __eating(self):
            print("--- 动物都需要吃东西")
        def born(self):
            print("这是动物的繁殖方式")
    class Bird(Animal):
        def get_bird_tail(self):
            print(self.__tail)
        def born(self):
            print("这是鸟类的繁殖方式")
    #主程序
    magpie = Bird()
    magpie.born()
Out:
    这是鸟类的繁殖方式
```

分析:在类的声明中分别为子类和父类新增了 born()方法。初始化一个子类对象,调用 born()方法,结果显示执行的是子类定义中的方法。

4.6.3 super 继承

在 4.6.2 节中已经讲到,如果子类和父类有同名方法,子类的方法会将父类的方法覆盖。而在实际中有时需要调用父类的同名方法,这就需要用到 super 关键字。

super()函数经常用于子类构造函数__init__()的重写上,其使用格式如下:

```
super().XXX()
```

注意：XXX()为方法名。这种形式不带任何参数,其一般出现在子类方法的定义中,在调用这一方法时,解释器会先找到这一对象的直接父类,然后在父类中开始寻找XXX()方法并执行,再执行所在子类的方法。

例 4-12　super 继承实例。

```
In:
    #定义类：以例 4-11 为基础,修改子类的 born()方法,父类不做修改
    class Bird(Animal):
        def get_bird_tail(self):
            print(self.__tail)
        def born(self):
            super().born();
            print("这是鸟类的繁殖方式")
    #主程序
    magpie = Bird()
    magpie.born()
Out:
    这是动物的繁殖方式
    这是鸟类的繁殖方式
```

分析：magpie 对象要求调用 born()方法,这一方法是指子类中的方法,其方法体中含有 super().born(),所以解释器从 magpie 所属父类(Animal)开始查找 born()方法并执行,之后解释器才执行子类的 born()方法中的内容。

4.6.4　多重继承

多重继承是指子类不仅可以继承一个父类,还可以继承多个父类。例如青蛙,既可以在陆地生活,也可以在水中生活。

例 4-13　多重继承实例。

```
In:
    #定义类
    class Aquatic_animals:
        foot = 4
        def get_foot(self):
            print(self.foot)
        def live(self):
            print("生活在水里")
    class Terrestrial_animal:
        foot = 0
        def get_foot(self):
            print(self.foot)
        def living(self):
            print("生活在陆地")
```

```
    class Frog(Aquatic_animals,Terrestrial_animal):
        foot = Terrestrial_animal.foot
        get_foot = Terrestrial_animal.get_foot
    #主程序
    frog = Frog()
    frog.live()
    frog.living()
    frog.get_foot()
Out:
    生活在水里
    生活在陆地
    0
```

分析：首先声明了两个父类，分别是 Aquatic_animals 和 Terrestrial_animal，其类的定义中均包含相同的属性 foot 和方法 get_foot()，以及不同名的方法。在子类 Frog 的定义中指明了属性和方法继承自哪个父类。在主函数中分别访问了两个父类的方法及同名方法。结果显示，Frog 类的对象同时继承了两个父类的方法。

4.7 运算符重载

在 Python 中允许用户使用一些特定的方法实现运算符重载，从而使类的实例对象支持 Python 的各种内置操作。

算术运算中常见的加、减、乘、除分别通过调用__add__()、__sub__()、__mul__()和__truediv__()方法实现重载，算术运算中的一些运算符重载方法如表 4-1 所示。

表 4-1 运算符重载方法(部分)

方　　法	说　　明	运　算　符
__add__(self,num)	加法	self＋num
__sub__(self,num)	减法	self-num
__mul__(self,num)	乘法	self * num
__mod__(self,num)	取余	self％num
__pow__(self,num)	幂运算	self ** num
__truediv__(self,num)	除法	self/num
__radd__(self,num)	加法	num＋self
__iadd__(self,num)	加法	self＋＝num
__and__(self,num)	位与	self&num
__or__(self,num)	位或	self|num

下面以加法和减法来说明重载的使用。

例 4-14 运算符重载实例。

```
In:
    #定义类
    class Calculator:
```

```
        def __init__(self,num1):
            self.number = num1
        def __add__(self,num2):
            return self.number + num2
        def __sub__(self,num3):
            return self.number - num3
    #主程序
    cal = Calculator(5)
    print(cal + 4)
    print(cal - 9)
Out:
    9
    - 4
```

分析：在本例中定义了一个 Calculator 类，并重载__add__()和__sub__()方法，初始化一个对象后，对其进行加/减运算。

4.8 本章实战例题

例 4-15 定义父类 SchoolMember，定义子类 Teacher 和 Student，实现学校中人员的登记。

```
In:
    class SchoolMember:
        sum_member = 0
        def __init__(self, name):
            self.name = name
            SchoolMember.sum_member += 1
            print("学校新加入一个成员:{}".format(self.name))
            print("现在学校有成员{}人".format(SchoolMember.sum_member))
        def say_hello(self):
            print("大家好,我叫:{}".format(self.name))
    class Teacher(SchoolMember):
        def __init__(self, name, salary):
            super().__init__(name)
            self.salary = salary
        def say_hello(self):
            super().say_hello()
            print("我是老师,我的工资是:{}".format(self.salary))
    class Student(SchoolMember):
        def __init__(self, name, mark):
            super().__init__(name)
    self.mark = mark
        def say_hello(self):
            super().say_hello()
            print("我是学生,我的成绩是:{}".format(self.mark))
    def main():
        laowang = Teacher("老王", 8000)
```

```
        laowang.say_hello()
        xiaowang = Student("小王", 80)
        xiaowang.say_hello()
    if __name__ == '__main__':
        main()
```

例 4-16 定义类 Triangle,实现根据输入的 3 条边计算三角形的周长和面积。

In:
```
from math import sqrt
class Triangle(object):
    def __init__(self, a, b, c):
        self._a = a
        self._b = b
        self._c = c
    @staticmethod
    def is_valid(a, b, c):
        return a + b > c and b + c > a and a + c > b
    def perimeter(self):
        return self._a + self._b + self._c
    def area(self):
        half = self.perimeter() / 2
        return sqrt(half * (half - self._a) *
                    (half - self._b) * (half - self._c))
def main():
    a, b, c = 3, 4, 5
    if Triangle.is_valid(a, b, c):
        t = Triangle(a, b, c)
        print("三角形的周长是:{}".format(t.perimeter()))
        print("三角形的面积是:{}".format(t.area()))
    else:
        print("无法构成三角形")
if __name__ == '__main__':
    main()
```

例 4-17 定义类 Clock,实现数字时钟的计时。

In:
```
from time import sleep
class Clock():
    def __init__(self, hour = 0, minute = 0, second = 0):
        self._hour = hour
        self._minute = minute
        self._second = second
    def run(self):
        self._second += 1
        if self._second == 60:
            self._second = 0
            self._minute += 1
            if self._minute == 60:
```

```
                    self._minute = 0
                    self._hour += 1
                    if self._hour == 24:
                        self._hour = 0
        def show(self):
            print('\r{:^3}:{:^3}:{:^3}'.format(self._hour, self._minute, self._second),end = '')
def main():
    clock = Clock(23, 59, 58)
    while True:
        clock.show()
        sleep(1)
        clock.run()


if __name__ == '__main__':
    main()
```

4.9　本章小结

本章结合实例介绍了 Python 中面向对象编程的基础内容,主要包括类的属性与方法的介绍以及相关应用实例的分析,帮助读者理解面向对象的编程思想。本章需要重点掌握的内容有类与对象的概念、Python 中类的声明方法、类的属性与方法、类的封装、继承和多态等。

4.10　本章习题

1. 设计一个 Car 类,其有类属性 price,一个实例属性 color。请写出类的定义语句,并在主程序中写出生成该类的对象的语句。主程序中还包括如下语句:

```
Car.price = 320000        ♯修改类属性
Car.name = 'TSL'          ♯增加类属性
car1.color = "BLUE"       ♯修改实例属性
```

2. 设计一个水果类 Fruit,其有私有属性 color、city,私有方法 outputColor()、outputCity(),公有方法 output()(其中调用私有方法 outputColor()和 outputCity()),定义静态方法 getPrice()和 setPrice()。在主程序中定义 Fruit 类的对象,并尝试调用它的各个方法。

3. 设计一个三维向量类 Vector3,并实现向量的加法(__add__())、减法以及向量与标量的乘法和除法运算。

4. 定义矩形类 Rectangle,其有实例属性 breadth 和 length,并定义实例方法 area(),计算并返回矩形的面积。

5. 定义圆形类 Circle,其有实例属性 radius,并定义实例方法 area()和 perimeter(),计算并返回圆形的面积和周长。

6. 定义父类 Person,其有类属性 name 和 age,有私有属性__height,有实例方法 info(),能输出 Person 的 name、age 及__height 信息。子类 Student 继承 Person 类,有类属性 grade,有实例方法 info(),能输出学生的 name、age 及 grade 信息。

第二部分　数据分析
相关库

第 **5** 章

NumPy基础与应用

NumPy 是应用广泛的 Python 的一个基础科学计算包,是 Python 生态系统中数值计算的基石,目前许多主流的算法以及数据分析库,例如 Pandas、sklearn(全称为 scikit-learn)等都是基于 NumPy 发展而来的。在本章中主要介绍 NumPy 的核心——数组,包括数组的基础知识以及与数组相关的操作。

本章要点:

- NumPy 数组的基本属性。
- NumPy 数组的创建方法。
- NumPy 数组的相关操作。
- NumPy 数组的读/写。

5.1 NumPy 简介

NumPy 是 Python 的一个基础科学计算包,许多高级的第三方科学计算的模块都是基于 NumPy 所构建的,例如 Pandas 等。NumPy 有以下几个特点:

(1) 强大的多维数组对象。

(2) 精细而复杂的功能。

(3) 用于集成 C/C++和 FORTRAN 代码的工具。

(4) 实用的线性代数、傅里叶变换和随机数功能。

NumPy 除了用于科学计算以外,还可以用作通用数据的高效多维容器。同时,NumPy 支持自定义数组的数据类型,这使 NumPy 能够无缝、快速地与各种数据库集成,也使得 NumPy 在性能上比 Python 自身的嵌套列表结构高效很多。NumPy 本身并没有提供多少高级的数据分析功能,但熟练掌握 NumPy 有助于更加高效地使用 Pandas 等诸多进行数据分析的库。

对于许多用户而言,尤其是 Windows 用户,学习 Python 的常用工具为 Anaconda,其中包括所有数据分析的关键包。本书的相关练习操作均使用 Anaconda 中的 Jupyter Notebook。在 Anaconda 环境中已经集成了 NumPy 模块,不需要再次安装,但可以在命令行中使用 pip 更新:

```
pip install numpy -U
```

用户可以在"https://numpy.org/doc/stable/"上查阅 NumPy 的使用文档。

5.2 NumPy 数组基础

数组是 NumPy 中的核心类型,全称为 **N 维数组**(N-dimensional Array,ndarray),整个 NumPy 模块都是围绕数组来构建的,它是一个固定大小和形状的大数据集容器,该对象由两部分组成,即实际的数据以及描述这些数据的元数据。大部分数组操作仅修改元数据部分,而不改变底层的实际数据。

在使用数组之前,首先需要导入 NumPy 模块。在本章例子中均默认已导入 NumPy 模块,导入语句为:

```
import numpy as np
```

5.2.1 数组的属性

ndarray 是 NumPy 中的数组类,也被称为 array,它是同构多维数组,可以存储相同类型、以多种形式组织的数据。NumPy.array 和标准的 Python 库中的 array.array 是不一样的,标准的 Python 库中的 array.array 只能处理一维数组,且所有元素的类型必须是一致的,支持的数据类型有整型、浮点型以及复数型,但这些类型不足以满足科学计算的需求,因此 NumPy 中添加了许多其他的数据类型,例如 bool、int、int64、float32、complex64 等。此外,NumPy 数组也有特有的属性,表 5-1 列出了几种常见的重要属性。

表 5-1 NumPy 数组的常见属性

属　　性	说　　明
.ndim	秩,即轴的数量或维度的数量
.shape	ndarray 对象的大小,对于矩阵,为 n 行 m 列
.size	ndarray 对象中元素的个数,相当于.shape 中 n×m 的值
.dtype	ndarray 对象的元素类型
.itemsize	ndarray 对象中每个元素的大小,以字节为单位
.nbytes	ndarray 对象中元素所占空间的大小

下面通过实例来介绍 NumPy 数组的常用属性。

例 5-1 构建一个二维数组 arr,并查看数组的属性。

首先构建数组 arr,代码及输出结果如下:

```
In:
    import numpy as np
    arr = np.array([[1,2,3],
                    [4,5,6]])
    print(arr)
```

```
Out:
    arr([[1, 2, 3],
    [4, 5, 6]])
```

然后使用.ndim 属性查看数组的维度,也称为轴,代码及输出结果如下:

```
In:
    print('数组的维度为: ',arr.ndim)
Out:
    数组的维度为: 2
```

除了秩属性以外,还可以使用.shape 属性查看数组的大小。对于一个具有 n 行、m 列的矩阵,形状为(n,m)。使用.shape 查看数组的大小,代码及输出结果如下:

```
In:
    print('数组的形状为: ',arr.shape)
Out:
    数组的形状为: (2, 3)
```

使用数组的.size 属性可以查看数组元素的个数,数值相当于.shape 中 n×m 的结果值,代码及输出结果如下:

```
In:
    print('数组元素的个数:',arr.size)
Out:
    数组元素的个数: 6
```

与列表不同,NumPy 数组要求所有元素都是同一类型,使用数组的.dtype 属性可以查看数组中保存的数据类型。此外,用户不仅可以使用标准的 Python 类型创建或指定 dtype,还可以使用 NumPy 提供的类型,例如 numpy.int32、numpy.int16、numpy.float64。使用.dtype 属性查看数组中保存的数据类型,代码及输出结果如下:

```
In:
    print('查看数组元素的类型:',arr.dtype)
Out:
    数组元素的类型: int32
```

用户还可以使用数组的.itemsize 属性查看数组中每个元素所占的字节数,即每个元素的大小,代码及输出结果如下:

```
In:
    print('查看元素所占的字节:',arr.itemsize)
Out:
    数组元素所占的字节: 4
```

数组需要开辟出一段连续的内存来存放数据,可以使用.nbytes 属性查看数组中所有元素所占的空间,在数值上等于属性.itemsize 和属性.size 的乘积。使用.nbytes 属性查看

数组中所有元素所占的空间,代码及输出结果如下:

```
In:
    print('数组所占内存的大小:',arr.nbytes)
Out:
    数组所占内存的大小: 24
```

以上是对数组的几种常见的重要属性的说明,对于其他属性,读者可根据实际开发需要查看 NumPy 的官方文档。

5.2.2　创建数组

用户可以采用多种方式来创建 ndarray 数组对象,例如结合 NumPy 中提供的多种函数生成数组、用随机数生成数组等。下面结合具体实例说明数组的生成方法,在实例中主要创建一维数组和二维数组。

1. 利用 np. array()函数生成数组

此方法是利用 np. array()函数来创建,函数的参数可以是元组、列表,也可以是另一个数组。其语法格式为:

```
X = np.array(list/tuple) 或者 X = np.array(list/tuple, dtype = np.dtype)
```

当 np. array()不指定 dtype 时,NumPy 将根据数据情况自动匹配一个 dtype 类型。

当 np. array()的参数是列表时,依据列表的维度分别创建一维数组或者二维数组。在例 5-2 中,可以看出当列表元素是整数型时,NumPy 为数组分配的类型为 int32。当创建二维数组时,只需要将列表以逗号隔开。

例 5-2　使用 np. array()函数创建一维数组和二维数组,参数为列表。

```
In:
    a = np.array([1,2,3,4])
    print('创建的一维数组为: ',a,'数组的元素类型为: ',a.dtype)
    d = np.array([[1,2,3],[4,5,6]])
    print('创建的二维数组为: \n',d)
Out:
    创建的一维数组为:[1 2 3 4] 数组的元素类型为: int32
    创建的二维数组为:
    [[1 2 3]
    [4 5 6]]
```

另外,可以用元组作为 np. array()的参数,创建一维数组或者二维数组。此时需要注意不能省略元组的括号,也可另外指定数组元素的数据类型。

例 5-3　使用 np. array()函数创建数组,参数为元组,并指定数据类型。

```
In:
    b = np.array((1,2,3,4),dtype = np.float32)
    print('创建的数组为{},参数为元组,数组元素的数据类型为:{}'.format(b,b.dtype))
Out:
    创建的数组为[1. 2. 3. 4.],参数为元组,数组元素的数据类型为:float32
```

2. 利用内置函数产生特定形式的数组

此方法是利用 NumPy 中内置的特殊函数来创建 ndarray 对象,例如 zeros()、ones()、empty()等。常用内置函数的功能见表 5-2。

表 5-2　NumPy 的常用内置函数

函　　数	说　　明
np. arange(n)	类似 range()函数,返回 ndarray 类型,元素为 0~n−1
np. ones(shape)	根据 shape 生成一个全 1 数组,shape 是元组类型,默认为浮点型
np. zeros(shape)	根据 shape 生成一个全 0 数组,shape 是元组类型,默认为浮点型
np. full(shape,val)	根据 shape 生成一个数组,每个元素值都是 val
np. eye(n)	创建一个正方的 n×n 单位矩阵,对角线为 1,其他为 0
np. linspace()	生成由等差数列构成的一维数组
np. empty()	生成一个指定形状和类型且全为空的数组

下面通过实例介绍上述函数的用法。

1) np. zeros()函数和 np. ones()函数

语法格式为:

```
X = np. zeros(shape,dtype = float)
```

例 5-4　使用 np. zeros()函数创建全 0 数组。

```
In:
    zero = np.zeros((2,3))          ♯生成 2 行 3 列全为 0 的矩阵
    display(zero)
Out:
    array([[0., 0., 0.],
[0., 0., 0.]])
```

np. zeros()函数用于生成一个数值全为 0 的数组,其中的行数和列数可以自定义。数值类型默认为浮点型。np. ones()函数的用法与 np. zeros()函数完全相同,只是生成的是全 1 数组。

2) np. arange()函数

np. arange()函数可以产生一个等距数组,其语法格式为:

```
X = np.arange([ start, ] stop[,step, ],dtype = None)
```

其中,[ ]中的内容可以省略,start 的默认值为 0,step 的默认值为 1,因此参数个数可以为 1~3 个。当只含一个参数时(即只有 stop 参数),将生成一个 0~stop−1、步长为 1 的整数数组。

例 5-5　使用 np. arange()创建数组,分别带有 1~3 个参数。

首先创建只带 1 个参数的数组,代码及输出结果如下:

```
In:
    arange1 = np. arange(10)
```

```
    display(arange1)
Out:
    array([0, 1, 2, 3, 4, 5, 6, 7, 8, 9])
```

当含 2 个参数时,即指定起始位置,生成一个 start～stop－1、步长为 1 的整数数组,代码及输出结果如下:

```
In:
    arange2 = np.arange(4,10)
    display(arange2)
Out:
    array([4, 5, 6, 7, 8, 9])
```

当含 3 个参数时,即指定起始位置与步长,生成一个 start～stop－1、步长为定值的数组,指定的步长可以是浮点型。

```
In:
    arange3 = np.arange(4,8,0.5)
    display(arange3)
Out:
    array([4. , 4.5, 5. , 5.5, 6. , 6.5, 7. , 7.5])
```

3) np.linspace()函数

NumPy 中的 linspace()函数可以用来创建由等差数列构成的一维数组,该函数的格式如下:

np.linspace(start, stop, num = 50, endpoint = True, retstep = False, dtype = None)

该函数的参数及说明如表 5-3 所示。

表 5-3　np.linspace()函数的参数及说明

参　　数	说　　明
start	序列的起始值
stop	序列的终止值,如果 endpoint 为 True,则该值包含于数列中
num	要生成的等步长的样本数量,默认为 50
endpoint	当该值为 True 时,数列中包含 stop 值,否则不包含,默认为 True
retstep	如果为 True,生成的数组中会显示间距,不显示
dtype	ndarray 的数据类型

例 5-6　使用 linspace()函数生成均匀分布的数组。

```
In:
    arr1 = np.linspace(1,10,10)
    print('设置起始值为 1、终止值为 10、元素个数为 10 的数组:\n',arr1)
    arr2 = np.linspace(1,1,10)
    print('数组元素全部为 1 的数列:\n',arr2)
    arr3 = np.linspace(10,20,5, endpoint = False)
    print('生成 10 到 20,元素个数为 5 的数组,设置 endpoint 为 False,则数组中不包含终止值 20:
\n',arr3)
```

```
arr4 = np.linspace(1,10,10).reshape([2,5])
print('将数组形状设置为 2 行 5 列:\n',arr4)
```
Out:
```
设置起始值为 1、终止值为 10、元素个数为 10 的数组:
[ 1. 2. 3. 4. 5. 6. 7. 8. 9. 10.]
数组元素全部为 1 的数列:
[1. 1. 1. 1. 1. 1. 1. 1. 1. 1.]
生成 10 到 20,元素个数为 5 的数组,设置 endpoint 为 False,则数组中不包含终止值 20:
[10. 12. 14. 16. 18.]
将数组形状设置为 2 行 5 列:
[[ 1. 2. 3. 4. 5.]
 [ 6. 7. 8. 9. 10.]]
```

4) np.empty()函数

np.empty()函数用于生成一个指定形状和类型全为空的数组,该函数只是让系统分配指定大小的内容,并没有初始化,里面的值是随机的。

例 5-7 使用 np.empty()生成一个指定形状和类型全为空的数组。

In:
```
empty = np.empty(2)
display(empty)
```
Out:
```
array([ 2.00000047, 512.00012255])
```

3. 生成随机数组

在 NumPy 的 random 模块中包含了很多生成随机数字的函数,例如 random.rand()、random.randint()、random.randn()等。这些函数的用法相近,均是返回指定范围内的一个或一组随机整数或浮点数。对这些函数的简要说明如下:

1) numpy.random.rand(d0,d1,…,dn)函数

该函数创建给定形状的数组,并使用[0.0,1.0)上均匀分布的随机浮点数填充数组。当函数没有参数时,返回一个随机浮点数;当函数有一个参数时,返回该参数长度大小的一维随机浮点数数组;当函数有两个或两个以上参数时,返回对应维度的数组。

2) numpy.random.randint(low, high=None, size=None, dtype=int)函数

该函数返回随机整数数组,数据值位于半开区间[low, high)。用户可以使用 size 设置数组的形状,例如,若 size 为(m,n,k),则绘制 m×n×k 形状的样本。size 的默认值为"None",在这种情况下将返回单个值。

3) numpy.random.randn(d0,d1,…,dn)函数

该函数返回一个或一组符合标准正态分布的随机样本值。当函数没有参数时,返回一个浮点数;当函数有一个参数时,返回秩为 1 的数组,不能表示向量和矩阵;当函数有两个或两个以上参数时,返回对应维度的数组,能表示向量或矩阵。此外,np.random.standard_normal()函数与 np.random.randn()函数类似,但是 np.random.standard_normal()函数的输入参数为元组(tuple)。

4）numpy. random. shuffle(x)函数

类似洗牌操作，修改参数 x。参数 x 为要洗牌的数组、列表或可变序列。

5）numpy. random. permutation(x)函数

该函数随机排列一个序列，或返回一个排列的范围。如果 x 是一个多维数组，则它只会沿着其第一个索引移动。

基于以上这些方法可以产生随机数组，下面通过实例进行介绍。对于更加详细的使用 NumPy 产生随机数组的方法，读者可以参考 NumPy 的官方文档。

例5-8 使用 random 模块生成随机数组。

```
In:
    import random
    arr1 = np.random.rand(5)
    print('rand()生成长度为 5 的一维随机浮点数数组：\n',arr1)
    arr2 = np.random.rand(3,2)
    print('rand()生成 3 行 2 列的随机小数数组：\n',arr2)
    arr3 = np.random.randint(5,10,size = (2,3))
    print('randint()生成 2 行 3 列的随机整数数组,整数在[5,10)内：\n',arr3)
    arr4 = np.random.randn(10)
    print('randn()生成一组符合标准正态分布的随机样本值：\n',arr4)
    arr5 = np.arange(10)
    np.random.shuffle(arr5)
    print('shuffle()打乱数组的顺序：\n',arr5)
    listA = [0,1,2,3,4,5]
    arr6 = np.random.permutation(listA)
    print('permutation()返回对 listA 随机排序的结果：\n',arr6)
Out:
    rand()生成长度为 5 的一维随机浮点数数组：
    [0.09306943 0.62932793 0.14739025 0.1183968 0.64784539]
    rand()生成 3 行 2 列的随机小数数组：
    [[0.5400546 0.09572838]
    [0.06671314 0.29834428]
    [0.93913566 0.44298513]]
    randint()生成 2 行 3 列的随机整数数组,整数在[5,10)内：
    [[9 6 6]
    [6 5 6]]
    randn()生成一组符合标准正态分布的随机样本值：
    [-1.1437724 0.71268671 -0.47366688 0.98353624 0.56187371 -1.35199912
    -1.89082035 -0.30280619 -1.18260278 -0.13149373]
    shuffle()打乱数组的顺序：
    [2 7 6 0 1 4 5 9 3 8]
    permutation()返回对 listA 随机排序的结果：
    [1 4 5 3 2 0]
```

5.2.3 数组的数据类型

本章前面已经提到数组元素的类型，ndarray 数组的元素类型在 Python 列表元素类型的基础上进行了补充与扩展，从而使 ndarray 的使用范围更加广泛。NumPy 数组的数据类型如表 5-4 所示。

表 5-4　NumPy 数组的数据类型

数 据 类 型	说　　明
bool	布尔类型，True 或 False
intc	与 C 语言中的 int 类型一致，一般是 int32 或 int64
intp	用于索引的整数，为 int32 或 int64
int8	字节长度的整数，取值为 $[-128,127]$
int16	16 位长度的整数，取值为 $[-2^{15},2^{15}-1]$
int32	32 位长度的整数，取值为 $[-2^{31},2^{31}-1]$
int64	64 位长度的整数，取值为 $[-2^{63},2^{63}-1]$
uint8	8 位无符号整数，取值为 $[0,2^8-1]$
uint16	16 位无符号整数，取值为 $[0,2^{16}-1]$
uint32	32 位无符号整数，取值为 $[0,2^{32}-1]$
uint64	64 位无符号整数，取值为 $[0,2^{64}-1]$
float16	16 位半精度浮点数：1 位符号位，5 位指数，10 位尾数
float32	32 位半精度浮点数：1 位符号位，8 位指数，23 位尾数
float64	64 位半精度浮点数：1 位符号位，11 位指数，52 位尾数
complex64	复数类型，实部和虚部都是 32 位浮点数
complex128	复数类型，实部和虚部都是 64 位浮点数

当使用元组或列表作为创建数组的参数时，若数据类型不同，会将其类型统一为类型范围较大的一种，即当传入的数据有多种类型时，NumPy 会自动进行判断，将数组转化为最通用的类型。

例 5-9　创建整型和浮点型的混合类型数组，NumPy 将其统一改为浮点型。

```
In:
    c = np.array([[1,2],[3,4],(0.1,0.8)])
    print('数组的数据类型为：',c.dtype)
Out:
    数组的数据类型为：float64
```

5.2.4　数组的迭代

数组是一种支持迭代的对象，可以灵活地访问一个或者多个数组元素。对于一维数组而言，迭代返回对应数组中的每一个元素；对于多维数组，迭代只针对数组的第一维进行迭代，故每次的返回值是一个维度减 1 的数组。

例 5-10　一维和多维数组迭代。

```
In:
    print('对于一维数组而言，迭代返回对应数组中的每一个元素：')
    mm = np.arange(1,4)
    for i in mm:
        print(i)
    print('对于多维数组，迭代只针对数组的第一维进行迭代：')
```

```
nn = np.array([[1,2,3],[4,5,6]])
for i in nn:
    print(i)
```
Out:
对于一维数组而言,迭代返回对应数组中的每一个元素:
1
2
3
对于多维数组,迭代只针对数组的第一维进行迭代:
[1 2 3]
[4 5 6]

在上述实例中也可以理解为按行迭代。此外还可以进行列迭代和逐个元素迭代,如例 5-11 所示。

例 5-11 多维数组的列迭代和逐个元素迭代。

In:
```
print('多维数组的列迭代: ')
nn = np.array([[1,2,3],[4,5,6]])
for i in nn.T:
    print(i)
print('多维数组的逐个元素迭代: ')
nn = np.array([[1,2],[4,5]])
for i in nn.flat:
    print(i)
```
Out:
多维数组的列迭代:
[1 4]
[2 5]
[3 6]
多维数组的逐个元素迭代:
1
2
4
5

5.2.5 数组的索引和切片

NumPy 的 ndarray 数组对象的内容可以通过索引和切片来访问和修改,与 Python 中 list 的切片操作一样。ndarray 数组可以基于 $0 \sim n$ 的下标进行索引,切片对象可以通过内置的 slice()函数,并设置 start、stop 及 step 参数进行,目的是从原数组中切割出一个新数组。另外,也可以通过冒号分隔切片参数(start:stop:step)来进行切片操作。

1. 一维数组的索引和切片

一维数组的索引与列表类似,不仅支持单个元素的索引,还支持负数的索引与切片。在例 5-12 中,首先创建一个一维数组 arr1。

例 5-12　一维数组的索引。

```
In:
    arr1 = np.arange(1,10)
    print('一维数组 arr1: ',arr1)
    print('单个元素的索引,提取第 2 个位置的数: ',arr1[2])
    print('从第 2 到倒数第 1 个位置的数据,不包括最后一个: ',arr1[2:-1])
    print('从索引 2 开始到索引 7 停止,间隔为 2: ',arr1[2:7:2])
    s = slice(2,7,2)
    print('用 slice()函数切片: ',arr1[s])
    print('取第 1~4 个位置上的数据(包前不包后): ',arr1[1:4])
    print('取前 5 个数据: ',arr1[:5])
    print('取最后两个数据: ',arr1[-2:])
Out:
    一维数组 arr1: [1 2 3 4 5 6 7 8 9]
    单个元素的索引,提取第 2 个位置的数: 3
    从第 2 到倒数第 1 个位置的数据,不包括最后一个: [3 4 5 6 7 8]
    从索引 2 开始到索引 7 停止,间隔为 2: [3 5 7]
    用 slice()函数切片: [3 5 7]
    取第 1~4 个位置上的数据(包前不包后): [2 3 4]
    取前 5 个数据: [1 2 3 4 5]
    取最后两个数据: [8 9]
```

如该例所示,在索引时只放置一个参数,例如 arr1[2],将返回与该索引相对应的单个元素。如果为 arr1[2:],表示从该索引开始以后的所有项都将被提取。如果使用了两个参数,例如 arr1[2:7],那么将提取两个索引(不包括停止索引)之间的项。同时,负索引或切片后得到的结果仍是一个数组,可以进行数组的相关操作。

2. 多维数组的索引和切片

多维数组的索引与多维列表不同,只能通过多重索引的方法得到其中的元素。对于单个元素的索引,采用 array[行数][列数]的方法。在例 5-13 中,首先创建一个二维数组 arr2。

例 5-13　多维数组的索引。

```
In:
    arr2 = np.arange(12).reshape(3,4)
    print('二维数组 arr2: \n',arr2)
    print('取二维数组中第 1 行第 2 列的数据: ',arr2[1][2])
    print('取二维数组中第 1 行的数据: ',arr2[1])
    print('取二维数组中所有行的第 2 列数据: ',arr2[:,2])
    print('取二维数组中第 0~1 行第 1~2 列的数据: \n',arr2[0:2,1:3])
Out:
    二维数组 arr2:
    [[ 0 1 2 3]
     [ 4 5 6 7]
     [ 8 9 10 11]]
    取二维数组中第 1 行第 2 列的数据: 6
```

```
取二维数组中第1行的数据: [4 5 6 7]
取二维数组中所有行的第2列数据: [ 2 6 10]
取二维数组中第0~1行第1~2列的数据:
[[1 2]
 [5 6]]
```

如该例所示,对于某一行元素的索引,采用 array[行数]或者 array[行数,:]的方法;对于某一列元素的索引,采用 array[:,列数]的方法;对于某几行和某几列的索引,采用[起始行:终止行,起始列:终止列]的方法。

5.2.6 数组的合并与拆分

NumPy 数组支持水平、竖向和深向的合并与拆分。

1. 数组的合并

数组的合并支持 3 个维度上的操作,即水平、竖向和深向,使用的函数分别是 hstack()、vstack()、dstack()、column_stack()、row_stack()和 concatenate()等。

在水平方向上,一般采用 hstack()函数实现两个数组的合并,具体语法为 np.hstack((a,b))。此外,concatenate()函数和 column_stack()函数可以实现类似的效果。在竖向方向上,一般采用 vstack()函数实现两个数组的合并,具体语法为 np.vstack((a,b))。当设置参数 axis 为 0 时,使用 concatenate()函数可以得到同样的结果。row_stack()函数也是如此。另外,还有一种深向合并的操作,它是沿着第 3 个坐标轴的方向来合并,使用到的函数是 dstack()。

注意,在 NumPy 中关键字轴(axis)是为超过一维的数组定义的属性。一般而言,二维数据拥有两个轴——第 0 轴沿着行的方向垂直往下,第 1 轴沿着列的方向水平延伸,即使用 axis=0 表示沿着每一列或行标签/索引值向下执行方法,使用 axis=1 表示沿着每一行或者列标签/索引值水平执行方法。

为解释对应函数的意义,首先给定需要的数组。为了方便,下面直接以二维数组为例,一维数组的使用与之相同。

例 5-14 数组的水平方向上的合并。

```
In:
    a = np.arange(6).reshape(2,3)
    b = a + 10
    print('数组 a: \n',a)
    print('数组 b: \n',b)
    print('采用 hstack()函数实现两个数组的水平方向上的合并: \n',np.hstack((a,b)))
    print('采用 concatenate()函数实现两个数组的水平方向上的合并: \n',np.concatenate((a,b),
    axis = 1))
    print('采用 column_stack()函数实现两个数组的水平方向上的合并: \n',np.column_stack((a,b)))
Out:
    数组 a:
    [[0 1 2]
     [3 4 5]]
```

```
数组b:
[[10 11 12]
[13 14 15]]
采用hstack()函数实现两个数组的水平方向上的合并:
[[ 0 1 2 10 11 12]
 [ 3 4 5 13 14 15]]
采用concatenate()函数实现两个数组的水平方向上的合并:
[[ 0 1 2 10 11 12]
 [ 3 4 5 13 14 15]]
采用column_stack()函数实现两个数组的水平方向上的合并:
[[ 0 1 2 10 11 12]
 [ 3 4 5 13 14 15]]
```

例 5-15　数组的竖向及深向合并。

```
In:
    print('采用vstack()函数实现两个数组的竖向合并: \n',np.vstack((a,b)))
    print('采用dstack()函数实现两个数组的深向合并: \n',np.dstack((a,b)))
Out:
    采用vstack()函数实现两个数组的竖向合并:
    [[ 0 1 2]
     [ 3 4 5]
     [10 11 12]
     [13 14 15]]
    采用dstack()函数实现两个数组的深向合并:
    [[[ 0 10]
      [ 1 11]
      [ 2 12]]
     [[ 3 13]
      [ 4 14]
      [ 5 15]]]
```

注意,本例中进行合并的两个数组与例 5-14 相同。

2. 数组的拆分

用户还可以在水平、竖向和深向 3 个方向上拆分数组,相关函数有 hsplit()、vsplit()、dsplit()和 split()等。

对于一个 n×m 的数组,可以沿着水平方向(按列)将其拆分为 m 部分,并且各部分的大小和形状完全相同,可以用 hsplit()函数实现水平拆分。此外,使用 split()函数也可以实现相同的结果,需要把 axis 设置为 1。对于一个 n×m 的数组,也可以沿着竖向(按行)将其拆分为 n 部分,并且各部分的大小和形状完全相同,可以用 vsplit()函数实现竖向拆分。另外,调用参数 axis 为 0 的 split()函数也可以实现相同的效果。使用 dsplit()函数可以实现沿着深向方向分解数组,但它必须作用在三维及三维以上的数组,此处不给出实例说明。

例 5-16　数组的拆分。

```
In:
    print('采用hsplit()函数实现水平拆分(按列拆分): \n',np.hsplit(a,3))
```

```
print('采用 vsplit()函数实现竖向拆分(按行拆分): \n',np.vsplit(a,2))
print('采用参数 axis 为 0 的 split()函数实现竖向拆分(按行拆分): \n',np.split(a,2,axis = 0))
```
Out:
```
采用 hsplit()函数实现水平拆分(按列拆分):
[array([[0],
        [3]]), array([[1],
        [4]]), array([[2],
        [5]])]
采用 vsplit()函数实现竖向拆分(按行拆分):
[array([[0, 1, 2]]), array([[3, 4, 5]])]
采用参数 axis 为 0 的 split()函数实现竖向拆分(按行拆分):
[array([[0, 1, 2]]), array([[3, 4, 5]])]
```

5.3 数组的相关操作

5.3.1 统计相关操作

NumPy 提供了很多统计函数,可以支持对数组的多种统计操作。例如从数组中查找最小元素、最大元素,计算均值、标准差和方差等。常见的统计函数及说明见表 5-5。

表 5-5 常见的统计函数及说明

函　数	说　明
.sum()	数组求和,默认对所有元素求和
.prod()	数组求积,默认对所有元素求积
.max()	求数组元素中的最大值
.argmax()	求数组元素中最大值的位置
.average()	根据在另一个数组中给出的各自的权重,计算数组中元素的加权平均值
.amax()	计算数组中的元素沿指定轴的最大值
.std()	求数组元素的标准差
.median()	计算数组 a 中元素的中位数(中值)
.ptp()	计算数组中元素的最大值与最小值的差(最大值-最小值)
.min()	求数组元素中的最小值
.argmin()	求数组中元素中最小值的位置
.mean()	求数组中所有元素的均值
.amin()	计算数组中的元素沿指定轴的最小值
.var()	求数组元素的方差

下面以求和等函数为例说明 NumPy 中数组的统计相关操作。

例 5-17 数组的统计相关操作实例。

In:
```
a = np.arange(6).reshape(2,3)
print('原数组为: \n',a)
print('对数组的所有元素求和: ',a.sum())
print('指定维数求和,返回一个数组: ',a.sum(axis = 1))
```

```
    print('计算数组中的元素沿轴 axis = 1 方向的最大值: ',np.amax(a,axis = 1))
    print('沿轴 axis = 0 调用 ptp()函数,计算数组中元素的最大值与最小值的差: ',np.ptp(a,
axis = 0))
    wt = np.array([3,2,1])
    print('指定权重数组,调用 average()函数,沿轴 axis = 1 计算数组中元素的加权平均值: ',
np.average(a, axis = 1, weights = wt))
    print('调用 std()函数,计算数组的标准差: ',np.std(a))
Out:
    原数组为:
    [[0 1 2]
    [3 4 5]]
    对数组的所有元素求和: 15
    指定维数求和,返回一个数组: [ 3 12]
    计算数组中的元素沿轴 axis = 1 方向的最大值 : [2 5]
    沿轴 axis = 0 调用 ptp()函数,计算数组中元素的最大值与最小值的差: [3 3 3]
    指定权重数组,调用 average()函数,沿轴 axis = 1 计算数组中元素的加权平均值: [0.66666667
3.66666667]
    调用 std()函数,计算数组的标准差: 1.707825127659933
```

注意,在用 average()计算加权平均值时,参数 weights 是与数组 a 中值关联的权重数组。a 中的每个值根据其关联的权重对平均值做出贡献。权重数组可以是一维(在这种情况下,其长度必须是沿给定轴 a 的大小),也可以是与 a 相同的形状。如果权重为 None,则假定 a 中的所有数据权重为 1。一维数组求平均值的方法为 $avg = sum(a * weights)/sum(weights)$。

对于其他更多的方法,请读者参考 NumPy 官方文档并自行实践。

5.3.2 形状相关操作

1. 使用.shape 属性修改数组的形状

修改数组形状最常见的方法就是使用.shape 属性。假设有一个一维数组,将其变为一个二维数组,见例 5-18。

例 5-18 使用.shape 属性修改数组的形状。

```
In:
    a = np.arange(8)
    print('原数组为一维数组: ',a)
    a.shape = 2,4
    print('通过.shape 属性修改数组的形状: \n',a)
Out:
    原数组为一维数组: [0 1 2 3 4 5 6 7]
    通过.shape 属性修改数组的形状:
    [[0 1 2 3]
    [4 5 6 7]]
```

2. 不改变数组自身形状的方法: .reshape()方法

在对数组形状进行的操作中,使用.reshape()方法也可以实现类似.shape 属性的效果,但是它不改变原数组的形状,并返回一个新的数组。注意,形状参数必须与数组的大小一致,否则会抛出异常。

例 5-19　使用.reshape()方法不改变原数组的形状。

```
In:
    a = np.arange(8)
    print('原数组 a 为一维数组: ',a)
    a.reshape(4,2)
    print('使用.reshape()方法不改变原数组的形状: ',a)
Out:
    原数组 a 为一维数组: [0 1 2 3 4 5 6 7]
    使用.reshape()方法不改变原数组的形状: [0 1 2 3 4 5 6 7]
```

此外,.reshape()方法可以接受一个"−1"作为参数,当某一维度是−1时,NumPy会自动根据其他维度来计算这一维度的大小,如例 5-20 所示。

例 5-20　使用"−1"作为.reshape()的参数。

```
In:
    a = np.arange(6)
    print('原数组 a 为一维数组: ',a)
    b = a.reshape(−1,2)
    print('使用−1作为.reshape()的参数,修改数组的形状,放到新数组 b 中: \n',b)
Out:
    原数组 a 为一维数组: [0 1 2 3 4 5]
    使用−1作为.reshape()的参数,修改数组的形状,放到新数组 b 中:
    [[0 1]
    [2 3]
    [4 5]]
```

3. 改变数组自身形状的方法:.resize()方法

.resize()方法的作用与.reshape()方法的作用一致,但改变原数组的形状。其原理是首先将原数组转变为一维数组,再判断元素的个数,若缺失,则缺失元素以0补全;若过满,则只截取所需元素,从而实现对数组形状的修改。注意,.resize()方法不支持−1作为参数。

例 5-21　使用.resize()方法改变数组自身的形状。

```
In:
    a = np.arange(8)
    print('原数组 a 为一维数组: ',a)
    a.resize(2,5)
    print('使用.resize()方法改变数组自身的形状: \n',a)
    a.resize(2,3)
    print('若过满,则只截取所需元素: \n',a)
Out:
    原数组 a 为一维数组: [0 1 2 3 4 5 6 7]
    使用.resize()方法改变数组自身的形状:
```

```
[[0 1 2 3 4]
[5 6 7 0 0]]
若过满,则只截取所需元素:
[[0 1 2]
[3 4 5]]
```

4. 数组的转置: .T 属性和 .transpose( )方法

对于数组而言,转置可以通过 .T 属性和 .transpose( )方法实现。在一般情况下,这两种方法是等价的。对于一维数组而言,转置返回其本身;对于二维数组而言,转置相当于将其行列互换;对于多维数组而言,转置是将所有的维度反向,即原来的第一维变成最后一维,原来的最后一维变成第一维。

例 5-22 数组的转置。

```
In:
    a = np.arange(6).reshape(3,2)
    print('原数组 a: \n',a)
    print('通过.T 属性实现数组的转置: \n',a.T)
    b = a.transpose()
    print('通过.transpose()方法实现数组的转置: \n',b)
Out:
    原数组 a:
    [[0 1]
    [2 3]
    [4 5]]
    通过.T 属性实现数组的转置:
    [[0 2 4]
    [1 3 5]]
    通过.transpose()方法实现数组的转置:
    [[0 2 4]
    [1 3 5]]
```

5. 数组的降维: .flat 属性、.flatten( )方法和 .revel( )方法

数组的降维是针对多维数组而言的,可以利用 .flat 属性得到数组中的一个一维引用数组,并且此属性支持修改对应数值,从而使原数组的对应位置有相应的改变。此外,使用 .flatten( )方法和 .revel( )方法也可以实现数组的一维化,但是 .flatten( )方法返回的是原数组的一个副本,修改它对原数组不产生影响。.revel( )方法是返回引用,只有在必要时返回副本。

例 5-23 数组的降维。

```
In:
    a = np.arange(8).reshape(2,4)
    print('原数组 a: \n',a)
    print('使用.flat 属性得到数组中的一个一维引用数组: ',a.flat[-2])
    a.flat[3] = 100
```

```
    b = a.flatten()
    print('使用.flatten()方法实现数组的一维化: ',b)
```
Out:
```
    原数组a:
    [[0 1 2 3]
    [4 5 6 7]]
    使用.flat属性得到数组中的一个一维引用数组: 6
    使用.flatten()方法实现数组的一维化: [ 0 1 2 100 4 5 6 7]
```

5.3.3　数组的四则运算、点乘与比较操作

数组的四则运算是对数组的对应元素进行数值运算,可以是数组与数字、数组与数组之间的四则运算。

例 5-24　数组的四则运算、点乘与比较操作。

首先定义两个二维数组。对于单个数组,可以进行数组与数字之间的四则运算,规则是数组元素分别对应进行运算。

In:
```
    arr1 = np.array([[1,2,4],[4,6,8]])
    arr2 = np.array([[1,2,2],[2,3,4]])
    print('数组 arr1 为: \n',arr1)
    print('数组 arr2 为: \n',arr2)
    #所有元素 + 2,乘、除、减与之同理
    print('数组 arr1 的所有元素 + 2,结果为: \n',arr1 + 2)
```
Out:
```
    数组 arr1 为:
    [[1 2 4]
    [4 6 8]]
    数组 arr2 为:
    [[1 2 2]
    [2 3 4]]
    数组 arr1 的所有元素 + 2,结果为:
    [[ 3 4 6]
    [ 6 8 10]]
```

数组与数组之间也可以进行四则运算,前提是参与运算的数组具有相同的行列。运算规则是按位运算,对应位置进行运算。此外,数组还支持幂运算、取余和取整运算。

In:
```
    print('arr1 + arr2 的结果: \n',arr1 + arr2)
    print('arr1 - arr2 的结果: \n',arr1 - arr2)
    print('arr1 * arr2 的结果: \n',arr1 * arr2)
    print('arr1 ** arr2 (arr1 对应位置上 arr2 次幂)的结果: \n',arr1 ** arr2)
    print('arr1 / arr2 的结果: \n',arr1 / arr2)
    print('arr1 % arr2 取余运算的结果: \n',arr1 % arr2)
    print('arr1 // arr2 取整运算的结果: \n',arr1 // arr2)
```
Out:
```
    arr1 + arr2 的结果:
```

```
[[ 2 4 6]
 [ 6 9 12]]
arr1 - arr2 的结果:
[[0 0 2]
 [2 3 4]]
arr1 * arr2 的结果:
[[ 1 4 8]
 [ 8 18 32]]
arr1 ** arr2 (arr1 对应位置上 arr2 次幂)的结果:
[[  1   4   16]
 [ 16 216 4096]]
arr1 / arr2 的结果:
[[1. 1. 2.]
 [2. 2. 2.]]
arr1 % arr2 取余运算的结果:
[[0 0 0]
 [0 0 0]]
arr1 // arr2 取整运算的结果:
[[1 1 2]
 [2 2 2]]
```

在数学上,二维数组可以看成矩阵,一维数组可以看成向量,它们还支持点乘运算,用 .dot()函数实现。

```
In:
    print('用.dot()函数实现矩阵的乘法: \n',arr1.dot(arr2.T))
Out:
    用.dot()函数实现矩阵的乘法:
    [[13 24]
     [32 58]]
```

在上述实例中,用.dot()函数实现两个矩阵相乘,与 np.dot(arr1,arr2.T)的结果相同:

$$\begin{bmatrix} 1 & 2 & 3 \\ 4 & 5 & 6 \end{bmatrix} \begin{bmatrix} 1 & 2 \\ 1 & 3 \\ 2 & 3 \end{bmatrix} = \begin{bmatrix} 9 & 17 \\ 21 & 41 \end{bmatrix}$$

数组还支持其他运算,例如比较和逻辑运算。在比较运算中,数组可以与一个数进行比较,返回一个布尔型数组;数组与数组之间也可以进行比较,返回一个布尔型数组。

```
In:
    arr3 = arr1 > 3
    print('数组的比较运算结果,返回布尔型数组: \n',arr3)
Out:
    数组的比较运算结果,返回布尔型数组:
    [[False False True]
     [ True True True]]
```

在上述实例中,比较 arr1 中的每一个元素与 3 的关系,若大于,返回 True,否则返回 False。此外,除了">"以外,其他的比较符有"<"">=""<=""=="和"!="。

5.4 数组的读/写

在实际操作中使用的数据是很多的,那么从存放这些数据的文件中读/写数据就显得尤为重要。文件的格式主要有 CSV、TXT 等。

5.4.1 数组的读取

用户可以使用 np. loadtxt()函数从文本文件中读取数据,要求文件中的每一行必须具有相同数量的数据。该函数的语法格式如下:

```
np.loadtxt(fname, dtype = <class 'float'>, comments = '#', delimiter = None, converters =
None, skiprows = 0, usecols = None, unpack = False, ndmin = 0, encoding = 'bytes', max_rows =
None, * , like = None)
```

np. loadtxt()函数的主要参数及说明如表 5-6 所示。

表 5-6 np. loadtxt()函数的主要参数及说明

主要参数	说　　明
fname	文件、字符串或产生器,可以是. gz 或. bz2 格式的压缩文件
dtype	结果数组的数据类型,默认值为 float
delimiter	分隔字符串,默认是空格
skiprows	跳过前 n 行,包括注释,默认值为 0
usecols	要读取的列,0 是第 1 列。例如,usecols＝(1,4,5)将提取第 2、5、6 列。默认值"None"将读取所有列
unpack	如果为 True,读入属性将分别写入不同变量

下面通过实例介绍如何从文件读取数据。

例 5-25 从文本文件中读取数据,读出的数据为数组类型。

首先读取 data 目录下以空格分隔数据的 test. txt 文件。

```
In:
    arr1 = np.loadtxt("data/test.txt")
    print('读出的数据类型为: ',type(arr1))
    print('读出的数据为: \n',arr1)
Out:
    读出的数据类型为: < class 'numpy.ndarray'>
    读出的数据为:
    [[ 1. 2. 3. 4. 5. 6. 7.]
    [ 8. 9. 10. 11. 12. 13. 14.]]
```

如果文件中的数据不是以空格分隔,可以设置参数 delimiter 指定分隔符,例如读取以逗号分隔数据的 test1. txt 文件。

```
In:
    arr2 = np.loadtxt("data/test1.txt",delimiter = ',')
    print(arr2)
```

```
Out:
    [[ 1. 2. 3. 4. 5. 6. 7.]
     [ 8. 9. 10. 11. 12. 13. 14.]]
```

如果文件中包含字符串和数值型的混合数据（例如 test2.txt 中有 'gender'、'age'、'weight'3 列数据），可以如下指定数据类型进行读取。

```
In:
    arr3 = np.loadtxt("data/test2.txt", dtype = {'names': ('gender', 'age', 'weight'),
                                        'formats': ('S10', 'i4', 'f4')})
    print(arr3)
Out:
    [(b'Male', 21, 50.5) (b'Female', 22, 45.2)]
```

5.4.2　数组的写入

与读取文件类似，用户可以使用 np.savetxt() 函数将数组写入文件，在写入时默认使用科学记数法的形式保存数字。该函数的语法格式如下：

```
np.savetxt(fname, x, fmt = '% .18e', delimiter = ' ', newline = '\n', header = '', footer = '',
comments = '#', encoding = None)
```

np.savetxt() 函数的主要参数及说明如表 5-7 所示。

表 5-7　np.savetxt()函数的主要参数及说明

主要参数	说　　明
fname	文件、字符串或产生器，可以是.gz 或.bz2 格式的压缩文件
x	一维或二维数组，即要保存到文本文件的数据
fmt	单一格式（例如 10.5f）、格式序列或多格式字符串
delimiter	分隔字符串，默认是空格

例 5-26　数组的写入。

首先使用默认参数将一个二维数组写入文件，代码如下：

```
In:
    arr1 = np.array([[1,2,3],[4,5,6]])
    np.savetxt("data/write1.txt",arr1)
```

文件中存入的数据如下：

```
1.000000000000000000e + 00 2.000000000000000000e + 00 3.000000000000000000e + 00
4.000000000000000000e + 00 5.000000000000000000e + 00 6.000000000000000000e + 00
```

可以使用 fmt 参数设置数据写入的格式：

```
In:
    arr2 = np.array([[11.1,22.2,33.3],[44.4,55.5,66.6]])
    np.savetxt("data/write2.txt",arr2,fmt = "% d")
```

文件中存入的数据如下：

```
11 22 33
44 55 66
```

此外，用户还可以使用delimiter参数指定写入文件的分隔符，代码如下：

In:
```
arr3 = np.array([[1,2,3],[4,5,6]])
np.savetxt("data/write3.txt",arr3,fmt = "%d",delimiter = ",")
```

文件中存入的数据如下：

```
1,2,3
4,5,6
```

5.5 本章实战例题

例 5-27　数组生成实例。

本例介绍了几种常用的数组生成方法，包括生成随机数数组、生成均匀分布的数组等。实例的代码如下：

In:
```
import numpy as np
#1.使用np.array()生成数组
a1 = np.array([1,2,3,4])                        #一维数组
a2 = np.array([[i for i in range(1,5)],[j for j in range(6,10)]]) #2行4列的二维数组
print('使用np.array()生成一维数组，维度为:{},数组为:{}'.format(a1.shape,a1))
print('使用np.array()生成二维数组，维度为:{},数组为:{}'.format(a2.shape,a2))
#2.使用随机数生成数组
#使用np.random.rand()生成一个0~1的随机浮点数
print('生成一个3行2列的随机数数组，数组元素的值在0~1内:')
print(np.random.rand(3,2))
print('生成一个由5个元素构成的一维数组，元素值为0~10的随机整数:')
print(np.random.randint(0,10,5))
print('生成一个5行4列的二维数组，元素值为100以内的随机整数:')
print(np.random.randint(100,size = (5,4)))
#3.使用np.arange()生成数组
a3 = np.arange(0,12,3)                        #生成0~12的一维数组，步长为3
print('生成0~12的一维数组，步长为3: ',a3)
a4 = np.arange(0,12).reshape(3,4) #生成3行4列的二维数组
print('生成3行4列的二维数组:',a4)
#4.使用np.linspace()生成均匀分布的浮点数组
from numpy import pi
#生成的4个值为0~2的数构成的均匀分布的浮点数组
x = np.linspace(0, 2, 4)
print('linspace(0, 2, 4)生成的均匀分布的浮点数组为:',x)
# 5.使用linspace(0, 2 * pi, 100)生成的点，绘制sin函数曲线
x = np.linspace(0, 2 * pi, 100)
```

```
y = np.sin(x)
print('使用 linspace(0, 2 * pi, 100)生成的点,绘制 sin 函数曲线: ')
import matplotlib.pyplot as plt
plt.plot(x, y)
```

例 5-28 数组索引及切片实例。

本例介绍了如何通过索引或切片对 NumPy 中的 ndarray 数组对象进行访问。实例的代码如下:

```
In:
    import numpy as np
    # 一维数组切片
    x = np.arange(10) ** 3
    print('生成的一维数组 x 为: ',x)
    print('x 中第 2~4 个元素: ',x[2:5])        # 输出第 2~4 个元素
    print('数组 x 逆序输出: ',x[ : : -1])       # 逆序输出
    # 二维数组切片
    y = np.arange(0,12).reshape(4,3)
    print('二维数组 y 为: \n',y)
    # 切片
    z = y[1:4,1:3]
    print('切片之后,当前数组变为: \n',z)
    # 对列使用索引来切片
    y = y[1:4,[1,2]]
    print('对列使用索引来切片: \n',y)
```

例 5-29 用 NumPy 生成两个一维数组并进行四则运算。

在本例中自定义了 numpydiv()函数处理除数为 0 的情况。其中,np.zeros_like(a)构建了一个与 a 同维度的数组,并初始化所有变量为 0,where=b!=0 表示除数不等于 0 时进行除法运算。实例的代码如下:

```
In:
    import numpy as np
    # 自定义数组相加函数
    def numpysum(a,b):
        c = a + b
        return c
    # 自定义数组相除函数
    def numpydiv(a,b):
        c = np.divide(a, b, out = np.zeros_like(a), where = b!= 0)
        return c
    n = 5
    # 生成长度为 n 的 float 类型的数组 a 和 b
    a = np.array(np.arange(n) ** 2, dtype = float)
    b = np.array(np.arange(n) ** 3, dtype = float)
    print('数组 a 为: ',a)
    print('数组 b 为: ',b)
    x = numpysum(a,b)
    print('自定义函数 numpysum()实现两个数组相加:',x)
```

```
print('用 np.subtract()实现两个数组相减: ',np.subtract(a,b))
print('用 np.multiply()实现两个数组相乘: ',np.multiply(a,b))
y = numpydiv(a,b)
print('自定义函数 numpydiv()实现两个数组相除: ',y)
```

例 5-30 生成符合正态分布的数组,并绘图。

实例的代码如下:

```
In:
    import numpy as np
    import matplotlib.pyplot as plt
    rg = np.random.default_rng(1)
    # 建立一个有 10 000 个元素的向量,元素符合正态分布,且方差为 0.5²,均值为 2
    mu, sigma = 2, 0.5
    v = rg.normal(mu,sigma,10000)
    # 绘制标准直方图
    plt.hist(v, bins = 50, density = 1)
    # 用 NumPy 计算,然后用 Matplotlib 绘制直方图
    (n, bins) = np.histogram(v, bins = 50, density = True)
    plt.plot(.5 * (bins[1:] + bins[: -1]), n)
```

例 5-31 数组读/写实例。

在本例中,首先使用 np.loadtxt()函数加载文本文件,文件中每行均包含混合了数值和字符串类型的数据,例如"1,2,3,aaa"。然后分别把一个一维数组 x,3 个大小相同的一维数组 x、y、z,以及使用指数表示法的数组 x 写入文件。实例的代码如下:

```
In:
    import numpy as np
    values = np.loadtxt('data/test3.txt', delimiter = ',', usecols = [0,1,2])
    print(values)
    labels = np.loadtxt('test3.txt', delimiter = ',', usecols = [3],dtype = str)
    print(labels)
    x = y = z = np.arange(0.0,5.0,1.0)
    np.savetxt('out1.txt', x, delimiter = ',')         # x 是一个一维数组
    np.savetxt('out2.txt', (x,y,z))                    # x、y、z 是大小相同的一维数组
    np.savetxt('out3.txt', x, fmt = '%1.4e')           # 使用指数表示法写入文件
```

例 5-32 基于 NumPy 进行某股票价格的统计与分析。

读入 data 目录下的 stock_sample.csv 文件,该文件中共有 6 列数据(第 0 列~第 5 列),分别是股票价格的日期、开盘价、最高价、最低价、收盘价及成交量。实例的代码如下:

```
In:
    import numpy as np
    # 读入收盘价和成交量列(分别为数据的第 4 列和第 5 列)
    params = dict(
        fname = "data/stock_sample.csv",
        delimiter = ',',
        usecols = (4,5),
```

```
        unpack = True
)
closePrice,turnover = np.loadtxt(**params)
#分别计算收盘价的均值和将收盘价按成交量加权后的均值
print('收盘价的均值: ',np.average(closePrice))
print('将收盘价按成交量加权后的均值: ',np.average(closePrice,weights=turnover))
print('用 np.mean(closePrice)求收盘价的均值: ',np.mean(closePrice))
print('用 closePrice.mean()求收盘价的均值: ',closePrice.mean())
#读入该股票的最高价和最低价列(分别为数据的第 2 列和第 3 列)
highPrice,lowPrice = np.loadtxt(
fname = "data/stock_sample.csv",
    delimiter = ',',
usecols = (2,3),
    unpack = True)
#输出该股票最高价的最大值和最低价的最小值
print("该股票最高价的最大值为: ",highPrice.max())
print("该股票最低价的最小值为: ",lowPrice.min())
#使用 numpy.ptp()计算某列的极差
print("股价近期最高价的最大值和最小值的差值为: ", highPrice.ptp())
print("股价近期最低价的最大值和最小值的差值为: ", lowPrice.ptp())
#计算中位数和方差
print("收盘价的中位数为: ",np.median(closePrice))
print("计算最高价的方差: ",np.var(highPrice))
```

5.6　本章小结

　　NumPy 是 Python 的一个基础科学计算包,许多高级的第三方科学计算的模块都是基于 NumPy 构建的,例如 Matplotlib、Pandas 等。在本章中结合实例学习了 NumPy 中的核心——数组。

　　本章需要重点掌握的知识点包括 NumPy 中数组的基础、数组的基本属性、数组的相关操作和数组的读/写。

5.7　本章习题

　　1. 简述 Python 中的列表与 NumPy 中的数组有何区别。

　　2. 创建一个长度为 10 的全为 0 的一维 ndarray 对象,然后让第 5 个元素等于 5。

　　3. 创建一个范围为(0,1)的长度为 12 的等差数列。

　　4. 创建一个由 1~10 的随机整数构成的 4 行 5 列的二维数组,请依次完成以下数据的选取：①第 2 行的数据；②第 3 列的数据；③第 1 行第 4 列的数据；④第 1~2 行第 3~4 列的数据。

　　5. 生成一个由 10 以内的随机数字构成的 4 行 3 列的二维数组,交换其中的两行元素,要交换的行号由键盘输入。

　　6. 正则化一个 5×5 的随机矩阵。注意,假设 a 是矩阵中的一个元素,max/min 分别是矩阵元素的最大值/最小值,正则化后 $a=(a-min)/(max-min)$。

第 **6** 章

Pandas基础与应用

Pandas 是基于 NumPy 构建的模块，是使用 Python 进行数据分析必不可少的包。Pandas 提供了许多快速强大而又简单易用的数据结构来处理相关数据，在数据分析中有着广泛的应用。本章将结合实例介绍 Pandas 中常用的数据结构和常用的数据分析方法。

本章要点：

- Series 数据结构的应用。
- DataFrame 数据结构的应用。

6.1　Pandas 简介

Pandas 为 Python 提供了高效易用的数据结构和高效的数据分析工具的第三方库。Pandas 是 Python 数据分析的基础，旨在成为最实用、最便利的开源数据分析工具。用户可以在"https://pandas.pydata.org/"上查阅 Pandas 的使用文档。

6.1.1　Pandas 的主要特点

Pandas 在 Python 的数据分析与挖掘工作中被广泛应用，Pandas 主要具有以下特点：

（1）擅长处理浮点数和非浮点数的数据缺失（用 NaN 来表示）。

（2）支持大小可变的数据，即数据的行/列能够从 DataFrame 或更高维度的数据结构中添加或删除。

（3）自动数据对齐，目标会被显式地根据标签对齐，使用者也可以忽略标签，直接利用 DataFrame、Series 来自动对齐。

（4）灵活的分组功能，可以对数据执行拆分-应用-组合的一系列操作，以便于聚合和转换数据。

（5）可以很方便地把 Python 和 NumPy 的其他杂乱的数据结构转换成 DataFrame 对象。

（6）基于智能标签的切片，花式索引和子集化大数据集。

（7）直观地合并和连接数据集。

（8）灵活地重塑（reshape）和数据集的旋转。

（9）轴的分层标签（每个标记可能有多个标签）。

（10）强大的 I/O 工具，用于从 CSV 文件、Excel 文件或数据库中加载数据，以及以超快速 HDF5 格式保存/加载数据。

（11）时间序列特定功能，支持日期范围生成和频率转换、移动窗口统计、移动窗口线性回归、日期移动和滞后等。

6.1.2　Pandas 的安装

在 Anaconda 环境中默认已集成了 NumPy 和 Pandas 等第三方工具包，如果用户想自行安装，可以使用 pip 命令或 conda 命令，安装方法分别为 pip install pandas、conda install pandas。用户还可以使用 conda list pandas 查看已安装的 Pandas 包的版本信息。

6.2　Pandas 中的数据结构

在 Pandas 中有两种主要的数据结构——序列 Series 和数据框 DataFrame。Series 是一种类似于一维数组的结构，DataFrame 是一种表格型的数据结构。在本章中，为了方便，默认所有的实例均已导入 Pandas 模块包，且使用 pd 作为 Pandas 模块的缩写。有时为了需要，也需导入 NumPy 模块包。导入格式如下：

```
import pandas as pd
import numpy as np
```

6.2.1　Series

Series 是一种类似于一维数组的对象，它由一组数据以及一组与之相对应的数据标签（即索引）组成。仅由一组数据即可产生最简单的 Series。

创建 Series 的语法为：

```
s = pd.Series(data,index = index)
```

其中，data 可以是一维数组、列表和字典，还可以是一个标量。index 参数是与之相对应的行的索引，可依实际情况进行指定或默认。

例 6-1　使用标量创建 Series。

此时的 index 参数必须设置，如果未设置 index 参数，默认状态下生成只有一组数据（一个 data 和一个索引）的 Series。

```
In:
    s = pd.Series(8,index = [1,2,3])
    print(s)
Out:
    1    8
    2    8
    3    8
    dtype: int64
```

在本例中使用标量来创建 Series，创建的索引为 1，2，3，对应数据均为 8。在运行结果中,左侧为索引值,右侧为数据。另外还可以使用数组创建 Series,此时可以使用默认的 index,也可以对 index 进行设定。在默认状态下 index 从 0 开始。

例 6-2 使用数组创建 Series。

```
In:
    s = pd.Series(np.arange(3),index = [4,5,6])
    print(s)
Out:
    4    0
    5    1
    6    2
    dtype: int32
```

例 6-3 使用列表创建 Series,并自定义 index。

本例中的索引值是 10～17 步长为 2 的数值。

```
In:
    s = pd.Series(['a','b','c','d'],index = np.arange(10,17,2))
    print(s)
Out:
    10    a
    12    b
    14    c
    16    d
    dtype: object
```

此外,用户也可以使用字典来创建 Series 对象。当使用默认 index 时,会自动以字典的 key 作为索引,并按照排序后的顺序排列。

例 6-4 使用字典创建 Series。

```
In:
    data = {'d':0,'a':2,'c':1}
    s = pd.Series(data)
    print(s)
Out:
    d    0
    a    2
    c    1
    dtype: int64
```

如果索引的个数大于 data 的个数,会用 NaN 自动补全,如下所示:

```
In:
    data = {'d':0,'a':2,'c':1}
    s = pd.Series(data,index = ['a','b','c','d'])
    print(s)
Out:
    a    2.0
    b    NaN
```

```
c    1.0
d    0.0
dtype: float64
```

对于 Series 对象的使用,主要取决于其创建对象的相关操作。由于数组和字典都可以用来创建 Series,所以 Series 除了具备基本属性以外,还适用于数组、字典的相关操作。

Series 的常用属性包括 values 和 index,分别可以显示数据以及数据的索引,还有 name 和 index. name 属性,可以用来显示数据的 name 和索引的 name。

例 6-5 显示 Series 对象的属性。

```
In:
    s = pd.Series(8,index = [1,2,3])
    print(s.values)
    print(s.index)
Out:
    [8 8 8]
    Int64Index([1, 2, 3], dtype = 'int64')
```

Series 还支持许多数组类型的操作,例如索引、切片等,此外,NumPy 的许多函数也适用于 Series,其返回值仍是 Series。

例 6-6 Series 支持数组类型的操作。

```
In:
    data = {'d':0,'a':2,'c':1}
    s = pd.Series(data)
    s['d']
Out:
    0
```

Series 还适用于字典的基本操作,例如 in( )和 get( )。其中,in( )用来查看 Series 中是否有某个标记,返回值为 True 或 False;get( )用来索引不存在的标记,返回值为 NaN。下面以上一个 Series 对象为例,查看其中是否有"c"标记。

例 6-7 Series 支持的字典操作,其中 s 为例 6-6 中创建的 Series 对象。

```
In:
    print('c' in s)
Out:
    True
```

此外,Series 还支持一些向量化操作,例如两个 Series 相加、相乘等。

例 6-8 Series 支持的向量化操作。

```
In:
    s1 = pd.Series([1,2,3,4])
    s2 = pd.Series(np.arange(4))
    print(s1 + s2)
```

```
Out:
    0    1
    1    3
    2    5
    3    7
dtype: int64
```

6.2.2 DataFrame

DataFrame 是一个结构类似于二维数组或表格的数据类型,可以看作一张表格,它含有一组有序的列,每一列的数据类型都是一致的。DataFrame 类对象由索引和数据组成,与Series 类对象相比,该对象有两组索引,分别是行索引(index)和列索引(columns)。DataFrame 可以被默认理解为由多个数据类型不同的列 Series 组成,这些 Series 的行索引相同。DataFrame 的数据结构如图 6-1 所示。

构建 DataFrame 的方法有很多,最常用的方法是直接传入一个由等长列表或NumPy 数组组成的字典来构建DataFrame。当传入二维数组对象时,系统自动分配列索引和行索引。

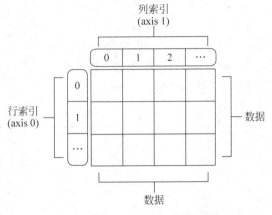

图 6-1 DataFrame 数据结构图

例 6-9 由数组构建 DataFrame。

```
In:
    df1 = pd.DataFrame(np.arange(12).reshape(3,4))
    df1
```

其中,用户可以使用 index 属性和 columns 属性分别查看 DataFrame 的行/列值。另外,用户也可以指定行索引和列索引创建 DataFrame。

运行结果如图 6-2 所示。

例 6-10 指定行索引和列索引构建 DataFrame。

```
In:
    data = np.arange(12).reshape(3,4)
    df2 = pd.DataFrame(data,index=['a','b','c'],columns=['c1','c2','c3','c4'])
    df2
```

运行结果如图 6-3 所示。

	0	1	2	3
0	0	1	2	3
1	4	5	6	7
2	8	9	10	11

图 6-2 由数组构建 DataFrame

	c1	c2	c3	c4
a	0	1	2	3
b	4	5	6	7
c	8	9	10	11

图 6-3 指定行索引和列索引构建 DataFrame

当传入带有列表的字典时,一般不需要另外指定列的索引,此时会自动采用字典的 key 竖向作为列索引,并排序后输出,但支持指定行索引。注意,字典值的长度必须相同,否则会报错。

例 6-11 传入带有列表的字典构建 DataFrame。

```
In:
    data = {'month':['January','February','March','April'],
            'income':[10000,30000,50000,40000],
            'tax':[500,1500,2500,2000]}
    df3 = pd.DataFrame(data)
    df3
```

运行结果如图 6-4 所示。

DataFrame 的常用属性包括 values、index、columns、dtype、size、ndim 和 shape 等,分别可以显示 DataFrame 的数据、索引、列名、类型、元素个数、维度和形状等,如表 6-1 所示。

	month	income	tax
0	January	10000	500
1	February	30000	1500
2	March	50000	2500
3	April	40000	2000

图 6-4　传入列表类型的字典构建 DataFrame

表 6-1　DataFrame 的常用属性

属　　性	含　　义
values	显示 DataFrame 的数据
index	显示 DataFrame 的索引
columns	显示 DataFrame 的列名
dtype	显示 DataFrame 的数据类型
size	显示 DataFrame 的元素个数
ndim	显示 DataFrame 的维度
shape	显示 DataFrame 的形状(行/列数目)

例 6-12 输出例 6-11 中 DataFrame 对象的属性。

```
In:
    print('DataFrame的数据值: ',df3.values)
    print('DataFrame的列名: ',df3.columns)
    print('DataFrame的维度: ',df3.ndim)
    print('DataFrame的元素个数: ',df3.size)
    print('DataFrame的索引: ',df3.index)
Out:
    DataFrame的数据值: [['January' 10000 500]
    ['February' 30000 1500]
    ['March' 50000 2500]
    ['April' 40000 2000]]
    DataFrame的列名: Index(['month', 'income', 'tax'], dtype = 'object')
    DataFrame的维度: 2
    DataFrame的元素个数: 12
    DataFrame的索引: RangeIndex(start = 0, stop = 4, step = 1)
```

6.3　Pandas 中数据的基本操作

6.3.1　数据的导入和导出

Pandas 支持多种文件格式数据的导入与导出，包括 TXT、CSV、Excel、SQL、TAB、HTML 和 JSON 等，还可以借助 python-docx 及 pdfplumber 等第三方库实现 Word 与 PDF 文件的读取。

数据导入函数的语法格式为：

```
pd.read_xxx(filepath_or_buffer, encoding)
```

具体使用的 read_xxx()函数取决于要读取的文件格式，在实际操作中可用 Tab 键补全函数。在参数中，filepath_or_buffer 为要读取的文件路径，encoding 是读取文件的编码格式，常用的编码有 utf-8、utf-16、gbk 及 gb2312 等。Pandas 常用的数据导入函数如表 6-2 所示。

表 6-2　Pandas 常用的数据导入函数

函　　数	功　　能	语　　法	主要参数说明
read_csv()	从 CSV 或 TXT 文件读取数据，并将数据转换成一个 DataFrame 类对象	read_csv(filepath_or_buffer,sep=',',delimiter=None,header='infer',names=None,encoding=None)	filepath_or_buffer：表示要读取的文件。 sep：表示指定的分隔符，默认为","。 header：表示指定文件中的哪一行数据作为 DataFrame 类对象的列索引，默认为 0，即第一行数据作为列索引。 names：表示要使用的列名列表。如果文件已包含标题行，则应设置 header＝0 以覆盖列名称。 encoding：表示指定的编码格式
read_excel()	从 Excel 文件读取数据，并将数据转换成一个 DataFrame 类对象	read_excel(io, sheet_name＝0, header＝0, index_col=None, names=None, dtype=None)	io：表示要读取的文件。 sheet_name：表示要读取的工作表，默认值为 0。 header：表示指定文件中的哪一行数据作为 DataFrame 类对象的列索引。 names：要使用的列名列表。如果文件不包含头行，那么应显式传递 header＝None
read_json()	读取 JSON 文件的数据，并将数据转换成一个 DataFrame 类对象	read_json(path_or_buf=None, orient=None, encoding=None)	path_or_buf：表示文件的路径。 orient：表示期望的 JSON 字符串格式。 encoding：表示读取文件的指定编码格式

例 6-13　Pandas 读取 CSV 文件数据。

```
In:
    df = pd.read_csv('data/phones.csv', header = None, encoding = 'gbk')
    df.head()
```

在本例中将 header 值设置为'None',数据文件中的第一行被读为数据。若 header 用默认值或设置为 0,则数据文件中的第一行作为 DataFrame 对象的列索引。运行结果如图 6-5 所示。

	0	1		2	3
0	序号	手机品牌	手机描述		价格
1	1	小米	小米9 8GB+128GB 全息幻彩蓝 移动联通电信4G全网通手机		3,139
2	2	小米	小米9 SE 6GB+128GB 全息幻彩蓝 移动联通电信4G全网通手机		2,189
3	3	Apple 苹果	Apple 苹果 iPhone Xs Max 64GB 深空灰色 全网通 手机		7,728
4	4	Apple 苹果	Apple iPhone 8 苹果8 (A1863) 64GB 金色 移动联通电信4G手机		3,888

图 6-5　Pandas 读取 CSV 文件数据

例 6-14　Pandas 读取 Excel 文件数据。

```
In:
    df = pd.read_excel('data/scores.xlsx',header = 0,sheet_name = '第二学期')
    df.head()
```

本例从 Excel 文件中读取名为"第二学期"的工作表,要读取的工作表也可以用 0、1…数字指定,例如 sheet_name＝0 表示读取 Excel 中的第一个工作表。运行结果如图 6-6 所示。

	Unnamed: 0	学号	班级	姓名	性别	Java语言	操作系统	数据挖掘
0	0	1132900135	13	张雪	女	91	87	94
1	1	1132900136	14	李笑	女	95	86	92
2	2	1132900137	14	邓一敏	女	79	85	77
3	3	1132900138	13	丁欣然	女	81	87	77
4	4	1132900139	14	杜海月	女	82	85	84

图 6-6　Pandas 读取 Excel 文件数据

例 6-15　Pandas 读取 JSON 文件数据。

```
In:
    json_data = pd.read_json('data/fruits.json',encoding = 'utf - 8')
    json_data
```

运行结果如图 6-7 所示。

文本数据的导出存储与读取类似,可以使用 DataFrame 的 to_xxx()函数将 DataFrame 对象数据保存到各种格式的文件中。结构化数据可以通过 to_csv()函数以 CSV 文件格式存储,to_excel()函数可以将数据存储为 Excel 文件格式。

例 6-16　将 df 数据保存为 CSV 文件,使用逗号作为分隔符。

	梨果	核果	柑果
0	苹果	杏	橘子
1	沙果	樱桃	砂糖桔
2	海棠	桃	橙子
3	野樱莓	李子	柠檬
4	枇杷	梅子	青柠

图 6-7　Pandas 读取 JSON 文件数据

```
In:
    df.to_csv('data/scores_csv.csv',sep = ',')
```

6.3.2　数据的选取

在数据分析等工作中,查看和选取需要的数据是进行分析的基础。Series 对象的数据查看与选取相对简单,因此本节以 DataFrame 对象为例进行讲解。首先创建一个 DataFrame 对象 df1,然后介绍相关数据的查看与选取方法。

例 6-17 创建一个 DataFrame 对象。

```
In:
    df1 = pd.DataFrame([['李明','M',18,'北京'],['张华','M',19,'天津'],['刘涛','F',20,'上海'],
                       ['王阳','F',14,'广州'],['李春','F',16,'深圳']],
                       index = ['one', 'two', 'three', 'four','five'],
                       columns = ['name','gender','age','city'])
    display(df1)
```

运行结果如图 6-8 所示。

1. 基本选取方式

DataFrame 对象可以看成由多个相同索引的 Series 对象组成的字典。其中,.columns 对应字典的 key,表格内的数据对应字典的 value。因此类似字典的相关操作也适用于 DataFrame,可以按列或行访问其中的数据。

	name	gender	age	city
one	李明	M	18	北京
two	张华	M	19	天津
three	刘涛	F	20	上海
four	王阳	F	14	广州
five	李春	F	16	深圳

图 6-8 创建一个 DataFrame 对象

1) 按列选取数据

DataFrame 的列数据为一个 Series。用户可根据字典访问 key 值的方式使用对应的列名或列名的列表实现单列或多列数据的访问,或者以属性的方式实现单列数据的访问,例如 df.A。

例 6-18 按列选取 DataFrame 的数据。

```
In:
    data = df1['name']
    print('访问 name 列的数据: \n',data)
    data = df1[['name','age']]
    print('访问 name 列和 age 列的数据: \n',data)
Out:
    访问 name 列的数据:
    one        李明
    two        张华
    three      刘涛
    four       王阳
    five       李春
    Name: name, dtype: object
    访问 name 列和 age 列的数据:
               name      age
    one        李明        18
    two        张华        19
    three      刘涛        20
    four       王阳        14
    five       李春        16
```

2) 按行选取数据

访问 DataFrame 的某几行数据可以使用[:]实现。用户也可以使用 head() 和 tail() 函数得到多行数据,默认获得开始或末尾的连续 5 行数据,在函数中输入要访问的行数,即可实现对目标行数的查看,例如 head(10)可以查看前 10 行数据。

例 6-19 按行选取 DataFrame 的数据。

```
In:
    print('访问第 1 行至倒数第 3 行的数据: ')
    data = df1[: -2]
    display(data)
    print('访问行索引在 2 和 4 之间的数据: ')
    display(df1[2:4])
```

运行结果如图 6-9 所示。

3) 按行和列选取数据

在选取 DataFrame 中某一列的某几行时,单独一列的 DataFrame 可以看作一个 Series,而访问一个 Series 基本和访问一个一维的 ndarray 相同。在选取 DataFrame 中的多列数据时,可以将多个列索引名作为一个列表。访问 DataFrame 多列数据中的多行数据与访问单列数据的多行数据的方法基本相同。

例 6-20 按行和列选取 DataFrame 的数据。

```
In:
    data = df1['name'][:3]
    print('访问 name 列前 3 行的数据: ')
    display(data)
    data = df1[['name','age']][:3]
    print('访问 name 列和 age 列前 3 行的数据: ')
    display(data)
    data = df1[1:3]
    print('访问第 1~2 行的数据: ')
    display(data)
```

运行结果如图 6-10 所示。

访问第1行至倒数第3行的数据:

	name	gender	age	city
one	李明	M	18	北京
two	张华	M	19	天津
three	刘涛		F	20	上海

访问行索引在2和4之间的数据:

	name	gender	age	city
three	刘涛		F	20	上海
four	王阳		F	14	广州

图 6-9　按行选取 DataFrame 的数据

访问name列前3行的数据:
```
one      李明
two      张华
three    刘涛
Name: name, dtype: object
```
访问name列和age列前3行的数据:

	name	age
one	李明	18
two	张华	19
three	刘涛	20

访问第1~2行的数据:

	name	gender	age	city
two	张华	M	19	天津
three	刘涛		F	20	上海

图 6-10　按行和列选取 DataFrame 的数据

4) 通过布尔运算选取数据

用户可以对 DataFrame 中的数据根据布尔运算进行选取,常用的布尔运算符包括大于

（>）、小于（<）、不等于（!=）等。

例 6-21 通过布尔运算选取 DataFrame 的数据。

```
In:
    data = df1[df1['age'] > 18]
    print('访问满足 age 列值大于 18 的数据: ')
    display(data)
```

运行结果如图 6-11 所示。

2. loc 及 iloc 选取方式

用户可以使用 Pandas 提供的 loc 和 iloc 方法对 DataFrame
进行切片访问。loc 方法使用索引名称对 DataFrame 进行
切片，如果传入的不是索引名称，则切片操作将无法执行。

iloc 方法即 index locate，参数是整型，需要使用行索引和列索引的位置进行切片访问。loc
和 iloc 的使用方法如下。

访问满足age列值大于18的数据：

	name	gender	age	city
two	张华	M	19	天津
three	刘涛	F	20	上海

图 6-11 通过布尔运算选取
DataFrame 的数据

```
DataFrame.loc[行索引名称或条件, 列索引名称]
DataFrame.iloc[行索引位置, 列索引位置]
```

例 6-22 使用 loc 方法进行切片的选取。

```
In:
    data = df1.loc[:,'name']
    print('使用 loc 获取 name 列数据的结果:\n',data)
    data = df1.loc['three',['name','city']]
    print('获取第 3 行 name 列和 city 列数据的结果:\n',data)
    data = df1.loc['two':'four',['name','age']]
    print('获取第 2 行至第 4 行 name 和 age 列数据的结果:\n',data)
    data = df1.loc[:,['name','city']]
    print('获取所有行 name 列和 city 列数据的结果:\n',data)
    data = df1.loc[df1['age']> 16,['name','age']]
    print('在条件选择后再加入列选择的结果:\n',data)
Out:
    使用 loc 获取 name 列数据的结果:
    one       李明
    two       张华
    three     刘涛
    four      王阳
    five      李春
    Name: name, dtype: object
    获取第 3 行 name 列和 city 列数据的结果:
    name      刘涛
    city      上海
    Name: three, dtype: object
    获取第 2 行至第 4 行 name 和 age 列数据的结果:
            name      age
```

```
two      张华      19
three    刘涛      20
four     王阳      14
```
获取所有行 name 列和 city 列数据的结果:
```
         name     city
one      李明      北京
two      张华      天津
three    刘涛      上海
four     王阳      广州
five     李春      深圳
```
在条件选择后再加入列选择的结果:
```
         name     age
one      李明      18
two      张华      19
three    刘涛      20
```

例 6-23 使用 iloc 方法进行切片的选取。

```
In:
    data = df1.iloc[2]
    print('获取第 2 行数据的结果:\n',data)
    data = df1.iloc[2, [3, 0, 1]]
    print('获取第 2 行中第 3、0 和 1 列数据的结果:\n',data)
    data = df1.iloc[[1, 2], [3, 0, 1]]
    print('获取第 1 和第 2 行中第 3、0 和 1 列数据的结果:\n',data)
    data = df1.iloc[:,3]
    print('获取所有行第 3 列数据的结果:\n',data)
    data = df1.iloc[:, :3][df1.age > 18]
    print('选取前 3 行 C 列中 age 大于 18 的结果:\n',data)
Out:
    获取第 2 行数据的结果:
    name      刘涛
    gender    F
    age       20
    city      上海
    Name: three, dtype: object
    获取第 2 行中第 3、0 和 1 列数据的结果:
    city      上海
    name      刘涛
    gender    F
    Name: three, dtype: object
    获取第 1 和第 2 行中第 3、0 和 1 列数据的结果:
             city     name     gender
    two      天津      张华       M
    three    上海      刘涛       F
    获取所有行第 3 列数据的结果:
    one      北京
    two      天津
    three    上海
```

```
four      广州
five      深圳
Name: city, dtype: object
选取前3行C列中age大于18的结果:
          name    gender    age
two       张华      M         19
three     刘涛      F         20
```

概括而言,loc和iloc方法都是用来选取数据的。二者的区别在于,loc是按照索引名称来选取数据,参数类型依索引类型而定,而iloc是按照索引所在的位置来选取数据,参数只能是整数。此外,用户还可以用at和iat方法在DataFrame中选取单个值,二者的区别与loc和iloc类似,即iat是用索引位置来选取。例如,df1.at['one','name']和df1.iat[0,0]的结果相同,查看的是df1中的第一个元素,即行索引为'one'、列名为'name'的数据。

6.3.3　数据的编辑

通过增加、删除、修改等操作可以对DataFrame中的数据进行编辑。

1. 增加数据

用户可以通过给新列直接赋值来为DataFrame增加新列。在默认状态下,新增加的列将排在原对象的后面。用户也可以使用insert()方法将列添加到指定位置,用法为df1.insert(iloc,column,value),其中,第一个参数是增加列的位置,第二个参数是增加列的索引,第3个位置是增加列的内容。

例6-24　在DataFrame中增加数据。

```
In:
    df1['test1'] = 66
    print('增加一列test1的结果:\n',df1)
    df1['test2'] = pd.Series([11,22,33,44,55],index = df1.index)
    print('增加一列test2的结果:\n',df1)
    df1.insert(1,'test3',df1['test1'])
    print('在指定位置(第1列)增加一列test3,值与test1列相同\n',df1)
Out:
    增加一列test1的结果:
              name    gender    age    city    test1
    one       李明      M         18     北京      66
    two       张华      M         19     天津      66
    three     刘涛      F         20     上海      66
    four      王阳      F         14     广州      66
    five      李春      F         16     深圳      66
    增加一列test2的结果:
              name    gender    age    city    test1   test2
    one       李明      M         18     北京      66      11
    two       张华      M         19     天津      66      22
    three     刘涛      F         20     上海      66      33
    four      王阳      F         14     广州      66      44
    five      李春      F         16     深圳      66      55
```

在指定位置(第 1 列)增加一列 test3,值与 test1 列相同

	name	test3	gender	age	city	test1	test2
one	李明	66	M	18	北京	66	11
two	张华	66	M	19	天津	66	22
three	刘涛	66	F	20	上海	66	33
four	王阳	66	F	14	广州	66	44
five	李春	66	F	16	深圳	66	55

例 6-25 通过 append()方法传入字典结构数据来增加数据。

```
In:
    data = {'name':'Linda','gender':'F','city':'北京', 'age':19}
    print("用 append()方法增加一行数据: \n")
    df1 = df1.append(data,ignore_index = True)        # ignore_index = True 表示不按原来的索引,
                                                       # 从 0 开始自动递增
    print(df1)
Out:
    用 append()方法增加一行数据:
```

	name	test3	gender	age	city	test1	test2
0	李明	66.0	M	18	北京	66.0	11.0
1	张华	66.0	M	19	天津	66.0	22.0
2	刘涛	66.0	F	20	上海	66.0	33.0
3	王阳	66.0	F	14	广州	66.0	44.0
4	李春	66.0	F	16	深圳	66.0	55.0
5	Linda	NaN	F	19	北京	NaN	NaN

2. 删除数据

用户可以用关键字 del 或者 pop()方法删除指定列,还可以使用 drop()方法,并设置 axis 参数指定要删除的是行还是列,默认不改变原数据,若要在原数据中删除,需要设置 inplace=True。

例 6-26 删除 DataFrame 中的数据。

```
In:
    del df1['test3']
    print("用 del 删除\'test3\'列数据: ")
    print(df1)
    df1.pop('test2')
    print("用 pop()删除\'test2\'列数据: ")
    print(df1)
    df1.drop(5,axis = 0,inplace = True)
    print("用 drop()删除 index 为 5 的数据: ")
    print(df1)
    df1.drop('test1',axis = 1,inplace = True)
    print("用 drop()删除\'test1\'列的数据: ")
    print(df1)
Out:
    用 del 删除'test3'列数据:
```

	name	gender	age	city	test1	test2
0	李明	M	18	北京	66.0	11.0
1	张华	M	19	天津	66.0	22.0
2	刘涛	F	20	上海	66.0	33.0
3	王阳	F	14	广州	66.0	44.0
4	李春	F	16	深圳	66.0	55.0
5	Linda	F	19	北京	NaN	NaN

用 pop() 删除 'test2' 列数据:

	name	gender	age	city	test1
0	李明	M	18	北京	66.0
1	张华	M	19	天津	66.0
2	刘涛	F	20	上海	66.0
3	王阳	F	14	广州	66.0
4	李春	F	16	深圳	66.0
5	Linda	F	19	北京	NaN

用 drop() 删除 index 为 5 的数据:

	name	gender	age	city	test1
0	李明	M	18	北京	66.0
1	张华	M	19	天津	66.0
2	刘涛	F	20	上海	66.0
3	王阳	F	14	广州	66.0
4	李春	F	16	深圳	66.0

用 drop() 删除 'test1' 列的数据:

	name	gender	age	city
0	李明	M	18	北京
1	张华	M	19	天津
2	刘涛	F	20	上海
3	王阳	F	14	广州
4	李春	F	16	深圳

3. 修改数据

对选定的数据直接赋值即可修改数据,数据的修改操作无法撤销,且是在原数据上直接修改,因此需要提前做好数据的备份。

例 6-27 修改 DataFrame 中的数据。

```
In:
    df1.iloc[0,0] = '李小明'
    print('修改第 0 行 0 列的数据,将其改为\'李小明\': ')
    display(df1)
```

结果如图 6-12 所示。

6.3.4 数据的合并

与 NumPy 类似,Pandas 可以实现多个对象的合并,并且具有较强的技巧性,其主要涉及 merge() 和 concat() 两个函数。

修改第0行0列的数据,将其改为'李小明':

	name	gender	age	city
0	李小明	M	18	北京
1	张华	M	19	天津
2	刘涛	F	20	上海
3	王阳	F	14	广州
4	李春	F	16	深圳

图 6-12 修改 DataFrame 中的数据

1. merge()函数

merge()函数的操作类似于 SQL 中的 join,用于实现将两个 DataFrame 根据一些共有的列连接起来,其内含多个参数,具体见表 6-3。

表 6-3   merge()函数的参数及说明

参　　数	说　　明
left	参与合并的左侧的 DataFrame
right	参与合并的右侧的 DataFrame
how	连接方式:'inner'(默认)、'outer'、'left'、'right'
on	用于连接的列名,必须同时存在于左、右两个 DataFrame 对象中,若未指定,则以 left 和 right 的列名交集作为连接键
left_on	左侧 DataFrame 中用作连接键的列
right_on	右侧 DataFrame 中用作连接键的列
left_index	将左侧的行索引用作其连接键
right_index	将右侧的行索引用作其连接键
sort	根据连接键对合并后的数据进行排序,默认为 True
suffixes	字符串值元组,用于追加到重叠列名的末尾,默认为('_x','_y')
copy	设置为 False,可以在某些特殊情况下避免将数据复制到结果数据结构中

下面通过实例说明 merge()函数的使用。首先创建两个 DataFrame 对象。

例 6-28　使用 merge()函数连接 DataFrame 对象。

```
In:
    left = pd.DataFrame({'key':['a','b','c','b'],
                         'A':['11','12','13','14'],
                         'B':['21','22','23','24']})
    #display(left)
    right = pd.DataFrame({'key':['a','b','a','b'],
                          'C':['31','32','33','34'],
                          'D':['41','42','43','44']})
    #display(right)
    pd.merge(left,right)      #默认状态下的合并结果
```

结果如图 6-13 所示。在默认状态下,DataFrame 合并时会以列名的交集作为连接键。若连接列中含有多个相同的值,则采用笛卡儿积的形式进行连接。

用户也可以设置 how 参数,设置连接时的方式,默认状态下是 inner。当 how 取值为 outer 时,会采用并集式合并,缺项以 NaN 补齐,代码如下:

```
In:
    res = pd.merge(left,right,on = 'key',how = 'outer')
    display(res)
```

结果如图 6-14 所示。

	key	A	B	C	D
0	a	11	21	31	41
1	a	11	21	33	43
2	b	12	22	32	42
3	b	12	22	34	44
4	b	14	24	32	42
5	b	14	24	34	44

图 6-13 默认状态下的合并结果

	key	A	B	C	D
0	a	11	21	31	41
1	a	11	21	33	43
2	b	12	22	32	42
3	b	12	22	34	44
4	b	14	24	32	42
5	b	14	24	34	44
6	c	13	23	NaN	NaN

图 6-14 how 取值为 outer 时的合并结果

当 DataFrame 的列交集不止一项时，可以通过参数 on 来指定连接键，可以有一个，也可以有多个。如果合并的 DataFrame 中还有相同的列索引，可以设置 suffixes 参数，实现对列名的区分。

例 6-29 使用 merge()函数并设置 suffixes 参数连接 DataFrame 对象。

```
In:
    boys = pd.DataFrame({'k':['K0','K1','K2'],'age':[1,2,3]})
    girls = pd.DataFrame({'k':['K0','K0','K3'],'age':[4,5,6]})
    res = pd.merge(boys,girls,on = 'k',suffixes = ['_boys','_girls'],how = 'outer')
    display(res)
```

结果如图 6-15 所示。

另外还有其他的参数设置，读者可依需要自行练习。

	k	age_boys	age_girls
0	K0	1.0	4.0
1	K0	1.0	5.0
2	K1	2.0	NaN
3	K2	3.0	NaN
4	K3	NaN	6.0

图 6-15 使用 merge()函数并设置 suffixes 参数

2. concat()函数

concat()函数主要实现一些简单的行合并和列合并操作。该函数内含多个参数，通过为参数设置不同的值实现不同的效果，具体见表 6-4。

表 6-4 concat()函数的参数及说明

参　数	说　明
objs	参与连接的列表或字典，且列表或字典中的对象是 Pandas 数据类型，这是唯一必须给定的参数
axis=0	指明连接的轴向，0 是纵轴，1 是横轴，默认是 0
join	'inter'(交集)，'outer'(并集)，默认是'outer'
join_axis	指明用于其他 n−1 条轴的索引，不执行交/并集
keys	与连接对象有关的值，可以是任意值的列表、元组或数组
levels	如果设置 keys，指定用作层次化索引各级别上的索引
names	如果设置 keys 或 levels，指明用于创建分层级别的名称
verify_integrity	检查结果对象新轴上的重复情况，默认值为 False，允许重复
ignore_index	不保留连接轴上的索引，产生一组新索引 range(total_length)

下面通过实例说明 concat()函数的使用。

例 6-30 使用 concat() 函数合并 DataFrame 对象。

```
In:
    #首先创建 3 个 DataFrame
    df1 = pd.DataFrame(np.arange(12).reshape((3,4)),columns = ['a','b','c','d'])
    df2 = pd.DataFrame(np.arange(12,24).reshape((3,4)),columns = ['a','b','c','d'])
    df3 = pd.DataFrame(np.arange(24,36).reshape((3,4)),columns = ['a','b','c','d'])
```

通过设置参数 axis 实现对 DataFrame 对象的合并,当 axis＝0 时,实现纵向合并;当 axis＝1 时,实现横向合并。代码如下:

```
df4 = pd.concat([df1,df2,df3],axis = 1)      #横向合并
display(df4)
```

结果如图 6-16 所示。

在默认状态下,合并后的索引不改变。用户也可以通过 ignore_index 参数设置合并时是否保留原来的索引,代码如下:

	a	b	c	d	a	b	c	d	a	b	c	d
0	0	1	2	3	12	13	14	15	24	25	26	27
1	4	5	6	7	16	17	18	19	28	29	30	31
2	8	9	10	11	20	21	22	23	32	33	34	35

图 6-16   使用 concat() 函数合并 DataFrame 对象

```
In:
    df4 = pd.concat([df1,df2,df3],axis = 1,ignore_index = True) #横向合并,不考虑原来的索引
    display(df4)
```

结果如图 6-17 所示。

此外,在合并 DataFrame 时也可以指定合并的方式。

例 6-31 按指定方式进行 DataFrame 的合并。

```
In:
    df1 = pd.DataFrame(np.arange(12).reshape((3,4)),columns = ['a','b','c','f'])
    df2 = pd.DataFrame(np.arange(12,24).reshape((3,4)),columns = ['a','c','d','e'])
    df6 = pd.concat([df1,df2],join = 'outer',ignore_index = True) #合并两个表,缺少的部分
                                                                   #填充 NaN
    display(df6)
```

其中,当将 join 参数设置为 outer 时,以并集方式合并,缺少的部分填充 NaN;当将 join 参数设置为 inner 时,以交集方式合并,即只合并公共的部分。

结果如图 6-18 所示。

	0	1	2	3	4	5	6	7	8	9	10	11
0	0	1	2	3	12	13	14	15	24	25	26	27
1	4	5	6	7	16	17	18	19	28	29	30	31
2	8	9	10	11	20	21	22	23	32	33	34	35

图 6-17   横向合并不考虑原来的索引

	a	b	c	f	d	e
0	0	1.0	2	3.0	NaN	NaN
1	4	5.0	6	7.0	NaN	NaN
2	8	9.0	10	11.0	NaN	NaN
3	12	NaN	13	NaN	14.0	15.0
4	16	NaN	17	NaN	18.0	19.0
5	20	NaN	21	NaN	22.0	23.0

图 6-18   按指定方式进行 DataFrame 的合并

6.4 数据运算与分析

6.4.1 数据的算术运算和比较运算

Pandas 为 Series 和 DataFrame 提供了许多算术运算方法，运算规则是根据行/列索引补齐后进行运算，运算结果默认为浮点型，补齐时缺项填充 NaN。

为解释相关问题，首先创建两个 DataFrame，如图 6-19 所示。

进行四则运算时返回一个新的对象。

例 6-32 DataFrame 对象的加法运算。

```
In:
    a + b
```

运行结果如图 6-20 所示。

	0	1	2	3
0	0	1	2	3
1	4	5	6	7
2	8	9	10	11

	0	1	2	3	4
0	0	1	2	3	4
1	5	6	7	8	9
2	10	11	12	13	14
3	15	16	17	18	19

图 6-19 创建两个 DataFrame

	0	1	2	3	4
0	0.0	2.0	4.0	6.0	NaN
1	9.0	11.0	13.0	15.0	NaN
2	18.0	20.0	22.0	24.0	NaN
3	NaN	NaN	NaN	NaN	NaN

图 6-20 DataFrame 对象的加法运算

对于其他运算，读者自行练习。此外，算术运算也可以采用相关方法实现相似的效果，分别是. add(d, ** argws)、. sub(d, ** argws)、. mul(d, ** argws)和. div(d, ** argws)方法。例如：

```
In:
    c = a.add(b,fill_value = 100)      #空值以 100 填充后参加运算
    c
```

其中，空值以 100 填充后参加运算。其余方法的使用都与此相似。

运行结果如图 6-21 所示。

与算术运算不同的是，比较运算只能比较相同索引的元素，而且不进行补齐操作，返回一个布尔型的对象。常见的比较运算符有：>、<、>=、<=、==、!=等。

例 6-33 DataFrame 对象的比较运算。

```
In:
    a + b > b
```

运行结果如图 6-22 所示。

	0	1	2	3	4
0	0.0	2.0	4.0	6.0	104.0
1	9.0	11.0	13.0	15.0	109.0
2	18.0	20.0	22.0	24.0	114.0
3	115.0	116.0	117.0	118.0	119.0

图 6-21 空值以 100 填充后参加运算

	0	1	2	3	4
0	False	True	True	True	False
1	True	True	True	True	False
2	True	True	True	True	False
3	False	False	False	False	False

图 6-22 DataFrame 对象的比较运算

6.4.2 数据排序

Pandas 提供了进行数据排序的方法,既可以依据行/列的索引排序,也可以依据指定行/列索引的数据排序。排序主要使用的方法是 sort_index()和 sort_values()。

在依据索引排序时,采用 sort_index(axis=[0,1],ascending=True)方法。通过设置 axis 参数实现对行索引和列索引的排序,一般以默认顺序排列。

例 6-34 DataFrame 对象的数据排序。

```
In:
    data = np.arange(12).reshape((3,4))
    df3 = pd.DataFrame(data,index = ['d','b','c'],columns = ['dd','aa','cc','bb'])
    df3.sort_index(axis = 1) # 列排序
```

运行结果如图 6-23 所示。

当 axis=1 时,实现对列索引的排序;当 axis=0 时,实现对行索引的排序,读者可自行练习。

用户还可以依据数据值进行排序,使用的方法是 sort_values(by,axis=0,ascending=True),其中,by 是 axis 轴上的某个索引或者索引列表。此外,若含有空值,统一排序到末尾。例如按 cc 列的数据进行排序的代码如下:

```
df3.sort_values(by = 'cc')
```

运行结果如图 6-24 所示。

	aa	bb	cc	dd
d	1	3	2	0
b	5	7	6	4
c	9	11	10	8

图 6-23 DataFrame 对象的数据排序

	dd	aa	cc	bb
d	0	1	2	3
b	4	5	6	7
c	8	9	10	11

图 6-24 按 cc 列的数据进行排序

6.4.3 统计分析

Pandas 提供的 Series 和 DataFrame 两种数据类型还支持各种统计分析的操作。基本的统计分析方法一般都适用于 Series 和 DataFrame 这两种数据类型。Pandas 常用的基本统计分析方法如表 6-5 所示。

表 6-5 Pandas 常用的基本统计分析方法

方　　法	说　　明	方　　法	说　　明
sum()	计算数据的总和	count()	统计非 NaN 值的数量
mean()	计算数据的算术平均值	median()	计算数据的算术中位数
var()	计算数据的方差	std()	计算数据的标准差
min()	计算数据的最小值	max()	计算数据的最大值
idxmin()	获取数据最小值所在位置的索引	idxmax()	获取数据最大值所在位置的索引
describe()	输出数据的统计信息	corr()	计算列之间的相关系数

例 6-35　读入小费文件 tips.csv,使用 DataFrame 对象的基本统计分析方法了解数据信息。

```
In:
    df = pd.read_csv("data/tips.csv", header = 0)
    df.describe()          # 输出数据的统计信息
```

运行结果如图 6-25 所示。

describe()方法返回的结果包括各列的元素个数、年均值、标准差、最小值、四分之一分位点、中位数、四分之三分位点和最大值。

corr()方法可以返回数值列或指定两个数值列之间的相关系数。

```
In:
    print(df['total_bill'].corr(df['tip']))   # 返回 total_bill 列和 tip 列之间的相关系数
    df.corr()                                  # 返回数值列之间的相关系数
```

运行结果如图 6-26 所示。

	total_bill	tip	size
count	244.000000	244.000000	244.000000
mean	19.785943	2.998279	2.569672
std	8.902412	1.383638	0.951100
min	3.070000	1.000000	1.000000
25%	13.347500	2.000000	2.000000
50%	17.795000	2.900000	2.000000
75%	24.127500	3.562500	3.000000
max	50.810000	10.000000	6.000000

图 6-25　小费 tips 数据的统计信息

0.6757341092113641

	total_bill	tip	size
total_bill	1.000000	0.675734	0.598315
tip	0.675734	1.000000	0.489299
size	0.598315	0.489299	1.000000

图 6-26　相关系数结果

对于 Pandas 数据,由于其具有类似表格的特性,还支持许多累计统计的分析,为数据分析提供了很大的便利,这也是 Pandas 的一大优势。常见的累计统计分析方法如表 6-6 所示。

表 6-6　常见的累计统计分析方法

方　　法	说　　明
.cumsum()	依次给出前 n 个数的和
.cumprod()	依次给出前 n 个数的积
.cummax()	依次给出前 n 个数的最大值
.cummin()	依次给出前 n 个数的最小值

下面通过实例说明上述累计统计分析方法的使用。

首先创建一个 DateFrame 对象。

例 6-36　DataFrame 对象的累计统计分析方法。

```
In:
    df = pd.DataFrame(np.arange(20).reshape(4,5), index = ['c','a','d','b'])
    df
```

运行结果如图 6-27 所示。

用户可以使用累计统计分析方法查看数据的累计统计分析结果。

.cumsum()和.cumprod()方法分别返回一个 DataFrame,除第一行数据外,其余行是前几行(包括本行)数据累加/积的结果。在本例中,df.cumsum()和 df.cumprod()的结果分别如图 6-28 和图 6-29 所示。

	0	1	2	3	4
c	0	1	2	3	4
a	5	6	7	8	9
d	10	11	12	13	14
b	15	16	17	18	19

图 6-27　创建一个 DataFrame 对象

	0	1	2	3	4
c	0	1	2	3	4
a	5	7	9	11	13
d	15	18	21	24	27
b	30	34	38	42	46

图 6-28　df.cumsum()的结果

.cummax()和.cummin()方法分别返回一个 DataFrame,返回值分别为对应列上前几行数据的最大值和最小值。在本例中,df.cummax()和 df.cummin()的结果分别如图 6-30 和图 6-31 所示。

	0	1	2	3	4
c	0	1	2	3	4
a	0	6	14	24	36
d	0	66	168	312	504
b	0	1056	2856	5616	9576

图 6-29　df.cumprod()的结果

	0	1	2	3	4
c	0	1	2	3	4
a	5	6	7	8	9
d	10	11	12	13	14
b	15	16	17	18	19

图 6-30　df.cummax()的结果

此外,Pandas 在统计操作中还支持滚动计算,主要利用.rolling(w).sum()等方法,其中,w 指参与运算的元素的数量,其返回值是一个 DataFrame,缺失值以 NaN 补全。例如 df.rolling(2).sum()的结果如图 6-32 所示。

	0	1	2	3	4
c	0	1	2	3	4
a	0	1	2	3	4
d	0	1	2	3	4
b	0	1	2	3	4

图 6-31　df.cummin()的结果

	0	1	2	3	4
c	NaN	NaN	NaN	NaN	NaN
a	5.0	7.0	9.0	11.0	13.0
d	15.0	17.0	19.0	21.0	23.0
b	25.0	27.0	29.0	31.0	33.0

图 6-32　df.rolling(2).sum()的结果

6.4.4　分组与聚合

分组与聚合可用于对数据分组,并在分组上进行计算操作。Pandas 提供了高效的 groupby()方法,结合 agg()或 apply()方法,可以实现数据的分组与聚合,具体可包含以下一个或多个步骤:根据一定的条件将数据分组,将聚合方法独立应用于每个组,将结果合并到数据结构中。

1. 数据的分组

用户可以使用 groupby()根据索引或字段对数据进行分组,具体的用法如下:

```
DataFrame.groupby(by = None, axis = 0, level = None, as_index = True, sort = True, group_keys = True, squeeze = < no_default >, observed = False, dropna = True)
```

groupby()方法的主要参数及说明如表 6-7 所示。

表 6-7　groupby()方法的主要参数及说明

参　　数	说　　明
by	用于确定进行分组的依据，可接收列表、字典、Series 等
axis	表示操作的轴向，接收 int 型(0 或 1)，默认为 0
level	表示标签所在的级别，接收 int 型或索引名，默认为 None
as_index	表示聚合后的聚合标签是否以 DataFrame 索引形式输出，接收 boolean 型，默认为 True
sort	表示是否对分组 key 进行排序，关闭此选项可获得更好的性能，接收 boolean 型，默认为 True
group_keys	在调用 apply()时是否将分组 key 添加到索引以标识片段，接收 boolean 型，默认为 True

例 6-37　数据分组实例。

```
In:
    df = pd.DataFrame({ "A": ["cat", "dog", "cat", "dog", "cat", "dog", "cat", "cat"],
        "B": ["one", "one", "two", "three", "two", "two", "one", "three"],
        "C": np.arange(0,8),
        "D": np.arange(8,0,-1)
        } )
    grouped = df.groupby("A")          #按 A 列进行分组
    print(type(grouped))
    grouped = df.groupby(["A", "B"])   #同时按 A 和 B 列进行分组
Out:
    < class 'pandas.core.groupby.generic.DataFrameGroupBy'>
```

groupby()分组后的结果不再是 DataFrame 类型，而是一个 DataFrameGroupBy 对象。使用 groupby()方法可以按单列分组，也可以同时按多列分组，例如 df.groupby(["A","B"])表示按 A 和 B 两列进行分组。

2. 数据聚合

分组后的结果不能直接查看，可以使用聚合运算对分组后的数据进行计算，并可查看聚合计算后的结果。常用的数据聚合方法及说明如表 6-8 所示。

表 6-8　常用的数据聚合方法及说明

方　　法	说　　明	方　　法	说　　明
sum()	每组中非 NaN 值的和	count()	每组中非 NaN 值的数量
mean()	每组中非 NaN 值的算术平均值	median()	每组中非 NaN 值的中位数
var()	每组的方差	std()	每组的无偏标准差
size()	每组的大小，含 NaN 值	head()	每组的前 n 个数据
min()	每组中非 NaN 值的最小值	max()	每组中非 NaN 值的最大值
prod()	每组中非 NaN 值的积	first()和 last()	每组中非 NaN 值的第一个和最后一个值

例 6-38 数据聚合实例。

```
In:
    df = pd.DataFrame({ "A": ["cat", "dog", "cat", "dog", "cat", "dog"],
    "B": [1, np.nan, 2, 4, 5, 6]})
    print('使用列\'A\'分组后的 size()方法结果: \n', df.groupby("A").size())
    print('使用列\'A\'分组后的 count()方法结果: \n', df.groupby("A").count())
    print('使用列\'A\'分组后的 prod()方法结果: \n', df.groupby("A").prod())
Out:
    使用列'A'分组后的 size()方法结果:
    A
    cat    3
    dog    3
    dtype: int64
    使用列'A'分组后的 count()方法结果:
          B
    A
    cat    3
    dog    2
    使用列'A'分组后的 prod()方法结果:
          B
    A
    cat    10.0
    dog    24.0
```

在上例中，使用列 A 分组后，使用 size()方法返回分组的大小，使用 count()方法返回每个分组中非空数值的数量，并使用 prod()方法计算每组中非 NaN 值的积。

用户除了可以使用 Pandas 提供的数据聚合方法以外，还可以将自定义的聚合函数传入 agg()或 aggregate()方法，实现分组后的数据聚合计算。agg()方法可以指定轴上使用一个或多个操作进行聚合，支持 Python 内置函数或自定义的函数。aggregate()方法对 DataFrame 对象操作的功能与 agg()方法基本相同。

例 6-39 使用 agg()方法聚合数据，df 为例 6-38 中定义的 DataFrame 对象。

```
In:
    print('在行上进行聚合\n', df.agg(['count', 'mean']))
    print('每列上使用不同的聚合方法\n', df.agg({'A': ['count', 'size'], 'B': [np.mean, 'count']}))
    print('对分组结果进行聚合\n', df.groupby('A')['B'].agg(['sum', 'min']))
Out:
    在行上进行聚合
             A      B
    count    6.0    5.0
    mean     NaN    3.6
    每列上使用不同的聚合方法
             A      B
    count    6.0    5.0
    mean     NaN    3.6
    size     6.0    NaN
    对分组结果进行聚合
             sum    min
```

```
A
cat      8.0      1.0
dog     10.0      4.0
```

6.4.5　透视表与交叉表

1. 透视表

数据透视表是常用的数据分析工具之一,它可以根据一个或多个指定的维度对数据进行聚合。在 Python 中可以通过 pd. pivot_table()函数来实现数据透视表。pd. pivot_table()函数包含 5 个主要参数及其他可选参数,如下。

```
pd.pivot_table(data, values = None, index = None, columns = None, aggfunc = 'mean', fill_value =
None, margins = False, dropna = True, margins_name = 'All', observed = False, sort = True)
```

5 个主要参数分别是数据源 data、要聚合的数据字段名 values、行分组键 index、列分组键 columns、数据的汇总方式 aggfunc(默认为 mean),其他可选参数包括 NaN 值的处理方式、是否显示汇总行数据等。pd. pivot_table()函数的主要参数及说明如表 6-9 所示。

表 6-9　pd. pivot_table()函数的主要参数及说明

参数名称	说　明	参数名称	说　明
data	创建透视表的数据,接收 DataFrame 类型	aggfunc	数据的汇总方式 aggfunc,默认为 mean
values	用于指定要聚合的数据字段名	fill_value	用于替换 NaN 的值
index	行分组键	margins	是否显示汇总行数据
columns	列分组键	dropna	是否删掉全为 NaN 的列

例 6-40　使用 pd. pivot_table()创建数据透视表。

```
In:
    df = pd.DataFrame({"A": ["cat", "cat", "cat", "cat", "cat", "dog", "dog", "dog", "dog"],
                       "B": ["one", "one", "one", "two", "two","one", "one", "two", "two"],
                       "C": ["small", "large", "large", "small", "small", "large", "small",
"small","large"],
                       "D": [1, 2, 2, 3, 3, 4, 5, 6, 7],
                       "E": [2, 4, 5, 5, 6, 6, 8, 9, 9]})
    display(df)
```

创建的 DataFrame 对象如图 6-33 所示。
首先设列 A 为行分组键,列 C 为列分组键,通过 sum 来聚合列 D 的数据。

```
In:
    table = pd.pivot_table(df, values = 'D', index = ['A'],columns = ['C'], aggfunc = np.sum)
    print('列\'A\'为行分组键,列\'C\'为列分组键,通过 sum 来聚合列\'D\'的数据: ')
    display(table)
```

运行结果如图 6-34 所示。

	A	B	C	D	E
0	cat	one	small	1	2
1	cat	one	large	2	4
2	cat	one	large	2	5
3	cat	two	small	3	5
4	cat	two	small	3	6
5	dog	one	large	4	6
6	dog	one	small	5	8
7	dog	two	small	6	9
8	dog	two	large	7	9

C	large	small
A		
cat	4	7
dog	11	11

图 6-33　创建 DataFrame 对象　　　　图 6-34　通过 sum 聚合某列数据

然后设列 A 和列 B 为行分组键,列 C 为列分组键,通过 sum 来聚合列 D 的数据,使用 fill_value 参数填充缺失值。

```
In:
    table = pd.pivot_table(df, values = 'D', index = ['A', 'B'],columns = ['C'], aggfunc = np.sum,
fill_value = 0)
    print('列\'A\'和\'B\'为行分组键,列\'C\'为列分组键,通过 sum 聚合列\'D\'的数据,使用 fill_
value 参数填充缺失值: \n',table)
```

运行结果如图 6-35 所示。

最后设列 A 和列 C 为行分组键,通过列 D 和列 E 的平均值进行聚合。

```
In:
    table = pd.pivot_table(df, values = ['D', 'E'], index = ['A', 'C'],
    aggfunc = {'D': np.mean,
                                'E': np.mean})
    print('列\'A\'及\'C\'为行分组键,通过列\'D\'和列\'E\'的平均值进行聚合: \n',table)
```

运行结果如图 6-36 所示。

C		large	small
A	B		
cat	one	4	1
	two	0	6
dog	one	4	5
	two	7	6

		D	E
A	C		
cat	large	2.000000	4.500000
	small	2.333333	4.333333
dog	large	5.500000	7.500000
	small	5.500000	8.500000

图 6-35　填充缺失值并通过 sum 聚合某列数据　　　　图 6-36　通过列的平均值聚合

2. 交叉表

交叉表是一种特殊的透视表,主要用于计算分组频率。pd. crosstab()函数可以用于制作交叉表,该函数的参数和使用格式如下。

```
pd.crosstab(index, columns, values = None, rownames = None, colnames = None, aggfunc = None,
margins = False, margins_name = 'All', dropna = True, normalize = False)
```

除非传递了值数组和聚合函数,否则在默认情况下 pd.crosstab()函数用于计算分组频率。pd.crosstab()函数的参数和 pd.pivot_table()函数的参数基本相同,不同之处在于 pd.crosstab()函数中的 index、columns 和 values,输入的都是从 DataFrame 中取出的某一列。

例 6-41 使用 pd.crosstab()创建交叉表。

```
In:
    df = pd.DataFrame(
        {"A": [1, 2, 2, 2, 2], "B": [3, 3, 4, 4, 4], "C": [1, 2, np.nan, 3, 4]}
    )
    display(df)
```

运行结果如图 6-37 所示。

首先设列 A 为行分组键,列 B 为列分组键,创建交叉表。然后设列 A 为行分组键,列 B 为列分组键,用列 C 的平均值创建交叉表。

```
In:
    display(pd.crosstab(df["A"], df["B"]))
    display(pd.crosstab(index = df["A"], columns = df["B"], values = df["C"], aggfunc = np.mean).round(2))
```

运行结果如图 6-38 中的图(a)和图(b)所示。

	A	B	C
0	1	3	1.0
1	2	3	2.0
2	2	4	NaN
3	2	4	3.0
4	2	4	4.0

图 6-37 创建的 DataFrame 对象

B	3	4
A		
1	1	0
2	1	3

(a) 创建交叉表

B	3	4
A		
1	1.0	NaN
2	2.0	3.5

(b) 用列C的平均值创建交叉表

图 6-38 交叉表实例结果 1

用户可以使用 normalize 参数对频率表进行规范化,以显示百分比,而不是计数。另外,还可以将 margins 参数设置为 True,以打开汇总(Total)功能,则结果集中会出现名为"All"的行和列,代码如下。

```
In:
    display(pd.crosstab(df["A"], df["B"], normalize = True))
    display(pd.crosstab(df["A"], df["B"], values = df["C"], aggfunc = np.sum, normalize = True, margins = True))
```

运行结果分别如图 6-39 中的图(a)和图(b)所示。

B	3	4
A		
1	0.2	0.0
2	0.2	0.6

(a) 对表进行规范化

B	3	4	All
A			
1	0.1	0.0	0.1
2	0.2	0.7	0.9
All	0.3	0.7	1.0

(b) 打开汇总功能

图 6-39 交叉表实例结果 2

6.5　本章实战例题

例 6-42　创建 DataFrame 实例。

```
In:
import pandas as pd
#1.从列表创建 DataFrame 对象,每个列表代表一列
names = ['Mary','Kate','Peter','Tom','Jerry']
ages = [13,12,15,13,12]
df = pd.DataFrame({
    'names':names,
    'ages':ages
})
print(df)
#2.从字典创建 DataFrame 对象
data_dicts = [
    {'name':"Helen", "gender":'Female', 'age':15},
    {'name':"Mike", 'gender':"Male", 'age':13},
    {'name':"Linda", 'gender':'Female', 'age':14}
]
df = pd.DataFrame.from_records(data_dicts)
print(df)
#3.先创建空的 DataFrame 对象,再往其中加入行
df = pd.DataFrame()
#Use append() with ignore_index = True.
df = df.append({'C1_name':'Helen','C2_age':15}, ignore_index = True)
df = df.append({'C1_name':'Jack','C2_age':10}, ignore_index = True)
df = df.append({'C1_name':'Rose','C2_age':11}, ignore_index = True)
print(df)
```

例 6-43　Pandas 文件读/写和数据选取实例。

```
In:
import pandas as pd
import numpy as np
df = pd.read_csv("data/pets.csv",header = 0)      # header 设置为 0 或不设置,第一行读为列名
# df = pd.read_csv("data/pets.csv",header = None)        # 若将 header 设置为 None,第一行
读为数据
# 若需要自己写列名,可以设置 names
# df = pd.read_csv("data/pets.csv",header = None,names = ['姓名','年龄','所在州','孩子数','宠
物数'])
df.to_csv("data/pets-out.csv")                    # 写入 CSV 文件
df.to_csv("data/pets-out-no-index.csv", index = False)   # 省略索引列,写入 CSV 文件
print('选取前 2 行的结果:\n',df.iloc[:2])           # 查询前两行
print('选取最后 2 行的结果:\n',df.iloc[-2:])          # 查询最后两行
print('选取前 4 行的结果:\n',df.loc[:3]) #选择行(包括该行),例如索引等于 3 时检索 4 行
# 根据列值选择行
print('----- 年龄大于 30 的数据结果 -----')
```

```
print(df[df["age"] > 30])
print('----- 拥有的宠物数大于孩子数的数据结果 ----- ')
print(df[df["num_pets"] > df["num_children"]])
# 按多个列值选择行
print('---- 按多个列值条件选择出的数据结果 ----- ')
print(df[(df["age"] > 20) & (df["num_pets"] > 0) ])
# 选择特定列,例如选出以"n"开头的列
print('---- 选择以"n"开头的列的数据结果 ----- ')
print(df[[colname for colname in df.columns if colname.startswith("n")]])
# 选出剔除某些列后的结果,df 本身没有被修改,返回的是原 df 的副本
print('---- 剔除"age"和"num_children"列的数据结果 ----- ')
print(df.drop(["age","num_children"],axis = 1))
# 对每列应用聚合函数
print('---- 对"age","num_pets"和"num_children"列应用聚合函数 ----- ')
print(df[["age","num_pets","num_children"]].apply(lambda row: np.mean(row),axis = 0))
# 选出满足条件的行
print('---- 选出 name 列以字母"J"开头的行的结果 ----- ')
print(df[df.apply(lambda row: row['name'].startswith('J'),axis = 1)])
# 迭代输出行
print('--- 用 df.iterrows()迭代输出行的结果 ----- ')
for index,row in df.iterrows():
    print("{0} has name: {1}".format(index,row["name"]))
```

例 6-44　在天气信息文件 temp.xlsx 中存放着某城市最近一周(从周一到周日)的每天最高和最低气温(单位为摄氏度)。在每行中,第一列为序号,代表周几,第二列为当天的最高气温 maxTemp,第三列为当天的最低气温 minTemp。编程实现:①增加一列,存放每天的平均气温;②求出本周温度的平均值;③本周中第几天最热(按最高气温计算)? 最高多少度? 本周中第几天最冷(按最低气温计算)? 最冷多少度?

```
In:
    import pandas as pd
    import numpy as np
    df = pd.read_excel('data/temp.xlsx')
    df['avgTemp'] = (df['maxTemp'] + df['minTemp'])/2    # 增加一列,存放每天的平均气温
    print(df)
    print('本周的平均温度为: ')
    print((df['maxTemp'].mean() + df['minTemp'].mean())/2)
    print('本周的最高温度为: %.2f,最高温度出现在本周第: %d 天.' % (df['maxTemp'].max(),
df['maxTemp'].idxmax() + 1))                         # 求最高气温及其位置索引
    print('本周的最低温度为: %.2f,最低温度出现在本周第: %d 天.' % (df['minTemp'].min(),
df['minTemp'].idxmin() + 1))                         # 求最低气温及其位置索引
```

例 6-45　泰坦尼克号乘客生还数据的分析实例。利用 DataFrame 对泰坦尼克号乘客的生还数据进行预处理和初步分析。

```
In:
    import pandas as pd
    import numpy as np
```

```
#1.读入数据并显示数据的基本信息
df = pd.read_csv('data/titanic_train.csv')
#2.检查 Age 为空的行数,并用非空 Age 行的均值对空的 Age 进行填充
print('Age 为空的共有:{}行'.format(pd.isnull(df['Age']).sum()))
mean_age = round(df['Age'].mean(),2)
print(mean_age)
df['Age'].fillna(mean_age, inplace = True)
#3.用 pivot_table()求每种舱位的平均价格、年龄分布、获救概率等信息
df2 = df
p_table = df2.pivot_table(index = 'Pclass',values = 'Fare',aggfunc = np.mean)
print(p_table)
p_table = df2.pivot_table(index = 'Pclass',values = 'Age')
print(p_table)
p_table = df2.pivot_table(index = 'Pclass',values = 'Survived',aggfunc = np.mean)
print(p_table)
#4.不同登船地点的票价总和及幸存人数
p_table = df2.pivot_table(index = 'Embarked',values = ['Fare','Survived'],aggfunc = np.sum)
print(p_table)
#5.样本定位
row_index_83_age = df.loc[83,'Age']
print(row_index_83_age)
row_index_766_pclass = df.loc[766,'Pclass']
print(row_index_766_pclass)
#6.排序
df2_sort = df2.sort_values('Age',ascending = False)
print(df2_sort[0:10])
df2_reindexed = df2_sort.reset_index(drop = True)
print(df2_reindexed)
```

例 6-46 读入 data 目录下的 tips.csv 文件,放到一个 DataFrame 结构 df1 中。查看 tips 数据的相关信息,并按是否吸烟、性别等字段分组统计相关信息,完成对 tips 数据的分析。

```
import pandas as pd
#1.查看数据信息
df1 = pd.read_csv('data/tips.csv')
#2.查看数据信息
print(" ----- the information of tip data ---- ")
print(df1.shape)
print(df1.describe())
print(df1.head())
#3.通过 groupby()查看分组信息
print(" ----- the count result group by smoker field---- ")
print(df1.groupby('smoker').smoker.count())
print(" ----- the max value of tip grouping by sex --- ")
print(df1.groupby('sex').tip.max())
#4.查看男性和女性消费者的平均小费,发现男性的小费金额略高于女性
print(" ----- the mean tip of male and female ---- ")
print(df1.groupby('sex')['tip'].mean())
```

```
#或者用如下语句
male_tip = df1[df1['sex'] == 'Male']['tip'].mean()
female_tip = df1[df1['sex'] == 'Female']['tip'].mean()
print('the female mean tip is:{:.2f}, and the male tip is:{:.2f}'.format(female_tip,male_tip))
#5.增加一列 percent_tip,保存小费 tip 占账单总数 total_bill 的百分比
df1['percent_tip'] = df1['tip']/df1['total_bill']
print(" ----- the head of percent_tip ---- ")
print(df1.head())
#6.按性别'sex'和'smoker'将 df1 分组,统计每组的 tip、total_bill、tip_per 等列的 mean、std、
max 和 min
print(" ----- the mean std max and min result of grouping by ['sex', 'smoker'] ---- ")
k1 = df1.groupby(['sex','smoker']).agg(['mean','std','max','min'])
print(k1)
```

6.6　本章小结

　　Pandas 是使用 Python 进行数据分析的非常重要的包,它提供了许多快速强大而又简单易用的数据结构来处理相关数据,在数据分析中有着广泛的应用。本章结合实例介绍了Pandas 中的常用数据结构和常用数据分析方法。

　　在本章中需要重点掌握的知识点是 Series 数据类型和 DataFrame 数据类型的使用。

6.7　本章习题

　　1. 请先用字典数据生成一个 DataFrame 对象 df,数据为{'Name':['Kate', 'Rose', 'Tom', 'John'], 'Height':[155,165,170,168], 'Weight':[45,50,65,62]}。然后完成如下操作:①用两种方法分别往 df 中加入性别列'Gender'和年龄列'Age'(数据可自定义);②往 df 中加入一行数据,数据为{'Name':'Lucky', 'Height':165, 'Age':17, 'Weight':48, 'Gender':'Female'}。

　　2. 请先用字典数据生成一个 DataFrame 对象,数据为{'城市':['北京','上海','天津','深圳'], '邮编':['010', '021', '022', '073'], '气温':[18,22,19,30]},为其加上行索引'c1','c2','c3','c4'。然后完成如下操作:①输出"气温"列;②用两种方法输出"上海"行的数据;③输出"深圳"的邮编;④输出所有"气温"大于 20 摄氏度的城市的"城市名"和"邮编"。

　　3. 读取"simple_score.xlsx"文件,首先过滤其中的异常成绩数据(小于 0、大于 100 或为空的是异常数据),然后统计"成绩"字段的描述性信息,除了默认的均值、方差等以外,还需要统计"总和""极差""变异系数""四分位数间距",并输出以上统计信息,输出结果如图 6-40 所示。

	成绩
count	27.000000
mean	80.370370
std	9.969755
min	54.000000
25%	77.000000
50%	81.000000
75%	86.500000
max	98.000000
range	44.000000
sum	2170.000000
var	0.124048
dis	9.500000

图 6-40　习题 6-3 的运行结果

　　4. 读取"scores.xlsx"文件中 sheet_name=0 的数据,包括学生的学号、姓名、性别及 3 门课程的考试成绩。然后完成如下操作:①输出文件中数据的总行数、3 门课程按性别分组后的平均分;②增

加一列"总分",记录每个同学的 3 门课程的分数总和,并输出按总分降序排列的结果中的前 5 行数据,输出结果如图 6-41 所示。

```
一共有30行数据
        Web编程      计算机导论       数据库原理
性别
女   81.812500  85.500000  81.212500
男   67.857143  84.071429  82.728571
按总分降序排列输出前5行结果
        Unnamed: 0  班级  姓名 性别  Web编程  计算机导论  数据库原理      总分
学号
1132900152      17  15  刘晋  男      98     84   91.4  273.4
1132900146      11  15  李鸣  男      92     88   90.0  270.0
1132900157      23  14  王翔  女      88     84   96.6  268.6
1132900162      28  14  张冬  女      87     87   93.6  267.6
1132900136       1  14  李笑  女      92     86   89.0  267.0
```

图 6-41　习题 6-4 的运行结果

5. 读取小费文件"tips.csv",先用性别列 sex 和是否吸烟列 smoker 分别做行和列的分组键,制作透视表,观察 tip 列和 total_bill 列的均值,再以星期列 day 和时间列 time 分别做行和列的分组键,观察 tip 列和 total_bill 列的均值,输出结果如图 6-42 所示。

```
用性别列sex作为行分组键,是否吸烟列smoker作为列分组键,显示tip列和total_bill列的均值
              tip              total_bill
smoker        No       Yes        No        Yes
sex
Female   2.773519  2.931515  18.105185  17.977879
Male     3.113402  3.051167  19.791237  22.284500
用星期列day作为行分组键,时间列time作为列分组键,显示tip列和total_bill列的均值
              tip              total_bill
time     Dinner   Lunch       Dinner     Lunch
day
Fri    2.940000  2.382857  19.663333  12.845714
Sat    2.993103     NaN    20.441379     NaN
Sun    3.255132     NaN    21.410000     NaN
Thur   3.000000  2.767705  18.780000  17.664754
```

图 6-42　习题 6-5 的运行结果

第7章

Matplotlib基础及应用

Matplotlib 是 Python 中常用的数据可视化的第三方模块,常与 NumPy 和 Pandas 库一起使用,实现数据分析中的可视化功能。本章主要介绍 Matplotlib 中的基础知识与常用功能,实现数据的可视化。

本章要点:
- Matplotlib 中图形的构成。
- Matplotlib 中子图的设置与应用。
- Matplotlib 中常用图形的绘制。
- Matplotlib 与 NumPy 和 Pandas 的综合应用。

7.1 Matplotlib 简介

Matplotlib 是一个常用的 Python 绘图库,常与 NumPy 和 Pandas 一起结合使用,它以各种格式和跨平台的交互环境生成可达到印刷质量的图形,在数据可视化与科学计算可视化领域都比较常用。Matplotlib 可用于 Python 脚本、Python 和 IPython shell、Jupyter Notebook、Web 应用程序服务器和各种图形用户界面工具包。用户可以在 Matplotlib 的网站上查阅其更多的相关知识和实例,网址为"https://matplotlib.org/"。

7.1.1 Matplotlib 的主要特点

Matplotlib 具有良好的操作系统兼容性和图形显示底层接口兼容性,并支持几十种图形显示接口与输出格式,是 Python 中绘制二维、三维图表的重要可视化工具。Matplotlib 的主要特点如下:

(1) 使用简单的绘图语句实现复杂的绘图效果。

(2) 以交互式操作实现渐趋精细的图形效果。

(3) 对图表的组成元素实现精细化控制。

(4) 使用嵌入式的 LaTeX 输出具有印刷级别的图表、科学表达式和符号文本。

目前,新版的 Matplotlib 可以轻松实现主流的绘图风格,其中加入了许多新的程序包,实现了更加简洁、新颖的 API,例如 Seaborn、ggplot、HoloViews、Altair 和 Pandas 对 Matplotlib 的 API 封装的绘图功能。

对于 Windows、macOS 和普通 Linux 平台来说，Anaconda、Canopy 和 ActiveState 都是非常好的选择。WinPython 是 Windows 用户的一个选项。在这些发行版中已经包含了 Matplotlib 和许多其他有用的(数据)科学工具。

7.1.2 Matplotlib 的安装

Matplotlib 可以使用如下语句安装：

```
python -m pip install -U pip
python -m pip install -U matplotlib
```

此外，若用户在安装和应用过程中遇到问题，可在 Matplotlib 网站上查看相关的文档。

7.2 Matplotlib 的基础知识

7.2.1 导入 Matplotlib

用户在作图前需要导入 Matplotlib 和其中的模块(例如 matplotlib.pyplot)，通常为方便使用，可设置一个常用的简写形式，在本章例子中还需要导入 NumPy 和 Pandas 模块。

```
import matplotlib as mpl
import matplotlib.pyplot as plt
import numpy as np
import pandas as pd
```

7.2.2 Matplotlib 中图形(Figure)的构成

在利用 Matplotlib 作图实现可视化之前，用户需要先了解图形(Figure)的组成结构，具体如图 7-1 所示。只有充分了解了图形的组成元素，才能高效地利用相关函数做出需要的图表。

1. 图形(Figure)

Matplotlib 将数据绘制在图形(Figure)上，图形可以理解为包含其他所有绘图元素的顶级容器，其中包含所有轴(Axes)、其他 Artist 和画布(Canvas)。在通常情况下，画布(Canvas)是一个绘图的对象，对用户而言，该对象一般不可见。用户在图形上看到的一切都是 Artist，Artist 有两种类型，即图形元素(primitives)和容器(containers)。图形元素是需要加入 Canvas 的元素，例如线条、矩形、文字等，而容器是放置这些元素的地方，例如 Axis、Axes 和 Figure，其中 Figure 是顶层的 Artist。

在 Matplotlib 中绘图的标准方法是，首先建立一个 Figure 对象，再创建一个或多个 Axes 对象，然后添加其他图形元素。

创建新图形的最简单的方法是使用 Pyplot 模块中的 figure()方法，如下例所示。

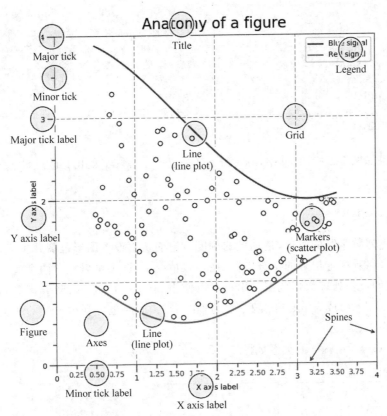

图 7-1　Matplotlib 图形的组成元素

例 7-1　使用 figure()方法创建新图形。

```
In:
    fig = plt.figure()
Out:
    < Figure size 432x288 with 0 Axes >
```

2. 轴(Axes)

轴(Axes)是 Matplotlib API 中重要的类,这是因为轴是大多数对象所在的绘图区域。在创建 Figure 对象之后,在作图前需要创建轴,轴是绘图基准,是图像中带数据空间的区域。如果将 Figure 理解为容器,即画布的载体,则具体的绘图操作是在画纸上完成的,画纸可以理解为子图 Subplot 或更加灵活的子图——轴(Axes)。2D 绘图区域(Axes)包含两个轴线(Axis)对象,如果是 3D 区域,则包含三个。

例 7-2　生成 Figure,并添加轴。

本例首先生成一个空白 Figure,然后创建 1 行 2 列的子图,返回子图的轴对象 ax1 和 ax2。在第 1 个子图的轴对象 ax1 上添加轴线标签 X-Axis 和 Y-Axis,并设置轴线的数据范围:X 为[0,5],Y 为[-2,2]。

```
In:
    fig = plt.figure()                  #生成空白的 Figure 绘图
    ax1 = fig.add_subplot(1,2,1)        #创建1行2列的子图,ax1是第1个子图的轴对象
    ax1.set(xlim = [0, 5], ylim = [-2, 2], title = 'An Example Axes',
    ylabel = 'Y - Axis', xlabel = 'X - Axis')
    ax1.plot([-1.5, 1.1, 1.7, 0.3, -1.2,1.9])
    ax2 = fig.add_subplot(1,2,2) #创建1行2列的子图,ax2是第2个子图的轴对象
    plt.show()
```

运行结果如图 7-2 所示,其中,ax1 和 ax2 分别是 fig.add_subplot()返回子图对应的轴对象。

3. 轴线（Axis）

轴线是类似数字线的对象,是轴上的刻度。它们负责设置图形范围并生成记号(轴上的标记)和记号标签(标记记号的字符串)。在一般情况下,图中可以包含两个或 3 个轴线对象(三维图),它们负责处理数据范围。用户可以使用 plt. axis()或 plt. xlim()等函数设置轴线范围,用 plt. xlabel()或者 plt. ylabel()等为轴线命名,同时也可利用 tick 的相关方法对轴上的刻度进行修改。

Figure、Axes 和 Axis 的关系如图 7-3 所示。

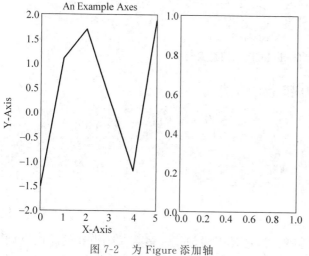

图 7-2　为 Figure 添加轴　　　　图 7-3　Figure、Axes 和 Axis 的关系

例 7-3　设置轴线的实例。

```
In:
    x = np.arange(-101,101,1)
    y = x ** 2
    #设置X和Y轴的取值范围
    plt.axis([-50,100,0,800])
    plt.xlabel('I am X')
    plt.ylabel('I am Y')
    plt.plot(x,y)
```

```
plt.yticks([0,200,400,600,800],
            ['level1','level2','level3','level4','level5'])
plt.show()
```

运行结果如图7-4所示。

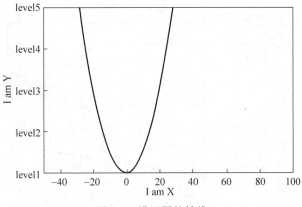

图 7-4　设置图的轴线

4. 其他 Artist

1) 图例(Legend)

图例用于展现图表中的数据组列表,并通过提供线索(线条样式或颜色)来让数据组更易于识别。图例的设置与修改是通过调用 legend()来实现的。

2) 标题(Title)

标题是对整个图表的说明,以方便用户理解整个图表的含义,通过调用 plt.title()方法实现对 Title 内容的设置。

3) 网格(Grid)

有时需要在图形中添加网格,网格线有助于用户看到图表中每个元素的精确值,也方便查看单点之间的对比。但是网格会增加噪声,有时会对观察实际的数据流造成干扰。一般默认状态下无网格线,可以通过调用 grid()方法添加。

4) 图形的主体内容

图形的主体内容是一张图的核心,对于二维图表而言,图形的主体内容可以是点,也可以是线条等。

例 7-4　添加了网格、图例的绘图实例。

```
In:
    x = np.linspace(0, 2, 100)
    plt.plot(x, x, label = 'linear')
    plt.plot(x, x ** 2, label = 'quadratic')
    plt.plot(x, x ** 3, label = 'cubic')
    plt.title('Simple plot')
    plt.xlabel('X label')
    plt.ylabel('Y label')
```

```
plt.legend()       #添加图例
plt.grid()         #添加网格
plt.show()
```

运行结果如图 7-5 所示。

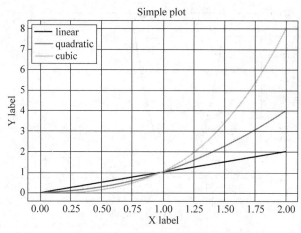

图 7-5　添加网格和图例

7.2.3　Matplotlib 的中文设置

Matplotlib 在默认状态下无法显示中文,在前面的许多例子中各种标题及图例使用的都是英文。若在作图过程中需要显示中文,可以通过下面两种方法进行操作。

1. 借助 rcParams 修改字体实现设置

在 rcParams 中含有 3 个重要属性,其说明如表 7-1。

表 7-1　rcParams 的属性

属　　　性	说　　　明
'font. family'	用于显示字体的名字
'font. style'	字体风格,正常'normal'或斜体 italic
'font. size'	字体大小,整数字号或者'large'、'x-small'

rcParams['font. family']的种类也可以设置多种,具体如表 7-2 所示。

表 7-2　中文字体的种类

中 文 字 体	说　　　明	中 文 字 体	说　　　明
SimHei	中文黑体	FangSong	中文仿宋
KaiTi	中文楷体	YouYuan	中文幼圆
LiSu	中文隶书	STSong	华文宋体

用户可以用下列语句查看 Matplotlib 中默认已经识别到的所有可用字体和对应的文件名,其中 font. name 部分输出的是字体名称,font. fname 部分输出字体文件的路径和文件名。

```
In:
    import matplotlib.pyplot as plt
    from matplotlib import font_manager
    for font in font_manager.fontManager.ttflist:
        #查看字体名以及对应的字体文件名
        print(font.name, ' - ', font.fname)
```

例如,在输出的"KaiTi- - C:\Windows\Fonts\simkai.ttf"中,"KaiTi"为字体名,"C:\Windows\Fonts\simkai.ttf"为对应的字体文件。用户可以用如下语句来使用该字体。

```
plt.rcParams['font.family'] = 'KaiTi'
plt.text(0.5,0.5,'楷体',ha = 'center',fontsize = 50)
```

例7-5　中文显示方法一。

```
In:
    x = np.linspace(-1,1,100)
    y = 2 * x + 1
    plt.plot(x,y,'g','p')
    #设置中文字体和字号
    mpl.rcParams['font.family'] = ['KaiTi']
    mpl.rcParams['axes.unicode_minus'] = False        #设置正常显示符号
    mpl.rcParams['font.size'] = 12
    plt.xlabel('这是 x')
    plt.ylabel('这是 y')
    plt.title('x 和 y 的关系')
    #添加注释
    plt.annotate(r'$ y = 2x + 1 $ ',xy = (0.5,2),xytext = ( + 0.5, + 0.5),
        arrowprops = dict(arrowstyle = ' - >',connectionstyle = 'arc3,rad = .2'))
    plt.show()
```

注意,本例需要通过语句 import matplotlib as mpl 将 Matplotlib 导入为 mpl,运行结果如图 7-6 所示。

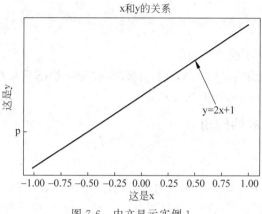

图 7-6　中文显示实例 1

2. 在有中文输出的地方增加一个 fontproperties 属性

例 7-6 中文显示方法二。

```
In:
    x = np.linspace( - 1,1,100)
    y = 2 * x + 1
    plt.plot(x,y,'g','p')
    #设置中文字体和字号
    plt.xlabel('这是 x',fontproperties = 'LiSu',fontsize = 20)
    plt.ylabel('这是 y',fontproperties = 'LiSu',fontsize = 20)
    plt.title('x 和 y 的关系 ',fontproperties = 'LiSu',fontsize = 20)
    plt.annotate(r'$ y = 3x + 2 $ ',xy = (0.5,2),xytext = ( + 0.5, + 0.5),
        arrowprops = dict(arrowstyle = ' - >',connectionstyle = 'arc3,rad = .2'))
    plt.show()
```

运行结果如图 7-7 所示。

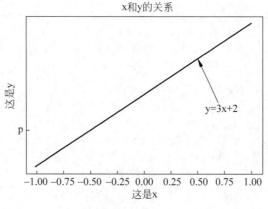

图 7-7　中文显示实例 2

7.3　Pyplot 的使用

在 Matplotlib 模块中,Pyplot 是一个核心的子模块,通过该子模块可以完成很多基本的可视化操作。本章中的许多实例均在此子模块的基础上运行,该子模块的导入如下:

```
import matplotlib.pyplot as plt
```

其中,以 plt 作为 Pyplot 子模块的缩写。

Pyplot 绘图的主要功能是绘制 x,y 的坐标图,在完成绘图后一般情况下是不会自动显示图表的,需要调用 plt.show()方法显示。

7.3.1　plt.plot()函数的使用

1. 基本使用

使用 plt.plot()绘制的主要是线图,其语法格式为 plt.plot(x,y, format_string, ** kwargs)。其中,必要的参数是 x 坐标列表和 y 坐标列表。当 plt.plot()中只有一个输入列表或者数组时,参数会被当作 y 坐标数据,而 x 的坐标列表自动生成索引,默认为[0,1,2,3,…]。

例 7-7 plt.plot()绘制实例。

```
In:
    plt.plot([3,1,4,5,2])
    plt.show()
    plt.plot([0,2,4,6,8],[3,1,4,5,2])
    plt.show()
```

在本例中,plt.plot([3,1,4,5,2])中只有一个输入列表作为参数,则参数被当作 Y 轴数据,X 轴默认为列表[0,1,2,3,4],绘制结果如图 7-8 中的(a)所示。当 plt.plot(x, y)中有两个以上的参数时,则会按照 X 轴和 Y 轴顺序绘制数据点,如图 7-8 中的(b)所示,注意 X 轴数值的变化。

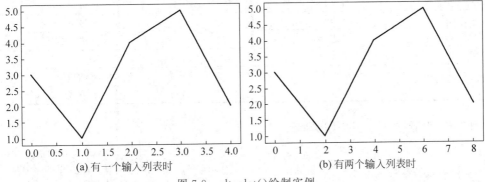

(a) 有一个输入列表时   (b) 有两个输入列表时

图 7-8 plt.plot()绘制实例

除两个必要参数外,plt.plot()还有多个可选参数来设置绘图特征,常用的参数及其含义如表 7-3 所示。

表 7-3 plt.plot()函数的可选参数

参 数	含 义
color	设置线条的颜色,默认为蓝色
linewidth 或 lw	设置线条的宽度,默认为 1.0
linestyle 或 ls	设置线条的样式,默认为实线
label	设置图形名称,一般搭配 legend 属性使用
marker	设置数据点的符号,默认为点

常见的颜色字符(color)如表 7-4 所示,常见的线条样式(linestyle 或 ls)如表 7-5 所示,常用的标记(marker)如表 7-6 所示。

表 7-4 Matplotlib 中的颜色

字 符	颜 色	字 符	颜 色
'b'	蓝色	'g'	绿色
'r'	红色	'c'	青色
'm'	品红色	'y'	黄色
'k'	黑色	'w'	白色

表 7-5　Matplotlib 中的线条样式

字　符	线条样式	字　符	线条样式
'-'	实线	'-.'	点画线
'--'	虚线	':'	点线

表 7-6　Matplotlib 中的标记

字　符	标记类型	字　符	标记类型
'.'	点	','	像素
'o'	圆圈	'v'	下三角 1
'^'	上三角 1	'<'	左三角 1
'>'	右三角 1	'1'	下三角 2
'2'	上三角 2	'3'	左三角 2
'4'	右三角 2	's'	正方形
'p'	五角形	'*'	星号
'h'	六边形样式 1	'H'	六边形样式 2
'+'	加号	'x'	X
'D'	钻石	'd'	薄钻石
'|'	垂直线	'_'	水平线

例 7-8　设置 plot 绘图特征实例。

```
In:
    x = np.linspace(0, 2, 100)
    plt.plot(x, x, label = 'linear',color = 'm',linestyle = '-.')
    plt.plot(x, x ** 2, label = 'quadratic',color = 'g',linestyle = '-')
    plt.plot(x, x ** 3, label = 'cubic',color = 'r',linestyle = '--')
    plt.show()
```

运行结果如图 7-9 所示。

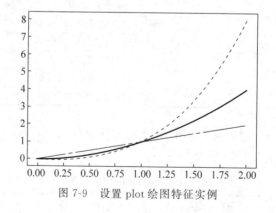

图 7-9　设置 plot 绘图特征实例

2. 添加内容

在上述图表主体内容设置结束后,还可以设置或添加文本内容。常用的添加画布内容
(与所调用)的函数如表 7-7 所示。

表7-7 常用的添加画布内容的函数

函 数	函数的作用
plt.title()	在当前图形中添加标题,可以指定标题的名称、位置、颜色、字体大小等参数
plt.xlabel()	在当前图形中添加 X 轴名称,可以指定位置、颜色、字体大小等参数
plt.ylabel()	在当前图形中添加 Y 轴名称,可以指定位置、颜色、字体大小等参数
plt.xlim()	指定当前图形 X 轴的范围,只能确定一个数值区间,而无法使用字符串标识
plt.ylim()	指定当前图形 Y 轴的范围,只能确定一个数值区间,而无法使用字符串标识
plt.xticks()	指定 X 轴刻度的数目与取值
plt.yticks()	指定 Y 轴刻度的数目与取值
plt.legend()	指定当前图形的图例,可以指定图例的大小、位置和标签
plt.text()	在任意位置增加文本
plt.annotate()	在图形中增加带箭头的注释

例7-9 设置 plot 绘图文本。

```
In:
    x = np.linspace(0, 2, 100)
    plt.plot(x, x, label = 'linear',color = 'm',linestyle = '-.')
    plt.plot(x, x ** 2, label = 'quadratic',color = 'g',linestyle = '-')
    plt.plot(x, x ** 3, label = 'cubic',color = 'r',linestyle = '--')
    plt.title('Simple plot')
    plt.xlabel('X label')
    plt.ylabel('Y label')
    plt.xlim([1,2])
    plt.ylim([1,8])
    plt.xticks([1.0,1.2,1.4,1.6,1.8,2.0],['x1','x2','x3','x4','x5','x6'])
    plt.legend()
    plt.show()
```

运行结果如图7-10 所示。

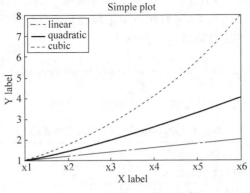

图 7-10 设置 plot 绘图文本

例7-10 为图形添加注释。

```
In:
    x = np.linspace( -1,1,100)
```

```
y = 2 * x + 1
# 作图
plt.plot(x,y,'g')
# X轴标签
plt.xlabel('this is X')
# Y轴标签
plt.ylabel('this is y')
# 图表 Title
plt.title('relation between X and Y')
# 添加注释
plt.annotate(r'$ y = 2x + 1 $ ',xy = (0.5,2),xytext = ( + 0.5, + 0.5),
    arrowprops = dict(arrowstyle = ' - >',connectionstyle = 'arc3,rad = .2'))
plt.show()
```

运行结果如图 7-11 所示。

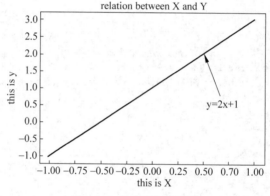

图 7-11　为图形添加注释

解释说明：首先生成 100 个 −1~1 均匀分布的浮点数作为 x 的值，并通过 y＝2x＋1 的映射得到 y 的值。将 x 和 y 的值作为测试数据进行绘图，设置 X 和 Y 轴的取值范围，并为图的横、纵坐标以及标题添加文本，同时在图中添加注释。代码中的 plt. annotate() 函数有多个参数，读者可以结合下述说明进行设置修改。

```
plt.annotate(s, xy = arrow_crd, xytext = text_crd, arrowprops = dict)
```

plt. annotate() 函数中的主要参数及含义如表 7-8 所示。

表 7-8　plt. annotate() 函数的主要参数

参　数	含　义	参　数	含　义
s	代表要注解的字符串	xytext	对应文本所在的位置
xy	对应箭头所在的位置	arrowprops	定义显示的属性

3. 图形的保存

在图形绘制完成后，可以使用 plt. show() 进行显示，也可以使用 plt. savefig() 将其保存。在该函数中可以设置保存路径和文件名、图片的分辨率、边缘的颜色等参数。如果既要显示又要保存,要将 plt. savefig()放在 plt. show()之前,因为在 plt. show()后实际上已经创建了一个新的空白图片,此时再用 plt. savefig()就会保存生成的这个空白图片。

例 7-11 保存图片。

```
In:
      fig = plt.figure(figsize = (12,5))
      ax = fig.add_subplot(111)
      ax.plot(np.random.randn(1000).cumsum(),'r',label = 'one')   #传入 label 参数,定义 label
名称
      ax.plot(np.random.randn(1000).cumsum(),'g--',label = 'two')
      ax.plot(np.random.randn(1000).cumsum(),'b.',label = 'three')
      ax.legend(loc = 'best')          #可以使用 loc = 'best'参数让图例自动选择最佳位置
      plt.savefig('test.jpg', dpi = 600,bbox_inches = 'tight')        #保存图片
```

运行结果如图 7-12 所示。

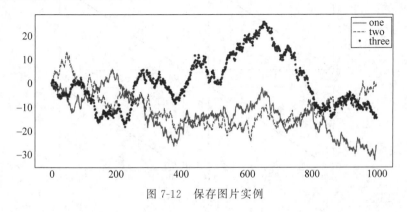

图 7-12 保存图片实例

在 plt. savefig()函数中,参数 fname 为含有文件路径的字符串,扩展名指定文件类型,例如'png'、'pdf'、'svg'、'ps'、'jpg'等;dpi 为分辨率,默认为 100;facecolor 为图像的表面颜色,默认为'auto';bbox_inches 为图表需要保留的部分,如果设置为'tight',则将尝试剪除图像周围的空白部分。

7.3.2 子图

在 Matplotlib 中,不仅可以在一张图形中绘制多条曲线,还可以将一张图分成多个子图进行绘制,这就需要用到子图操作。常用的子图设置方法有使用 plt 的 subplot()方法、plt 的 subplots()方法、fig 的 add_subplot()方法,用户还可以使用 subplot2grid()方法设置复杂的绘图分隔区域。

1. 使用 plt 的 subplot()方法设置子图

plt 的 subplot()方法的参数可以是一个 3 位数字,例如 121,也可以是一个数组,例如 [1,2,1]。其中第 1 个数字代表子图的总行数,第 2 个数字代表子图的总列数,第 3 个数字表示对应图像显示的绘图区域数。

例 7-12 使用 plt 的 subplot()方法绘制子图。

```
In:
    plt.figure()
    plt.subplot(2,2,1)          ♯子图两行两列,共 4 个区域,使用其中第 1 个子图区域绘制
    plt.plot([0,1],[0,1])
    plt.subplot(2,2,2)          ♯使用其中第 2 个子图区域绘制
    plt.plot([0,1],[0,2])
    plt.subplot(2,2,3)          ♯使用其中第 3 个子图区域绘制
    plt.plot([0,1],[0,3])
    plt.subplot(2,2,4)          ♯使用其中第 4 个子图区域绘制
    plt.plot([0,1],[0,4])
    plt.show()
```

运行结果如图 7-13 所示。

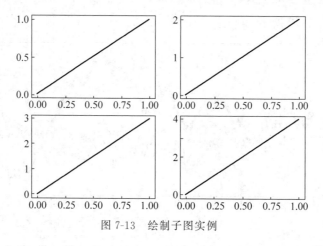

图 7-13 绘制子图实例

解释说明:以 plt.subplot(2,2,1)为例,它是指将绘图区域分为两行两列,共 4 个区域,并在第 1 个区域内作图,其他同上。

使用 plt 的 subplot()方法也可以设置不同大小的绘图区域,如例 7-13 所示。

例 7-13 使用 plt 的 subplot()方法设置不同大小的绘图区域。

```
In:
    plt.figure()
    plt.subplot(2,1,1)          ♯对于第 1 个图而言,是在 2 行 1 列的区域内作图
    plt.plot([0,1],[0,1])
    plt.subplot(2,3,4)          ♯后续 3 张图的位置,从编号 4 开始,表示图一占据 3 列的宽度
    plt.plot([0,1],[0,2])
    plt.subplot(2,3,5)
    plt.plot([0,1],[0,3])
    plt.subplot(2,3,6)
    plt.plot([0,1],[0,4])
    plt.show()
```

运行结果如图 7-14 所示。

解释说明:对于第 1 个图而言,是在 2 行 1 列的区域内作图,当设置后续 3 张图的位置时,从编号 4 开始,表示图一占据 3 列的宽度。

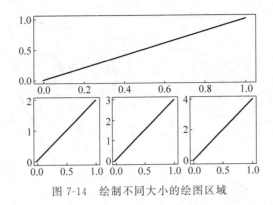

图 7-14 绘制不同大小的绘图区域

2. 使用 plt 的 subplot2grid() 方法设置复杂的绘图分隔区域

有时在实际使用中可能会面临更复杂的绘图分隔区域,使用 plt 的 subplot() 方法不能很好地满足需要,此时需要借助 subplot2grid() 方法,语法为 plt. subplot2grid(GridSpec,CurSpec, colspan=num1,rowspan=num2),其中的参数及含义如表 7-9 所示。

表 7-9 plt 的 subplot2grid() 方法的主要参数

参 数	含 义
GridSpec	设定网格,一般是一个数对,例如(3,2)表示将图划分为 3 行 2 列的网格
CurSpec	选中网格,确定选中行列区域的数量,编号从 0 开始
colspan	表示选中网格跨越的列数,数值为 num1
rowspan	表示选中网格跨越的行数,数值为 num2

例 7-14 设置复杂的绘图分隔区域。

```
In:
    plt.figure()
    plt.subplot2grid((3,3),(0,0),colspan = 3)
    plt.plot([0,1],[0,1])
    plt.subplot2grid((3,3),(1,0),colspan = 2)
    plt.plot([0,1],[0,1])
    plt.subplot2grid((3,3),(1,2),rowspan = 2)
    plt.plot([0,1],[0,1])
    plt.subplot2grid((3,3),(2,0))
    plt.plot([0,1],[0,4])
    plt.subplot2grid((3,3),(2,1))
    plt.plot([0,1],[0,5])
    plt.subplots_adjust(wspace = 0.5,hspace = 0.5)    # 调整子图间的间距
    plt.show()
```

运行结果如图 7-15 所示。

解释说明:创建第 1 个子图,(3,3)表示将整个图像窗口分成 3 行 3 列,(0,0)表示从第 0 行第 0 列开始作图,colspan=3 表示列的跨度为 3,行的跨度为默认,默认跨度为 1;创建

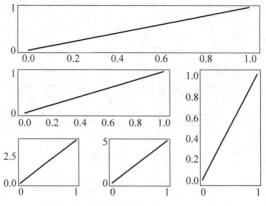

图 7-15　设置复杂的绘图分隔区域

第 2 个子图,(3,3)表示将整个图像窗口分成 3 行 3 列,(1,0)表示从第 1 行第 0 列开始作图, colspan=2 表示列的跨度为 2。后续子图同理。注意,可以使用 subplots_adjust()调整子图间的间距。

3. 使用 plt 的 subplots()方法设置子图

plt 的 subplots()方法返回一个包含 Figure 和 Axes 对象的元组,因此通常使用 fig,ax= plt. subplots()将元组分解为 fig 和 ax 两个变量。如果创建了多个子图,则 ax 可以是一个 Axes 对象的数组。

例如,fig, ax=plt. subplots(m,n,figsize=(a,b))设置了 m×n 个大小为 a×b 的子图, fig 为图像对象,ax 为大小为 m×n 的 Axes 数组。

例 7-15　使用 plt 的 subplots()方法设置子图。

```
In:
    import matplotlib.pyplot as plt
    import matplotlib as mpl
    import numpy as np
    #生成绘图数据
    x = np.linspace(0, 2 * np.pi, 400)
    y = np.sin(x ** 2)
    #设置中文字体和字号
    mpl.rcParams['font.family'] = 'STSong'
    mpl.rcParams['font.size'] = 12
    #创建一个子图
    fig, ax = plt.subplots()
    ax.plot(x, y)
    ax.set_title('创建一个画布和一个子图')
    #创建两个子图,并通过返回的 ax1 和 ax2 访问
    f, (ax1, ax2) = plt.subplots(1, 2, sharey = True)
    ax1.plot(x, y)
    ax1.set_title('与右图共享 Y 轴')
    ax2.scatter(x, y)
    #创建 4 个子图区域并通过数组访问,在其中的第 1 个和第 4 个子图区域绘图
```

```
fig, axs = plt.subplots(2, 2, subplot_kw = dict(polar = True))
axs[0, 0].plot(x, y)
axs[1, 1].scatter(x, y)
plt.suptitle("创建 4 个子图区域")
# fig, ax = plt.subplots(2,3,figsize = (15,5))
```

运行结果如图 7-16 中的(a)、(b)和(c)所示。

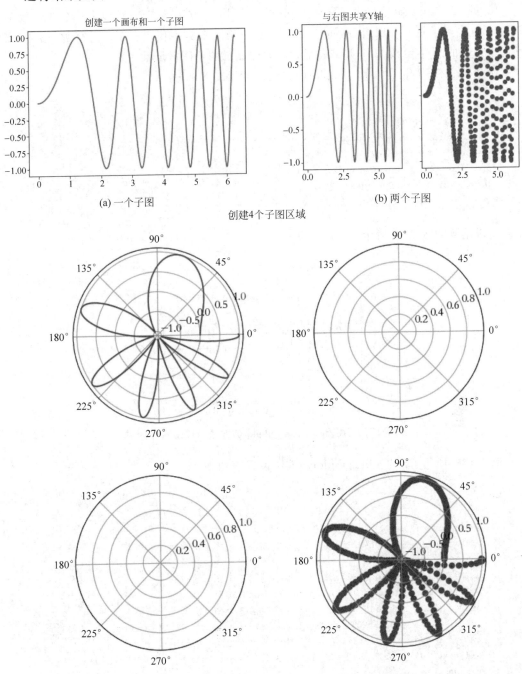

(a) 一个子图

(b) 两个子图

(c) 4个子图区域

图 7-16 使用 plt 的 subplots( )方法设置子图

解释说明：fig,ax＝plt.subplots()创建一个图像对象和一个子图；f,(ax1,ax2)＝plt.subplots(1,2,sharey＝True)创建两个子图,并通过返回的 ax1 和 ax2 来访问；fig,axs＝plt.subplots(2,2,subplot_kw＝dict(polar＝True))创建 4 个子图区域,并通过数组形式访问。

4. 使用 fig 的 add_subplot()方法设置子图

fig 的 add_subplot()方法的参数与 plt 的 subplot()方法的类似,可以是一个 3 位数字,例如 121,也可以是一个数组,例如[1,2,1]。其中第 1 个数字代表子图的总行数,第 2 个数字代表子图的总列数,第 3 个数字表示对应图像显示的绘图区域数。

例 7-16 使用 fig 的 add_subplot()方法设置子图并标号。

```
In:    fig = plt.figure()
       fig.subplots_adjust(hspace = 0.4, wspace = 0.4)
       for i in range(1, 7):
           ax = fig.add_subplot(2, 3, i)
       ax.text(0.5, 0.5, str((2, 3, i)),
           fontsize = 18, ha = 'center')
```

运行结果如图 7-17 所示。

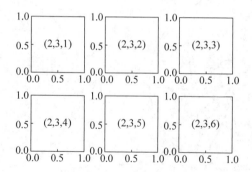

图 7-17 使用 fig 的 add_subplot()方法设置子图并标号

例 7-17 使用 fig 的 add_subplot()方法设置子图。

```
In:    fig = plt.figure()
       x = np.arange(1,100)
       ax1 = fig.add_subplot(221)          #绘制第 1 个图：折线图
       ax1.plot(x,x * x)
       ax2 = fig.add_subplot(222)          #绘制第 2 个图：散点图
       ax2.scatter(np.arange(0,10), np.random.rand(10))
       ax3 = fig.add_subplot(223)          #绘制第 3 个图：饼图
       ax3.pie(x = [15,30,45,10],labels = list('ABCD'),autopct = '% .0f',explode = [0,0.05,0,0])
       ax4 = fig.add_subplot(224)          #绘制第 4 个图：条形图
       ax4.bar([20,10,30,25,15],[25,15,35,30,20],color = 'b')
       plt.show()
```

绘制的图形结果如图 7-18 所示。

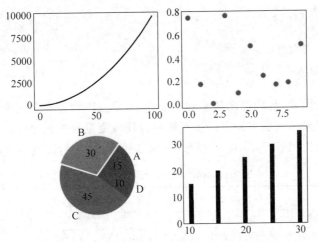

图 7-18 使用 fig 的 add_subplot()方法绘制子图

解释说明：fig.add_subplot(221)表示子图的总行数为 2，总列数也为 2，在第 1 个区域内绘制折线图，在后面 3 个子图中分别绘制散点图、饼图和条形图。

7.4 Pyplot 中的常用图形

在 Matplotlib 中提供了许多绘制图形的函数，包括简单的基础统计图形，例如直方图、气泡图、箱形图等，还有一些高维度的立体图形，例如 3D 图等。表 7-10 给出了 Pyplot 常用的基础图形绘制函数。

表 7-10 Pyplot 常用的基础图形绘制函数

函 数	说 明
plt.plot(x, y, fmt, ⋯)	绘制点图或线形图
plt.boxplot(data, notch, position)	绘制箱形图
plt.bar(left, height, width, bottom)	绘制柱状图
plt.barh(width, bottom, left, height)	绘制一个水平柱状图
plt.polar(theta, r)	绘制极坐标图
plt.pie(data, explode)	绘制饼图
plt.psd(x, NFFT=256, pad_to, Fs)	绘制功率谱密度图
plt.specgram(x, NFFT=256, pad_to, Fs)	绘制谱图
plt.cohere(x, y, NFFT=256, Fs)	绘制 X-Y 的相关性图
plt.scatter(x, y)	绘制散点图，其中 x 和 y 长度相同
plt.step(x, y, where)	绘制步阶图
plt.hist(x, bins, normed)	绘制直方图
plt.contour(X, Y, Z, N)	绘制等值图
plt.vlines()	绘制垂直图
plt.stem(x, y, linefmt, markerfmt)	绘制柴火图
plt.plot_date()	绘制数据日期

下面分别介绍一些常用图形的绘制方法。首先将所需要的模块导入进来。

```
import matplotlib as mpl
import numpy as np
```

7.4.1　散点图

散点图由点集构成,与线形图的不同之处在于,散点图的各点之间不会按照前后关系以线条连接起来。根据两组变量绘制的散点图可以反映变量间的相关性。

散点图的绘制使用 plt. scatter()函数,该函数包含很多参数,主要参数如表 7-11 所示。

表 7-11　plt. scatter()函数的主要参数

参　　数	含　　义
s	点的大小
c	点的颜色,取值可以为'b'、'c'、'g'、'k'、'm'、'r'、'w'、'y'
alpha	点的透明度,取值为 $0\sim1$
marker	点的形状,在默认状态下为'o',常见的还有'v'、'>'、'<'、'*'、's'、'p'、'h'、'x'、'+'

下面结合实例说明 plt. scatter()函数的使用方法。

1. 在不设置任何参数时调用

例 7-18　不设置参数绘制散点图。

```
In:
    plt.scatter(np.arange(5),np.arange(5))
    plt.show()
```

运行结果如图 7-19 所示。

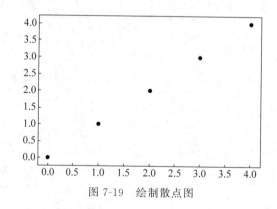

图 7-19　绘制散点图

2. 设置部分参数优化图表

例 7-19　设置部分参数绘制散点图。

```
In:
    # 生成 500 个服从 N(0,1)分布的测试数据
```

```
x = np.random.normal(0,1,500)
y = np.random.normal(0,1,500)
#绘制散点图
plt.scatter(x,y,s=50,c='b',alpha=0.5)
#设置图像的显示区域中x、y的范围
plt.xlim(-2,2)
plt.ylim(-2,2)
#展示生成的散点图
plt.show()
```

运行结果如图 7-20 所示。

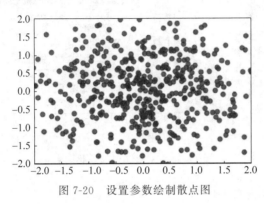

图 7-20 设置参数绘制散点图

7.4.2 柱状图

柱状图主要用于查看各分组数据的数量分布,以及各个分组数据之间的数量比较。

柱状图的绘制使用 plt.bar(x,height,width,bottom=None,*,align='center',data=None,** kwargs)函数,其主要参数如表 7-12 所示。

表 7-12 plt.bar()函数的主要参数

参 数	含 义
x	X轴的数据序列,可以使用 np.arange()函数产生一个序列,也可以是字符串
height	Y轴的数据序列,即柱状图的高度,一般是需要展示的数据
alpha	透明度,值越小越透明
width	0~1 的浮点型数值,表示柱状图的宽度,默认是 0.8
color 或 facecolor	柱状图填充的颜色
edgecolor	图形边缘的颜色
label	解释每个图形代表的含义

例 7-20 绘制简单的柱状图。

```
In:
    x = np.arange(1,9)
    y1 = np.random.randint(1,10,8)
    y2 = np.random.randint(1,10,8)
    width = 0.35
```

```
    label = ['A','B','C','D','E','F','G','H']
    plt.bar(x - width/2, y1, width, label = 'Men', tick_label = label, facecolor =
'lightskyblue', edgecolor = 'white')
    plt.bar(x + width/2, y2, width, label = 'Women',tick_label = label,edgecolor = 'white')
    plt.legend(loc = 'best')
    plt.show()
```

运行结果如图 7-21 中的(a)所示。如果把该例中的 plt.bar()改为 plt.barh(),其他参数不变,则可以绘制如图 7-21 中的(b)所示的水平柱状图。

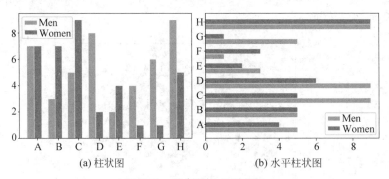

(a) 柱状图   (b) 水平柱状图

图 7-21　绘制简单的柱状图

例 7-21　在柱状图顶部添加数据说明。

```
In:
    mpl.rcParams['font.sans-serif'] = ['SimHei']
    mpl.rcParams['font.size'] = 12
    N = 5                #定义数据长度为5
    x = np.arange(N)
    y1 = [20, 10, 30, 25, 15]
    y2 = [18, 12, 20, 17, 25]
    #添加城市名称
    cities = ("北京", "上海", "武汉", "深圳", "重庆")
    #绘图 X 轴,y1 和 y2 分别为柱状图的高度
    width = 0.4
    plt.bar(x - width/2, y1, width, label = "A 商品", color = 'yellowgreen',tick_label = cities)
    plt.bar(x + width/2, y2, width, label = "B 商品", color = 'cyan',tick_label = cities)
    #添加数据标签,即在柱状图顶部添加数据说明
    for a, b,c in zip(x, y1,y2):
        plt.text(a - width/2, b + 0.1, '%.0f' % b, ha = 'center', va = 'bottom', fontsize = 10)
        plt.text(a + width/2, c + 0.1, '%.0f' % c, ha = 'center', va = 'bottom', fontsize = 10)
    #添加图例
    plt.title('某产品在各城市的销售情况表')
    plt.legend(loc = 'upper left')
    #展示图形
    plt.show()
```

运行结果如图 7-22 所示。

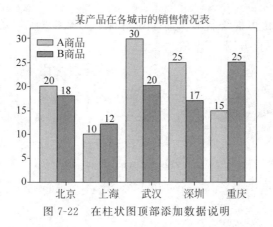

图 7-22 在柱状图顶部添加数据说明

7.4.3 直方图

直方图是一种统计报告图,外观上与柱状图很相似,是常用来展现连续型数据分布特征的统计图形(柱状图主要展现离散型数据的分布)。直方图用长条形的面积表示频数,所以长条形的高度表示频数/组距,宽度表示组距,其长度和宽度均有意义。当宽度相同时,一般用长条形的长度表示频数。

直方图的绘制使用 plt.hist(x, bins＝bins, color＝'b', histtype＝'bar', label＝'label', rwidth＝rwidth)函数,其主要参数如表 7-13 所示。

表 7-13 plt.hist()函数的主要参数

参 数	含 义	参 数	含 义
x	连续型数据的输入值	histtype	柱体的类型
bins	用于确定柱体的个数或者柱体的边缘范围	label	图例的内容
color	柱体的颜色	rwidth	柱体的宽度

例 7-22 绘制简单的直方图。

```
In:
    x = np.random.normal(0,1,500)
    plt.hist(x,10,color = 'm',histtype = 'bar',label = "正态分布")
    plt.show()
```

运行结果如图 7-23 所示。

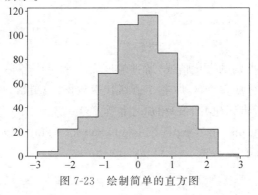

图 7-23 绘制简单的直方图

当有多组数据时,也可以绘制堆积直方图,用来比较数据间的分布差异和分布特征。

例 7-23 绘制堆积直方图。

```
In:
    #设置中文显示
    mpl.rcParams['font.family'] = 'STSong'
    mpl.rcParams['font.size'] = 12
    #测试数据
    score1 = np.random.randint(0,100,100)
    score2 = np.random.randint(0,100,100)
    score = [score1,score2]
    bins = range(0,101,10)
    labels = ['班级 A','班级 B']
    colors = ['m','g']
    #生成图,当参数 stacked 设置为 False 时为默认状态,绘制并排放置的直方图
    plt.hist(score,bins = bins,color = colors,histtype = 'bar',rwidth = 10,stacked = True,label = labels)
    #设置坐标轴标签
    plt.xlabel('成绩')
    plt.ylabel('人数')
    plt.legend(loc = "upper left")
    plt.show()
```

运行结果如图 7-24 中的(a)所示。当参数 stacked 设置为 False 时为默认状态,绘制并排放置的直方图,结果如图 7-24 中的(b)所示。

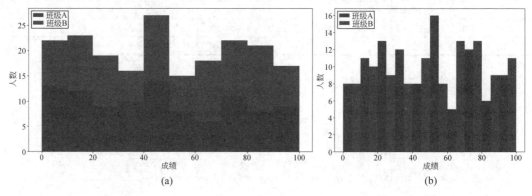

(a)　　　　　　　　(b)

图 7-24　绘制堆积直方图

7.4.4　饼图

饼图用于表示不同类别的占比情况,通过弧度大小来对比各种分类。饼图通过将一个圆饼按照分类的占比划分成多个区块,整个圆饼代表数据的总量,每个区块(圆弧)表示该分类占总体的比例大小,所有区块(圆弧)相加之和等于 100%。

饼图的绘制使用 plt.pie(size,explode,labels,autopct,startangle,shadow,color)函数,其主要参数如表 7-14 所示。

表 7-14 plt. pie()函数的主要参数

参 数	含 义	参 数	含 义
size	各部分的百分比	startangle	第一个饼片逆时针旋转的角度
explode	饼片边缘偏离半径的百分比	shadow	是否绘制饼片的阴影
labels	每部分饼片的文本标签	color	饼片的颜色
autopct	每部分饼片对应数值的百分比样式		

例 7-24 只给定数据绘制饼图。

```
In:
    labels = ['Dell','Lenovo','HP','Apple','ThinkPad','ASUS']
    size = [21,18,15,20,14,12]
    plt.pie(size,labels = labels)
    plt.show()
```

运行结果如图 7-25 所示。

用户也可以将每部分饼片的百分比显示出来,并为表格添加标题。

例 7-25 设置参数绘制饼图。

```
In:
    labels = ['Dell','Lenovo','HP','Apple','ThinkPad','ASUS']
    size = [21,18,15,20,14,12]
    plt.pie(size,labels = labels,startangle = 90,autopct = '%1.1f%%')
    plt.title("不同品牌计算机的销售量占比")
    plt.show()
```

运行结果如图 7-26 所示。

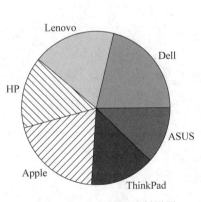

图 7-25 只给定数据绘制饼图

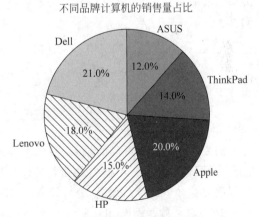

图 7-26 设置参数绘制饼图

例 7-26 设置饼图的参数 explode,强调某几部分饼片的可视性。

```
In:
    labels = ['Dell','Lenovo','HP','Apple','ThinkPad','ASUS']
    size = [21,18,15,20,14,12]
```

```
    plt.pie(size, labels = labels, startangle = 90, autopct = '%1.1f%%', shadow = False,
explode = [0.2,0,0,0.2,0,0])
    plt.title("不同品牌计算机的销售量占比")
    plt.show()
```

有时为了强调某几部分饼片的可视性,可以通过设置参数 explode 来实现。在本例中为强调占比超过 20% 的饼片,设置 explode=[0.2,0,0,0.2,0,0]。其运行结果如图 7-27 所示。

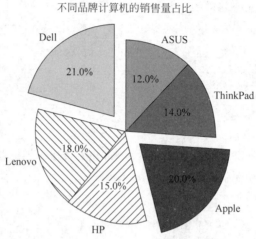

图 7-27 设置参数 explode 绘制饼图

7.4.5　3D 图

Matplotlib 还支持三维立体图形的绘制,使用的函数分别是 ax.plot_surface() 和 ax.scatter(),前者常用来绘制三维面,后者常用来绘制三维立体的点。

例 7-27　绘制 3D 图。

```
In:
    from mpl_toolkits.mplot3d import Axes3D
    fig = plt.figure()
    ax = Axes3D(fig)
    plt.show()
```

首先需要将绘制 3D 图形的模块导入,然后初始化一个 fig,将其放置在 Axes3D 对象中,用于后续图像的绘制。其运行结果如图 7-28 所示。

在创建完成 Axes3D 对象后,分别定义 X、Y、Z 这 3 个维度的数据,并进行绘制。

例 7-28　定义数据绘制 3D 图。

```
In:
    fig = plt.figure()
    ax = Axes3D(fig)
    x = np.arange(-4,4,0.25)
    y = np.arange(-4,4,0.25)
    X,Y = np.meshgrid(x,y)
```

```
R = np.sqrt(X ** 2 + Y ** 2)
Z = np.sin(R)
#传入X、Y、Z这3个参数
ax.plot_surface(X,Y,Z,rstride = 1,cstride = 1,cmap = plt.get_cmap('rainbow'))
plt.show()
```

运行结果如图 7-29 所示。

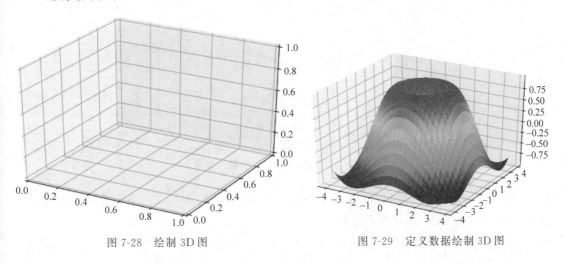

图 7-28　绘制 3D 图　　　　　　　图 7-29　定义数据绘制 3D 图

此外，将代码在 IPython 中运行，可以全方位地观察这一图形。

7.5　本章实战例题

例 7-29　Matplotlib 中常用参数设置实例。本例介绍了使用 matplotlib.pyplot 中的函数设置中文字体和字号、图形的 X 和 Y 轴范围及文本标签等的方法。

```
In:
    import matplotlib as mpl
    import matplotlib.pyplot as plt
    import numpy as np
    x = np.linspace( - 3,3,100)
    y1 = 2 * x + 1
    y2 = x ** 2
    #设置中文字体和字号
    plt.rcParams['font.family'] = ['STFangsong']
    plt.rcParams['font.size'] = 13
    #设置图形中 X 和 Y 轴的范围
    plt.xlim( - 1,2)
    plt.ylim( - 2,3)
    #分别为 X 和 Y 轴增加文本标签
    plt.title('图形中设置中文的实例')
    plt.xlabel('这是 X 轴')
    plt.ylabel('这是 Y 轴')
    plt.plot(x,y1,color = 'red',linewidth = 1.0,linestyle = ' -- ')
```

```
plt.plot(x,y2,color = 'green',linewidth = 1.0,linestyle = '-')
plt.show()
```

运行结果如图 7-30 所示。

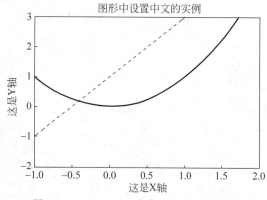

图 7-30　Matplotlib 中常用参数设置实例

例 7-30　使用 matplotlib.axes.Axes.set() 函数设置图形的属性。本例使用 matplotlib.axes.Axes.set() 函数一次性设置图形的属性。

```
In:
    import matplotlib.pyplot as plt
    import numpy as np
    fig, ax = plt.subplots()
    x, y, s, c = np.random.rand(4, 200)
    s *= 200
    #绘制散点图
    ax.scatter(x, y, s, c)
    #设置标签、刻度、标题等属性
    ax.set(xlabel = 'X-Axis', ylabel = 'Y-Axis', xlim = (0, 0.5), ylim = (0, 0.5),title =
    'matplotlib.axes.Axes.set() Function Example')
    ax.grid()
    plt.show()
```

运行结果如图 7-31 所示。

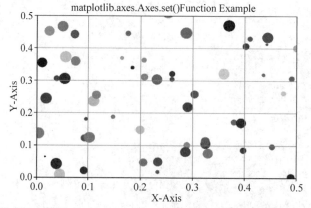

图 7-31　使用 matplotlib.axes.Axes.set() 函数设置图形的属性

例 7-31　某地区 2000—2017 年的旅游业数据分析与可视化。

随着人们生活水平的提高和时代的发展,旅游受到越来越多的人喜爱,将我国旅游业的发展推入新的时代。下面结合某地区 2000—2017 年的旅游人次与费用分析国内旅游业的发展。

案例需求:

以城乡居民的旅游人次变化,结合所学的作图工具,得出旅游业的发展变化趋势。

数据准备:

该数据库中收集了 2000—2017 年某地区旅游业的相关信息,并将其整理到名为 Tour.xlsx 的文件中,具体数据见表 7-15。

表 7-15　某地区 2000—2017 年的旅游业相关数据

统计年份	国内旅游总人次	城镇居民国内旅游人次	农村居民国内旅游人次	国内旅游总花费	城镇居民国内旅游花费	农村居民国内旅游花费	国内旅游人均花费	城镇居民国内旅游人均花费	农村居民国内旅游人均花费
2000	744	329	415	3175.54	2235.26	940.28	426.6	678.6	226.6
2001	784	375	409	3522.37	2651.68	870.69	449.5	708.3	212.7
2002	878	385	493	3878.36	2848.09	1030.27	441.8	739.7	209.1
2003	870	351	519	3442.27	2404.08	1038.19	395.7	684.9	200
2004	1102	459	643	4710.71	3359.04	1351.67	427.5	731.8	210.2
2005	1212	496	716	5285.86	3656.13	1629.73	436.1	737.1	227.6
2006	1394	576	818	6229.7	4414.7	1815	446.9	766.4	221.9
2007	1610	612	998	7770.6	5550.4	2220.2	482.6	906.9	222.5
2008	1712	703	1009	8749.2959	5971.7459	2777.55	511.0313	849.3618	275.28
2009	1902	903	999	10183.7	7233.8	2949.9	535.4	801.1	295.3
2010	2103	1065	1038	12579.77	9403.81	3175.96	598.2	883	306
2011	2641	1687	954	19305.39	14808.61	4496.78	731	877.8	471.4
2012	2957	1933	1024	22706.2	17678	5028.2	767.9	914.5	491
2013	3262	2186	1076	26276.1	20692.6	5583.5	805.5	946.6	518.9
2014	3611	2483	1128	30311.86	24219.76	6092.11	839.7	975.4	540.2
2015	4000	2802	1188	34195.1	27610.9	6584.2	857	985.5	554.2
2016	4440	3195	1240	39390	32241.3	7147.8	888.2	1009.1	576.4
2017	5001	3677	1324	45660.77	37673	7987.7	913	1024.6	603.3

由表 7-15 可知,表格中含有统计年份、国内旅游人次、城镇居民国内旅游人次、农村居民国内旅游人次、国内旅游总花费和国内旅游人均花费等数据。

案例实现:

以旅游人次的变化来分析旅游业的发展变化趋势,只需在读入文件后分别为相关的自变量与因变量赋值,然后作图即可。

```
In:
    import matplotlib.pyplot as plt
    import numpy as np
    import pandas as pd
    #中文显示
    plt.rcParams['font.family'] = 'STSong'
    plt.rcParams['font.size'] = 12
```

```
#导入数据
df = pd.read_excel('./data/Tour.xlsx')
#读入数据
x = df['统计年份']
#取出'国内旅游总人次'、'城镇居民国内旅游人次'及'农村居民国内旅游人次'3列数据
y = df.iloc[:,1:4]
#获取这3列的列名
y_names = y.columns.tolist()
#设置X轴的范围
plt.xlim(2000,2017)
#设置3列数据的线条颜色和线条形状
y_colors = ['g','r','b']
y_markers = ['o','+','*']
for i in range(0,3):
    plt.plot(x,y.iloc[:,i],color = y_colors[i],marker = y_markers[i],label = y_names[i])
plt.title("国内某地区旅游人次变化图")
plt.xlabel("统计年份")
plt.ylabel("旅游人次")
plt.legend()
plt.show()
```

运行结果如图 7-32 所示。

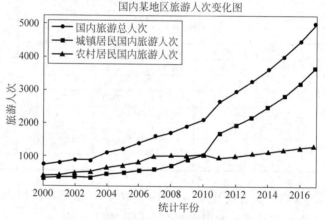

图 7-32　国内某地区旅游人次变化图

从生成的折线图可知,国内某地区的旅游总人次随年份呈现出明显的上升趋势,可见旅游业一直处于高速发展的进程中,图中显示城镇居民国内旅游人次的变化趋势与总体趋势大致相同,而农村居民国内旅游人次的增长较为缓慢。由此可见国内旅游业的发展主要依赖于城镇居民的旅游人次。此特点也可由其他的特征得出,请读者自行练习。

例 7-32　某高校 3 个专业的高考入学分数的可视化分析。

案例需求:

分别以折线图和柱状图等形式分析某高校计科、材料、物流专业学生的高考入学分数情况。

数据准备：

该数据集名为"gaokaofenshu.xlsx"，记录了某高校计科、材料、物流 3 个专业的高考分数。

案例实现：

```
In:
    import pandas as pd
    import matplotlib as mpl
    import matplotlib.pyplot as plt
    #读取数据文件
    df1 = pd.read_excel('./data/gaokaofenshu.xlsx',header = 0,index_col = '学号')
    zy = ['计科','材料','物流']
    #设置中文字体和字号
    mpl.rcParams['font.family'] = 'STSong'
    mpl.rcParams['font.size'] = 12
    #绘制高考入学分数分析的折线图
    fig = plt.figure(dpi = 100)
    ax1 = fig.add_subplot(3,1,1)
    ax2 = fig.add_subplot(3,1,2)
    ax3 = fig.add_subplot(3,1,3)
    plt.subplots_adjust(hspace = 0.8)        #调整子图的间距
    #将 3 个专业的分数分别放到 d1、d2 和 d3
    d1 = df1[df1['专业'] == zy[0]]['入学分数']
    d2 = df1[df1['专业'] == zy[1]]['入学分数']
    d3 = df1[df1['专业'] == zy[2]]['入学分数']
    ax1.plot(d1,'c * -')
    ax1.set_title(zy[0])
    ax1.set_ylabel('分数')
    ax2.plot(d2,'m. -.')
    ax2.set_title(zy[1])
    ax2.set_ylabel('分数')
    ax3.plot(d3,'g:')
    ax3.set_title(zy[2])
    ax3.set_ylabel('分数')
    plt.show()
    #绘制高考入学分数分析的柱状图
    dmean = df1.groupby(['专业']).mean().reset_index()
    print(dmean)
    plt.ylim([530,570])
    plt.yticks([530,550,570])
    plt.title('各专业的平均分数')
    plt.bar(dmean['专业'],dmean['入学分数'])
    #设置 bar 上的数值
    for x,y in zip(dmean['专业'],dmean['入学分数']):
        plt.text(x, y + 0.05, '%.2f' % y, ha = 'center', va = 'bottom',fontsize = 11)
```

运行结果如图 7-33 所示。

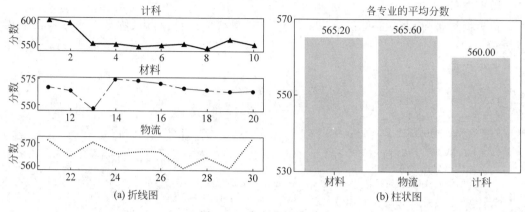

图 7-33　高考分数分析图

在图 7-33 中(a)所示的折线图中,首先设置 3 个子图区域,再分别绘制各专业 10 名同学的成绩。在图 7-33 中(b)所示的柱状图中,首先用 DataFrame 的 groupby(['专业']).mean()得到各专业入学成绩的平均分,然后用 plt.text()将各专业的高考平均成绩显示在柱状图上。

例 7-33　Netflix 电视节目和电影数据的可视化分析。

案例需求:

对于 Netflix 列出的电视节目和电影数据进行可视化分析,该数据集包括截至 2019 年 Netflix 上提供的电视节目和电影数据。

数据准备:

该数据集名为"netflix_titles.csv",数据集由 Flixable 收集,Flixable 是一个第三方 Netflix 搜索引擎,可以从 Kaggle 网站下载数据。

由图 7-34 可知,数据中含有节目 id、类型、标题、导演、演员阵容、国家、加入日期、发行年份、所属分级、节目时长、题材、描述等字段。

	A	B	C	D	E	F	G	H	I	J	K	L	M
1	show_id	type	title	director	cast	country	date_added	release_	rating	duration	listed_in	description	
2	81145628	Movie	Norm of the North	Richard F	Alan Marr	United Sta	9-Sep-19	2019	TV-PG	90 min	Children &	Before planning an	
3	80117401	Movie	Jandino: Whatever it Takes	Jandino A	United Kin	9-Sep-16	2016	TV-MA	94 min	Stand-Up	Jandino Asporaat ri		
4	70234439	TV Show	Transformers Prime	Peter Cul	United Sta	8-Sep-18	2013	TV-Y7-FV	1 Season	Kids' TV	With the help of th		
5	80058654	TV Show	Transformers: Robots in Di	Will Frie	United Sta	8-Sep-18	2016	TV-Y7	1 Season	Kids' TV	When a prison ship		
6	80125979	Movie	#realityhigh	Fernando	Nesta Coop	United Sta	8-Sep-17	2017	TV-14	99 min	Comedies	When nerdy high sch		
7	80163890	TV Show	Apaches		Alberto Ar	Spain	8-Sep-17	2016	TV-MA	1 Season	Crime TV S	A young journalist	
8	70304989	Movie	Automata	Gabe Ibón	Antonio B	Bulgaria,	8-Sep-17	2014	R	110 min	Internatio	In a dystopian futu	
9	80164077	Movie	Fabrizio Copano:	Rodrigo T	Fabrizio C	Chile	8-Sep-17	2017	TV-MA	60 min	Stand-Up	Fabrizio Copano tak	
10	80117902	TV Show	Fire Chasers			United Sta	8-Sep-17	2017	TV-MA	1 Season	Docuserie:	As California's 201	
11	70304990	Movie	Good People	Henrik Rub	James Fran	United Sta	8-Sep-17	2014	R	90 min	Action & A	A struggling couple	
12	80169755	Movie	Joaquín Reyes: Ur	José Migue	Joaquín Reyes		8-Sep-17	2017	TV-MA	78 min	Stand-Up	Comedian and celebr	
13	70299204	Movie	Kidnapping Mr. He	Daniel Alf	Jim Sturge	Netherlan	8-Sep-17	2015	R	95 min	Action &	When beer magnate A	
14	80182480	Movie	Krish Trish and Baltiboy		Damandeep Singh Bag	8-Sep-17	2009	TV-Y7	58 min	Children &	A team of minstrels		
15	80182483	Movie	Krish Trish and E	Munjal Sh	Damandeep Singh Bag	8-Sep-17	2013	TV-Y7	62 min	Children &	An artisan is cheat		
16	80182596	Movie	Krish Trish and E	Munjal Sh	Damandeep Singh Bag	8-Sep-17	2016	TV-Y	65 min	Children &	A cat, monkey and d		
17	80182482	Movie	Krish Trish and E	Tilak She	Damandeep Singh Bag	8-Sep-17	2012	TV-Y7	61 min	Children &	In three comic-stri		
18	80182597	Movie	Krish Trish and E	Tilak She	Rishi Gambhir, Smit	8-Sep-17	2017	TV-Y7	65 min	Children &	A cat, monkey and d		
19	80182481	Movie	Krish Trish and Baltiboy:	Damandeep Singh Bag	8-Sep-17	2010	TV-Y7	58 min	Children &	Animal minstrels na			
20	80182621	Movie	Krish Trish and E	Munjal Sh	Damandeep Singh Bag	8-Sep-17	2013	TV-Y7	60 min	Children &	The consequences of		
21	80057969	Movie	Love	Gaspar No	Karl Glusr	France, Be	8-Sep-17	2015	NR	135 min	Cult Movie	A man in an unsatis	
22	80060297	Movie	Manhattan Romance	Tom O'Bri	Tom O'Bri	United Sta	8-Sep-17	2014	TV-14	98 min	Comedies,	A filmmaker working	

图 7-34　截至 2019 年 Netflix 上提供电视节目和电影数据

案例实现：

```
In:
    import numpy as np
    import pandas as pd
    import matplotlib as mpl
    import matplotlib.pyplot as plt
    #输出 Matplotlib 库的版本
    print(f"Matplotlib Version : {mpl.__version__}")
    mpl.rcParams['font.family'] = 'FangSong'
    mpl.rcParams['font.size'] = 12
    #读入数据并显示前 10 行
    data = pd.read_csv("./data/netflix_titles.csv")
    data.head(10)
    #用饼图显示 Movie 和 TV Show 所占的比例
    plt.figure(figsize = (12,6))
    plt.title("各类节目所占的比例",size = 18)
    data['type'].value_counts().plot.pie(startangle = 0,autopct = '%1.1f%%')
    #用水平柱状图显示排名前 10 的电影题材
    plt.figure(figsize = (12,6))
    plt.title("排名前 10 的电影题材",size = 18)
    data[data["type"] == "Movie"]["listed_in"].value_counts()[:10].plot(kind = "barh",
color = 'pink')
    #用柱状图显示排名前 5 的电影分级类别
    plt.figure(figsize = (12,6))
    plt.title("排名前 5 的电影分级类别",size = 18)
    movies = data[data['type'] == 'Movie']
    movies['rating'].value_counts()[:5].plot(kind = 'bar')
    #用柱状图显示 Netflix 上不同年份上映的电影数排序统计
    plt.figure(figsize = (12,6))
    plt.title("Netflix 上不同年份上映的电影数排序统计")
    movies = data[data['type'] == 'Movie']
    movies["release_year"].value_counts()[:20].plot(kind = "bar",color = "green")
    #电影发行年份的直方图显示
    plt.figure(figsize = (12,6))
    plt.title("电影发行年份的直方图")
    movies['release_year'].hist()
    #用水平柱状图显示排名前 10 的导演 TV Show 作品数
    plt.figure(figsize = (12,6))
    plt.title("排名前 10 的导演 TV Show 作品数")
    tv_shows = data[data['type'] == 'TV Show']
    tv_shows['director'].value_counts()[:10].plot(kind = 'barh',color = 'brown')
```

运行结果如图 7-35 所示。

图 7-35 中的(a)~(f)分别用不同的图形显示了对 Netflix 电视节目和电影数据的分析结果。图(a)用饼图显示了 Movie 和 TV Show 所占的比例,图(b)用水平柱状图显示排名前 10 的电影题材,图(c)用柱状图显示排名前 5 的电影分级类别,图(d)用柱状图显示 Netflix 上不同年份上映的电影数据统计,图(e)用直方图显示了电影的发行年份,图(f)用水平柱状图显示了排名前 10 的导演 TV Show 作品数。

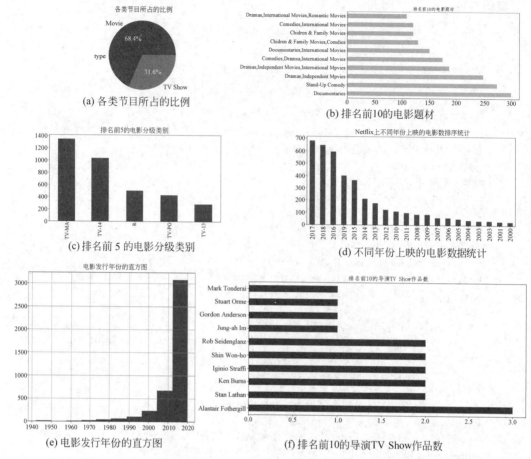

图 7-35　Netflix 电视节目和电影数据分析图

7.6　本章小结

　　Matplotlib 是 Python 中常用的数据可视化的第三方模块，常与 NumPy 和 Pandas 一起使用，实现数据分析中的可视化功能。

　　本章结合实例介绍了 Matplotlib 中的基础与功能，读者需要重点掌握的内容包括 Matplotlib 的主要特性、Matplotlib 的常用可视化操作、Matplotlib 与 NumPy 和 Pandas 的综合应用等。

7.7　本章习题

　　1. 做出如图 7-36 所示的线形图，其中 x 为 1～10 的整数，分别用 1～4 倍的 x 作为 y 值，画出 4 条直线。

　　2. 做出如图 7-37 所示的饼图，标签分别为'frogs'、'cats'、'dogs'和'rabbits'，所占的百分比分别为 15％、30％、45％和 10％。

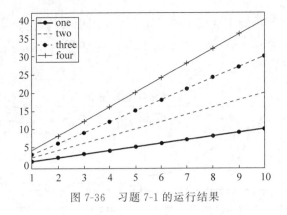

图 7-36　习题 7-1 的运行结果

3. 读取"jiuye.xlsx"文件中本年度某高校计科专业学生的就业数据,绘制就业类型和占比的饼状图,运行结果如图 7-38 所示。

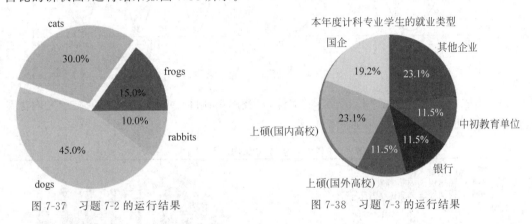

图 7-37　习题 7-2 的运行结果　　　　　图 7-38　习题 7-3 的运行结果

4. 绘制如图 7-39 所示的不规则子图。第一个子图为折线图,x 为 np.arange(1,100),y 为 x 的平方值。第二个图为三点图,x 为 np.arange(0,10),y 为 np.random.rand(0,10)。第三个图为柱状图,x 和 y 的值分别是[20,10,30,25,15]和[25,15,35,30,20],运行结果如图 7-39 所示。提示:第一行的两个图占了 221 和 222 的位置,如果想在下面只放一个图,需要把第 3 个子图所在行的两列当成一列,即 2 行 1 列第 2 个位置。

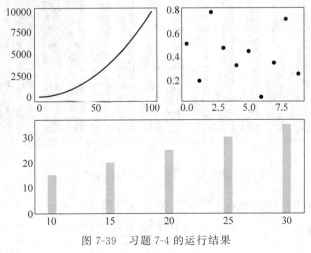

图 7-39　习题 7-4 的运行结果

5. 绘制如图 7-40 所示的不规则子图。在 3 个子图中 x 均为 0～10 均匀分布的 100 个浮点数,第一个子图 y 为 sin(x),第二个子图 y 为 cos(x),第三个子图 y 为 cos(2x),运行结果如图 7-40 所示。

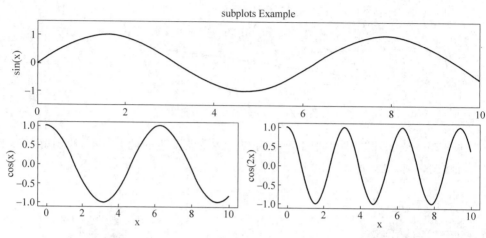

图 7-40   习题 7-5 的运行结果

6. 读取 data 目录下的"Tour.xlsx"文件,对我国某地区 2000—2017 年的旅游人均花费进行分析与可视化,运行结果如图 7-41 所示。

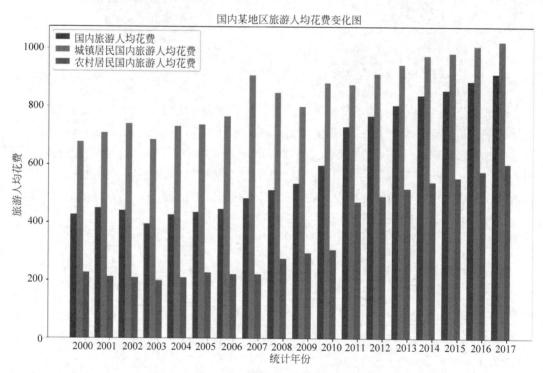

图 7-41   习题 7-6 的运行结果

7. 读取"gaokaofenshu.xlsx"文件中 3 个专业的高考入学分数,作出如图 7-42 所示的折线图和柱状图,分析 3 个专业的高考入学分数的分布情况。

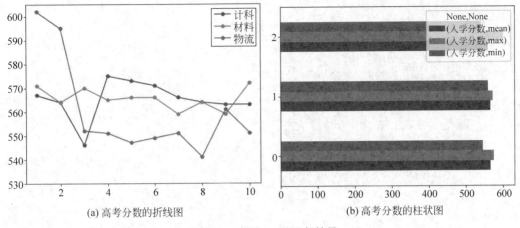

(a) 高考分数的折线图   (b) 高考分数的柱状图

图 7-42 习题 7-7 的运行结果

第三部分　数据挖掘理论与算法应用

第 **8** 章

分　类

在实际的数据挖掘应用中,经常需要根据历史数据及其分类结果对另一部分数据进行所属类别的预测。本章首先对分类问题进行概述,然后重点介绍基于有监督学习的分类预测模型,包括决策树、朴素贝叶斯、支持向量机、梯度提升决策树等算法的原理及其在Python 中的实现,最后结合实例介绍分类算法的应用。

本章要点:
- 了解分类的基本概念。
- 熟悉分类算法的评价指标。
- 理解常用分类算法的原理及过程。
- 掌握 Python 中常用分类模型的应用。

8.1　分类概述

8.1.1　分类的基本概念

分类(Classification)是数据挖掘中的一类重要算法,在各行各业中有着广泛的应用,例如使用各项身体检查数据将人群区分为某种疾病的患者与非患者,分析电子邮件标题和内容等信息将邮件分为垃圾邮件与非垃圾邮件,网络营销中的客户群分类等。分类和回归是预测问题的两种主要类型,分类主要是预测分类标号(离散、无序的),而回归主要是建立连续值函数模型,预测给定自变量的条件下因变量的值。

对于分类问题,一般是根据已知类别的训练样本集数据构建和训练分类模型(分类器),然后利用该分类模型预测未知类别数据所属的类别,从而实现将数据集中的样本划分到各个类别中。换而言之,分类模型通过学习训练样本中属性集与类别之间的关系来预测新样本所属的类别,分类结果称为类标签。

根据类标签的数据种类可以将分类任务划分为二分类和多分类。对于二分类问题,机器学习算法是方便实现的,且一些算法模型既适用于回归问题,也适用于分类问题。对于多分类问题,即训练集中包含多个分类,基本思路是将多分类任务拆解为若干个二分类任务求解。其拆分原则主要有两种,一种是一对一拆分原则,即将训练集中的 N 个类别两两匹配,每次使用两个类别的数据训练分类器,从而产生 N(N−1)/2 个二分类器。在预测时,将样本提交给所有的分类器,得到了 N(N−1)/2 个结果,最终属于哪个类别通过投票产生。这一原则的特点是分类器较多,且每个分类器在训练时只使用了两个类别的样本数据。另一种是一对多拆分原则,即每次将一个类作为样例的正例,其他所有均作为反例,得到 N 个分类器。在预测时,若有一个分类器为正类,则为该类别;若有多个分类器为正类,则选择置信度最高的分类器识别的类别。这一原则较上一个原则而言,分类器较少,而且在训练每个分类器时利用了全部训练集数据。

分类算法通常包括"训练"和"分类"两个主要步骤:第一步,建立一个分类模型,使用已知分类标签的数据样本进行模型的参数调节等训练,训练的结果是产生一个分类模型,这一步通常称为"训练"或"学习"阶段,所使用的数据常称为"训练集";第二步,使用分类模型对测试数据或将来的预测数据集进行分类,这一步通常称为"分类"阶段,如图 8-1 所示。

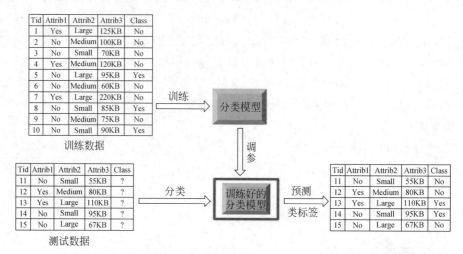

图 8-1 分类预测的基本步骤

8.1.2 常用的分类算法

常用的分类算法有多种,单一的分类方法主要包括 KNN(K-近邻)、朴素贝叶斯、决策树、人工神经网络、支持向量机等,还可以将几种分类方法组合成集成学习算法,以达到减小方差(bagging)、减小偏差(boosting)或改进预测(stacking)的效果。常用的分类算法及其优/缺点如表 8-1 所示。

表 8-1 常用的分类算法及其优/缺点

算法名称	优　点	缺　点
决策树	适合高维数据;简单,易于理解;相对较短时间内可处理大量数据并获得效果良好的结果;能够同时处理数值型和类别型属性	易于过拟合;忽略特征之间的相关性
逻辑回归	速度快;简单,易于理解,可直接得到各个特征的权重;易吸收新数据更新模型	特征处理复杂,需要归一化和较多的特征工程
神经网络	分类准确率高;并行处理能力强;分布式存储和学习能力强;鲁棒性较强,不易受噪声影响	需要大量参数(网络拓扑、阈值等);结果难解释;训练时间较长

续表

算法名称	优　点	缺　点
朴素贝叶斯	所需估计的参数少,对于缺失数据不敏感;有着坚实的数学基础,以及稳定的分类效率	需要假设特征之间相互独立;需要知道先验概率;分类决策存在错误率
支持向量机	可以解决小样本下机器学习的问题;泛化性能较高;可以解决高维、非线性及超高维文本分类问题;避免神经网络结构选择和局部极小的问题	对缺失数据敏感;内存消耗大,难以解释;运行和调参比较复杂
KNN	思想简单,理论成熟,既可以用来做分类也可以用来做回归;可用于非线性分类;训练时间复杂度为 O(n);准确度高,对数据没有假设	计算量大;对于样本分类不均衡的情况会产生误判;需要大量的内存

8.1.3　分类算法的评价指标

一般来说,分类或预测模型对训练集进行预测所得出的准确率并不能很好地反映模型未来的性能。为了有效判断一个分类或预测模型的性能表现,需要一组没有参与预测模型训练的数据集,并在该数据集上评价预测模型的准确率,但准确率并不是评价分类算法的唯一指标。通常将学习方法对未知数据的预测能力称为泛化能力。

评价指标是评估模型性能优劣的定量指标。一种评价指标只能反映模型的一部分性能,如果选择的评价指标不合理,那么可能会得出错误的结论。为评估分类算法的好坏,需要了解各种评价指标,并在实际应用中根据具体的数据、模型选取合适的评价指标。

1. 混淆矩阵

许多二元分类算法都基于可信标签对分类的性能进行衡量,所有这些指标的衡量方式都是基于“真正(负)”和“假正(负)”的概念。其中,“正(负)”用来代表类,“真(假)”用来表示预测类和真实类是否相同。例如,“真正类”是指预测类与真实类相同,且均为正向类。

混淆矩阵是有监督学习中的一种可视化工具,主要用于比较分类结果和实例的真实信息。在混淆矩阵中包含以下 4 类数据。

(1) 真正类 TP(True Positive):实际为正例,且被分类器划分为正例的实例数。

(2) 假正类 FP(False Positive):实际为负例,但被分类器划分为正例的实例数。

(3) 假负类 FN(False Negative):实际为正例,但被分类器划分为负例的实例数。

(4) 真负类 TN(True Negative):实际为负例,且被分类器划分为负例的实例数。

对于二分类问题,混淆矩阵如表 8-2 所示。

表 8-2　混淆矩阵

实际的类	预测的类		
	正　例	负　例	合　计
正例	真正类 TP	假负类 FN	P
负例	假正类 FP	真负类 TN	N
合计	P′	N′	

在表 8-2 中,P 是正例数,N 是负例数,P'表示被分类器标记为正的实例数(TP+FP),N'表示被分类器标记为负的实例数(TN+FN),实例的总数为 TP+TN+FP+FN=P+N=P'+N'。

2. 常用的性能指标

常用的分类算法评价指标有准确率(accuracy)、精准率(precision)、召回率(recall)、F1值以及 ROC 曲线等。

准确率是常用的评价指标,但在分类和预测任务中,有时模型的准确率高并不一定代表模型的分类或预测效果好。当数据样本不均衡时,单一准确率指标不能评价分类模型的优劣。例如,在癌症患者的预测中,若有 99 个样本是阴性 negative,一个样本是阳性 positive,如果分类模型把所有的样本都预测为阴性 negative,则该模型的准确率(accuracy)为 99%。虽然该模型的准确率很高,但实际上该模型没有任何分类能力,因为模型把所有样本都预测为阴性,并不能按希望将阳性预测出来。此时应结合召回率或其他评价指标进行评价,其中召回率表示查全率,即不想漏掉任何一个癌症患者。

因此,当数据类的分布比较均衡时,准确率的评价效果最好,当数据类的分布不均衡时,应结合其他指标对模型进行评价,例如灵敏度(或召回率)、特异性、精确率及 F1 值等。除以上评价指标外,还有 ROC、P-R 等评价分类模型的重要曲线,用户可根据实际情况加以应用。

1) 准确率

准确率(accuracy)指分类器预测正确的样本数占总样本的百分比。其具体公式为:

$$\text{accuracy} = \frac{\text{TP} + \text{TN}}{\text{P} + \text{N}} \tag{8-1}$$

2) 错误率

错误率(error rate)指分类器预测错误的样本数占总样本的百分比。其具体公式为:

$$\text{error rate} = \frac{\text{FP} + \text{FN}}{\text{P} + \text{N}} = 1 - \text{accuracy} \tag{8-2}$$

3) 灵敏度

灵敏度(sensitivity)指正例样本中实际为正例的比例,即正确识别的正例样本的百分比。灵敏度可用于衡量分类器对正例样本的分类能力。其具体公式为:

$$\text{sensitivity} = \frac{\text{TP}}{\text{P}} \tag{8-3}$$

4) 特异性

特异性(specificity)指负例样本中实际为负例的比例,即正确识别的负例样本的百分比。特异性可用于衡量分类器对负例样本的分类能力。其具体公式为:

$$\text{specificity} = \frac{\text{TN}}{\text{N}} \tag{8-4}$$

5) 精确率

精确率(precision)指分类器预测为正例的样本中实际为正例的百分比,精确率又称为查准率,即正例预测正确的比例。其具体公式为:

$$precision = \frac{TP}{TP + FP} \tag{8-5}$$

6）召回率

召回率（recall）的效果同灵敏度，指在实际为正例的样本中被预测为正样本的百分比。召回率又称为查全率，即正例被预测出来的比例。其具体公式如下：

$$recall = \frac{TP}{TP + FN} \tag{8-6}$$

7）f1值

精确率和召回率往往不能兼顾，一般来说，当模型的精确率高时召回率往往偏低，反之亦然，因此在评价分类模型时常使用f1值（f1-score）指标。

f1值是精确率和召回率的调和平均值，反映了模型的稳健性。其具体公式如下：

$$f1 = \frac{2 \times precision \times recall}{precision + recall} \tag{8-7}$$

f1-score兼顾了精确率和召回率，并使用二者的调和平均值而非算术平均来评价模型。这是因为在算术平均中任何一方对数值增长的贡献相当，任何一方对数值下降的责任也相当；而调和平均在增长的时候会偏袒较小值，也会惩罚精确率和召回率相差巨大的极端情况，很好地兼顾了精确率和召回率。

8）ROC曲线

接收器工作特征（Receiver Operating Characteristic，ROC）曲线可以使分类器的性能可视化。ROC曲线的横轴是负正类率FPR（False Positive Rate），可用1-特异度表示，含义为在所有实际为阴性的样本中被错误地判断为阳性的比率，即FPR＝FP/(FP＋TN)。ROC曲线的纵轴是真正类率TPR（True Positive Rate），又称灵敏度，含义为在所有实际为阳性的样本中被正确地判断为阳性的比率，即TPR＝TP/(TP＋FN)。

分类算法在对样本进行分类时，一般都会有置信度阈值（threshold），即表示该样本是正样本的概率，比如99％的概率认为样本A是正例，1％的概率认为样本B是正例。通过选择合适的阈值，比如50％，对样本进行划分，则概率大于50％的就认为是正例，小于50％的就认为是负例。

使用不同的阈值（threshold）多次评估模型，再把样本集预测结果计算得到的所有（FPR,TPR）点绘制并连接起来，就得到了ROC曲线。在将阈值（threshold）设置为1和0时，分别可以得到ROC曲线上的(0,0)和(1,1)两个点。图的左上角是"理想"点——假阳性率为0，真阳性率为1。ROC曲线的示例如图8-2所示。

一般来说，分类阈值（threshold）取值越多，ROC曲线越平滑，但这样做效率非常低。有一种基于排序的高效算法可以为用户提供此类信息，这种算法称为AUC（Area Under Curve）。AUC被定义为ROC曲线下的面积，显然这个面积的数值不会大于1。又由于ROC曲线一般都处于y＝x这条直线的上方，所以AUC的取值范围为0.5～1。由于在很多情况下ROC曲线并不能清晰地说明哪个分类器的效果更好，所以可以结合使用AUC值作为分类器的评价标准，一般而言，对应AUC数值更大的分类器的效果更好。

9）P-R曲线

P-R（Precision-Recall）曲线就是精确率precision与召回率recall曲线，以召回率recall作为横坐标轴，以精确率precision作为纵坐标轴。

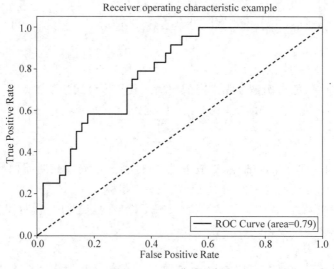

图 8-2　ROC 曲线示例

在绘制 P-R 曲线时,对于所有的正样本,设置不同的阈值,模型预测所有的正样本并计算对应的精确率和召回率。模型与坐标轴围成的面积越大,则模型的性能越好。若一个模型的 P-R 曲线被另一个模型的曲线完全"包住",则后者的性能优于前者,例如图 8-3 中模型 A 的性能优于模型 C。如果两个模型的 P-R 曲线发生了交叉,则需要比较 P-R 曲线下面积的大小,例如模型 A 和模型 C。一般来说,曲线下的面积难以估算,所以衍生出了"平衡点" BEP(Break-Event Point),它是"精确率=召回率"时的取值,即 P=R 时的取值,平衡点的取值

越高,性能越优。但 BEP 还是过于简化,更常用的是前面提到的 F1 度量。

在正负样本数差距不大的情况下,P-R 曲线或者 ROC 曲线都能进行模型的评估,效果相差也不大。但当正例样本的个数严重少于负例样本的个数时,与 ROC 曲线相比,P-R 曲线能够更加直观地表现模型之间的差异。

注意,如要使用 sklearn. metrics. RocCurveDisplay 中的方法绘制 ROC 曲线,需要将 scikit-learn 升级到 scikit-learn 1.0 以上的版本,可用 pip install --upgrade scikit-learn 进行升级。

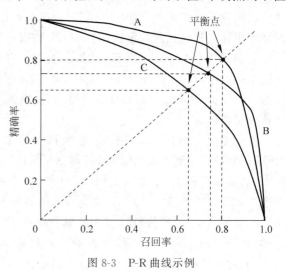

图 8-3　P-R 曲线示例

8.2　分类的理论知识

8.2.1　信息熵

信息是抽象概念,可以说信息"很多"或"很少",但却很难说清楚信息到底有多少,例如

很难说一本《时间简史》中有多少信息。因此,信息量的衡量对描述信息是非常重要的。直到 1948 年,香农(Claude Shannon)用从热力学中引入的熵概念解决了信息的度量量化问题,得到信息量的数学公式。

$$h(x) = -\log_2 p(x) \tag{8-8}$$

在上式中,$p(x)$ 表示信息发生的可能性,发生的可能性越大,概率越大,则信息越少,通常将这种可能性称为不确定性。负号是为了确保信息一定是正数或零。由此引出信息熵。

将有可能产生的信息定义为一个随机变量,信息熵就是变量的期望,可用来衡量信息的不确定性,计算公式如下:

$$Infor(x) = -p(x) \times \log_2 p(x) \tag{8-9}$$

信息熵具有可加性,即多个期望信息,计算公式如下:

$$Infor(X) = -\sum_{i=1}^{m} p(x_i) \times (\log_2 p(x_i)) \tag{8-10}$$

8.2.2 信息增益

信息增益是在信息熵的基础上提出的,它表示某一特征的信息对类标签的不确定性减少的程度,常被用来构造决策树或是特征选择,信息增益越大,则这个特征的选择性越好。在概率中,信息增益定义为待分类的集合的信息熵和选定某个特征的条件熵之差,计算公式如下:

$$g(D \mid A) = Infor(D) - Infor(D \mid A) \tag{8-11}$$

$Infor(D|A)$ 是在特征 A 给定条件下对数据集合 D 进行划分所需要的期望信息,它的值越小表示分区的纯度越高,计算公式如下:

$$Infor(D \mid A) = \sum_{j=1}^{n} \frac{|D_j|}{|D|} \times Info(D_j) \tag{8-12}$$

其中,n 是数据分区数,$|D_j|$ 表示第 j 个数据分区的长度,$\frac{|D_j|}{|D|}$ 表示第 j 个数据分区的权重。

下面给出一个计算实例帮助读者理解信息增益。表 8-3 是带有标记类的训练集 D,训练集的列是一些特征,表中最后一列的类标签为是否购买计算机,有两个不同的取值(是或否),计算按照每个特征进行划分的信息增益。

表 8-3 购买计算机的训练集

ID	年　　龄	收　　入	是否为学生	信 用 等 级	购买计算机
1	<30	高	否	一般	否
2	<30	高	否	好	否
3	30~40	高	否	一般	是
4	>40	中等	否	一般	是
5	>40	低	是	一般	是
6	>40	低	是	好	否
7	30~40	低	是	好	是
8	<30	中	否	一般	否
9	<30	低	是	一般	是
10	>40	中	是	一般	是

ID	年　　龄	收　　入	是否为学生	信用等级	购买计算机
11	<30	中	是	好	是
12	$30\sim40$	中	否	好	是
13	$30\sim40$	高	是	一般	是
14	>40	中	否	好	否

计算步骤如下：

（1）从表 8-3 中可知，数据集一共有 14 条数据，$|D|=14$，其中购买计算机的人数为 9，没有购买的人数是 5，由古典概率得相应的概率值，可计算 D 的信息熵。

$$\text{Infor}(D) = -\frac{9}{14}\times\log_2\frac{9}{14} - \frac{5}{14}\times\log_2\frac{5}{14} = 0.940$$

（2）设 A 代表年龄，B 代表收入，C 代表是否为学生，E 代表信用等级，根据各个特征进行划分结果如下，以特征 A 为例，有 3 个分区，小于 30 的样本是 5 个，$30\sim40$ 的样本是 4 个，大于 40 的样本是 5 个，分别计算 3 个分区的信息熵后，求特征 A 的条件熵。

$$\text{Infor}(D\mid A) = \frac{5}{14}\times\left(-\frac{3}{5}\log_2\frac{3}{5} - \frac{2}{5}\log_2\frac{2}{5}\right) + \frac{4}{14}\times\left(-\frac{4}{4}\log_2\frac{4}{4} - \frac{0}{4}\log_2\frac{0}{4}\right) +$$

$$\frac{5}{14}\times\left(-\frac{2}{5}\log_2\frac{2}{5} - \frac{3}{5}\log_2\frac{3}{5}\right) = 0.694$$

（3）计算信息增益。

$$g(D\mid A) = \text{Infor}(D) - \text{Infor}(D\mid A) = 0.940 - 0.694 = 0.246$$

对于其他特征下的信息增益，读者可练习计算。

8.2.3　基尼系数

基尼系数也是一种衡量信息不确定性的方法，与信息熵计算出来的结果差距很小，基本可以忽略，但是基尼系数的计算要快得多，因为没有对数，公式如下：

$$\text{Gini}(D) = 1 - \sum_{i=1}^{N}\left(\frac{|D_i|}{|D|}\right)^2 \tag{8-13}$$

其中，N 表示数据集中样本的类型数量，$\frac{|D_i|}{|D|}$ 表示第 i 类样本的数量占总样本数量的比例。基尼系数的性质同信息熵，Gini 越大，数据的不确定性越高，反之，不确定性越低，当 Gini 等于 0 时，数据集中的所有样本都是同一类别。

8.3　决策树

8.3.1　决策树的基本概念

决策树（Decision Tree）又称为判定树，是一类非参数的监督式学习方法，它既可以用作分类算法，也可以用作回归算法，前者常用来处理离散变量，后者常用来处理连续变量。算法的目标是通过推断数据特征，学习决策规则，创建一个预测目标变量的模型。它是在已知各种情况发生概率的基础上，通过构成决策树来求净现值的期望值大于或等于 0 的概率，评价项目风险,判断其可行性的决策分析方法,是直观运用概率分析的一种图解法。由于决策树一般都是自上而下生成的,每个决策后事件(即自然状态)都可能引出两个或多个事件,导致结果不同,把这种结构分支画成形状很像一棵树的枝干,故称为决策树。

决策树是一种树形结构,树中每个结点表示某个对象,每个分叉路径代表某个可能的属性值,而每个叶子结点对应从根结点到这一叶子结点所经过的路径表示的对象的值。结点主要有内部结点和叶子结点两种,其中,内部结点表示一个特征个别属性或一个属性上的测试,每个叶子结点代表一种类别,每个分支代表内部结点测试的分类结果。

一棵决策树的生成过程主要分为以下几个步骤:

(1)特征选择。特征选择是指从训练数据众多的特征中选择一个特征作为当前结点的分裂标准,而如何选择特征有着很多不同量化评估标准,从而衍生出不同的决策树算法。

(2)决策树的生成。根据选择的特征评估标准,从上至下递归地生成子结点,直到数据集不可再分则停止决策树的生成。

(3)剪枝。决策树过于针对训练数据,容易过拟合,一般来说需要剪枝,缩小树结构的规模、缓解过拟合。

剪枝技术有预剪枝和后剪枝两种。预剪枝是通过提前停止树的构建而对树剪枝,一旦停止,结点就是树叶。常见的方法一般有预设树的高度、预设增益值的阈值等。在构造决策树的同时进行剪枝,使得部分分支没有展开,有利于降低过拟合的风险,同时显著地减少决策树的训练时间开销和测试时间。后剪枝是指先从训练集中生成一棵完整决策树,允许树过度拟合训练数据,然后从决策树的底部往上进行剪枝,将置信度不够的结点子树用叶子结点来代替,该叶子的类标号用该结点子树中最频繁的类标记。由于后剪枝过程是在生成完全决策树后进行的,并且要自下往上地对树中的非叶子结点逐一进行考察计算,所以训练期间的消耗比预剪枝决策树要大得多,而且训练时间也较长。

在20世纪70年代后期和80年代初期,机器学习研究者J. Ross Quinilan提出了ID3算法以后,决策树在机器学习、数据挖掘领域得到极大的发展。随后,J. Ross Quinilan在ID3算法的基础上做了一些改进,提出了C4.5算法,成为新的监督学习算法的性能比较基准。在C4.5之后,几位统计学家提出了CART分类算法,这也是人们现在实践中最常用的决策树。ID3、C4.5和CART的简单对比如表8-4所示。

表8-4　几种常见算法的简单对比

算法	支持的模型	树结构	特征选择	连续数据	剪枝
ID3	分类	多叉树	信息增益	不支持	不支持
C4.5	分类	多叉树	信息增益比	支持	支持
CART	分类与回归	二叉树	基尼系数 均方差	支持	支持

决策树适用于数值型和标称型(离散型数据,变量的结果只在有限目标集中取值),能够读取数据集合,提取特征数据中蕴含的规则。在分类问题中使用决策树模型有很多的优点,决策树的计算复杂度不高,便于使用,而且高效,决策树可处理具有不相关特征的数据,可很容易地构造出易于理解的规则,而规则通常易于解释和理解。决策树模型也有一些缺点,比如处理缺失数据时的困难、过拟合以及忽略数据集中属性之间的相关性等。

8.3.2 决策树的算法过程

C4.5 算法、CART 算法以及集成算法都是基于 ID3 算法的改进,因此本节首先介绍决策树的基础——ID3 算法,它也是最经典的决策树分类算法之一。

ID3 算法的核心是在决策树的各个结点上应用信息增益准则选择特征递归地构建决策树,具体的算法流程如图 8-4 所示。

上述流程图中的设定条件一般有几种,当且仅当下列条件之一成立时停止。

(1) 当某种分类中目标属性只有一个值。

(2) 当分到某类的时候,目标属性的所有值中某个值的比例达到了阈值(人为控制)。

ID3 算法的不足之处也比较明显,一是 ID3 算法对于缺失值和连续特征没有进行考虑;二是 ID3 算法没有考虑过拟合的情况;三是其以信息增益作为划分训练数据集的特征,存在偏向于选择取值较多的特征的问题。基于以上不足,后续的 C4.5 算法、CART 算法进行改进,实现对决策树算法的不断完善。

8.3.3 scikit-learn 中决策树的应用

sklearn.tree 模块中的 DecisionTreeClassifier 类用于实现决策树,其构造方法的主要参数如表 8-5 所示。

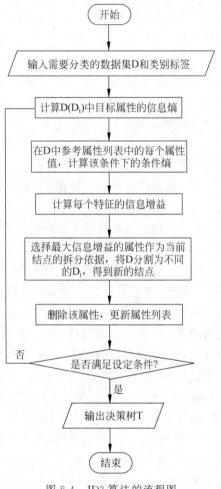

图 8-4 ID3 算法的流程图

表 8-5 DecisionTreeClassifier 类的构造方法的主要参数

参　　数	含　　义
criterion	选择结点划分质量的度量标准,默认使用'gini',即基尼系数,基尼系数是 CART 算法中采用的度量标准。该参数还可设置为'entropy',表示信息增益,这是 C4.5 算法中采用的度量标准
splitter	用于在每个结点上进行拆分的策略,当设为'best'时选择最佳分割,当设为'random'时选择最佳随机分割。其默认使用'best'
max_depth	整型,设置决策树的最大深度,设为 None 表示不对决策树的最大深度作约束,直到每个叶子结点上的样本均属于同一类,也可指定一个整型数值来设置树的最大深度。其默认为 None
min_samples_split	整型或浮点型,当对一个内部结点进行划分时,要求该结点上的最小样本数。其默认为 2

例 8-1　使用 sklearn 中的 iris(鸢尾花)数据集说明决策树的应用。

数据集说明：iris 是一个经典的多分类数据集,其中包含 150 条数据,分为 3 类(Setosa、Versicolour 和 Virginica),每类各 50 条数据。每条数据都有 4 个特征和一个分类标签,特征分别是花萼长度(sepal_length)、花萼宽度(sepal_width)、花瓣长度(petal_length)和花瓣宽度(petal_width),可用 4 个特征来预测鸢尾花所属的类别。

首先导入需要的包和数据。

```
In:
    from sklearn.datasets import load_iris
    from sklearn import tree
    from sklearn.model_selection import train_test_split
    from sklearn.metrics import accuracy_score
    iris = load_iris()
```

然后对导入的数据进行特征划分,y 表示数据集的标签,X 代表每一行除标签以外的特征。

```
X = iris.data
y = iris.target
```

用 train_test_split()函数将数据随机划分为训练子集和测试子集,并返回划分好的训练集样本、测试集样本、训练集标签和测试集标签。

```
X_train, X_test, y_train, y_test = train_test_split(X, y, test_size = 0.3, random_state = 100, stratify = y)
```

用 DecisionTreeClassifier()方法构造决策树并设置参数,并用训练数据训练模型。

```
clf = tree.DecisionTreeClassifier(class_weight = None, criterion = 'gini', max_depth = 2,
max_features = None, max_leaf_nodes = None,
min_impurity_decrease = 0.0, min_samples_leaf = 1, min_samples_split = 2,
min_weight_fraction_leaf = 0.0, random_state = None, splitter = 'best')
clf.fit(X_train, y_train)
```

用训练好的模型对测试集数据进行预测,并输出准确率。

```
y_pred = (clf.predict(X_test))
print("The Accuracy Score of DecisionTree is: % .2f" % (accuracy_score(y_test, y_pred) * 100))
```

输出的准确率如下：

```
Out:
    The Accuracy Score of DecisionTree is:93.33
```

结果显示,决策树的准确率为 93.33%。

若安装了 Graphviz 库,可以使用 graphviz 包对决策树进行可视化,代码如下：

```
In:
    import graphviz
```

```
dot_data = tree.export_graphviz(clf, out_file = None,
feature_names = iris.feature_names,class_names = iris.target_names,filled = True, rounded = True,
special_characters = True)
graph = graphviz.Source(dot_data)
graph.render("output_iris_graph_pdf")
```

生成的决策树保存为 PDF 文件,如图 8-5 所示。

在新版的 scikit-learn 中,可以使用 tree.plot_tree()方法进行决策树的可视化,无须额外安装 Graphviz 等库。

In:
```
tree.plot_tree(clf)
```

绘制出的决策树如图 8-6 所示。

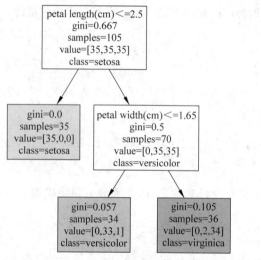

图 8-5 iris 数据的决策树模型

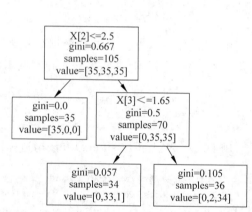

图 8-6 使用 tree.plot_tree()绘制的决策树模型

另外还可以结合 Matplotlib,并添加设置特征和分类名称等属性的代码,使绘制出的决策树具有更好的可解读性。例如可以使用下面的代码绘制出类似图 8-5 所示的决策树。

In:
```
import matplotlib.pyplot as plt
fig, axes = plt.subplots(nrows = 1,ncols = 1,figsize = (4,4), dpi = 300)
tree.plot_tree(clf,feature_names = iris.feature_names,
class_names = iris.target_names,filled = True)
fig.savefig('iris_decision_tree.png')
```

8.4 朴素贝叶斯分类器

8.4.1 朴素贝叶斯分类器的基本介绍

贝叶斯分类法是统计学分类方法,它可以预测类隶属关系的概率。例如一个给定元组属于一个特定类的概率,通过某些特征计算各个类别的概率,从而实现分类。贝叶斯分类基于贝叶斯定理,其中朴素贝叶斯分类是在贝叶斯分类的基础上假定一个属性值在给定类上的概率独立于其他属性的值。

贝叶斯定理是关于随机事件 A 和 B 的条件概率的一则定理。这个定理解决了人们在现实生活中经常遇到的问题:已知某条件概率,如何得到两个事件交换后的概率,也就是在已知 $P(A|B)$ 的情况下如何求得 $P(B|A)$。贝叶斯定理之所以有用,是因为人们在生活中经常遇到这种情况:可以很容易直接得出 $P(A|B)$,但 $P(B|A)$ 很难直接得出,而人们更关心 $P(B|A)$。

这里涉及先验概率和后验概率两个概念,其中先验概率(prior probability)是指现有数据根据以往的经验和分析得到的概率,即全概率 $P(A)$ 或 $P(B)$;后验概率(posterior probability)指事情已经发生,要求这件事情发生的原因是由某个因素引起的可能性的大小,即条件概率 $P(B|A)$。

朴素贝叶斯分类(Naive Bayesian classification,NBC)模型发源于古典数学理论,有着坚实的数学基础,以及稳定的分类效率。NBC 简单地假定特征之间相互独立,并为所有特征赋予相同的权重(重要性程度),即该算法假定没有任何一个特征与另一个特征相关或影响另一个特征。同时,NBC 模型所需估计的参数很少,对缺失数据不太敏感,算法也比较简单。理论上,NBC 模型与其他分类方法相比具有最小的误差率。但实际上并非总是如此,这是因为 NBC 模型假设属性之间相互独立,这个假设在实际应用中往往是不成立的,这给 NBC 模型的正确分类带来了一定的影响。朴素贝叶斯分类模型具有如下优点和缺点。

朴素贝叶斯分类模型的主要优点:

(1) 朴素贝叶斯分类模型发源于古典数学理论,有着稳定的分类效率。

(2) 对小规模的数据表现很好,能处理多分类任务,适合增量式训练,尤其是数据量超出内存时可以一批批地去增量训练。

(3) 对缺失数据不太敏感,算法也比较简单,常用于文本分类。

朴素贝叶斯分类模型的主要缺点:

(1) 朴素贝叶斯分类模型假设属性之间相互独立,这个假设在实际应用中往往是不成立的,在属性个数比较多或者属性之间相关性较大时分类效果不好,而在属性之间相关性较小时,朴素贝叶斯分类的性能最为良好。

(2) 需要知道先验概率,且先验概率很多时候取决于假设,假设的模型可以有很多种,因此在某些时候会由于假设的先验模型的原因导致预测效果不佳。

(3) 由于模型是通过先验和数据来决定后验的概率从而决定分类,所以分类决策存在一定的差错率。

(4) 对输入数据的表达形式很敏感。

8.4.2　朴素贝叶斯分类器的算法过程

朴素贝叶斯法对条件概率的分布做了条件独立性的假设,这是一个较强的假设,朴素贝叶斯也由此得名。这一假设使得朴素贝叶斯法变得简单,但有时会牺牲一定的分类准确率。贝叶斯公式如下:

$$P(B \mid A) = \frac{P(A \mid B)P(B)}{P(A)} \tag{8-14}$$

转化为分类问题可表示为：

$$P(类别 \mid 特征) = \frac{P(特征 \mid 类别)P(类别)}{P(特征)} \tag{8-15}$$

在实际当中往往具有多个特征 $A_i(A_1, A_2, \cdots)$，贝叶斯公式扩展为：

$$P(B \mid A_i) = \frac{P(A_i \mid B)P(B)}{P(A)} \tag{8-16}$$

又因为各特征属性是条件独立的：

$$P(A_i \mid B) = P(A_1 \mid B)P(A_2 \mid B)\cdots P(A_i \mid B) \tag{8-17}$$

由于朴素贝叶斯假设特征之间相互独立，那么分母对于所有类别均为常数，所以只要将分子最大化即可，求解在此特征条件下各个类别出现的概率，哪个最大，就认为此待分类项属于哪个类别。

整个朴素贝叶斯分类分为 3 个阶段，如图 8-7 所示。

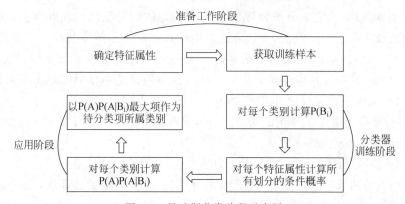

图 8-7　贝叶斯分类阶段示意图

第一阶段：准备工作阶段。这个阶段的任务是为朴素贝叶斯分类做必要的准备，主要工作是根据具体情况确定特征属性，并对每个特征属性进行适当划分，然后由人工对一部分待分类项进行分类，形成训练样本集合。这一阶段的输入是所有待分类数据，输出是特征属性和训练样本。这一阶段是整个朴素贝叶斯分类中唯一需要人工完成的阶段，其质量将对整个过程有重要影响，分类器的质量在很大程度上由特征属性、特征属性划分及训练样本质量决定。

第二阶段：分类器训练阶段。这个阶段的任务是生成分类器，主要工作是计算每个类别在训练样本中的出现频率及每个特征属性划分对每个类别的条件概率估计，并将结果记录。其输入是特征属性和训练样本，输出是分类器。这一阶段是机械性阶段，由程序完成。

第三阶段：应用阶段。这个阶段的任务是使用分类器对待分类项进行分类，其输入是分类器和待分类项，输出是待分类项与类别的映射关系。这一阶段也是机械性阶段，由程序完成。

8.4.3　scikit-learn 中朴素贝叶斯分类器的应用

朴素贝叶斯是一类比较简单的算法，scikit-learn 中朴素贝叶斯类库的使用也比较简单。一共有 3 个朴素贝叶斯的分类算法，分别是 GaussianNB、MultinomialNB 和 BernoulliNB（导入示例：from sklearn. naive_bayes import GaussianNB)。这 3 个算法适用的分类场景各不相同：
GaussianNB 是先验为高斯分布的朴素贝叶斯，一般来说，如果样本特征的分布大部分是连续值，使用 GaussianNB 会比较好；MultinomialNB 是先验为多项式分布的朴素贝叶斯，如果样本特征的大部分是多元离散值，使用 MultinomialNB 比较合适；BernoulliNB 是先验为伯努利分布的朴素贝叶斯，如果样本特征是二元离散值或者很稀疏的多元离散值，应该使用 BernoulliNB。

例 8-2 使用搜狗实验室的新闻数据说明朴素贝叶斯分类算法的应用。

首先导入需要的包并读入数据。

```
In:
    import pandas as pd
    import jieba
    df_news = pd. read_table('./data/val. txt', names = ['category', 'theme', 'URL', 'content'],
encoding = 'utf - 8')
    df_news = df_news.dropna()
    df_news. head()
```

然后对数据进行预处理。

```
    print(df_news. shape)
    df_news = df_news.dropna()
    content = df_news.content. values. tolist()
    print (content[1000])
```

对数据进行分词处理。

```
    content_S = []
    for line in content:
        current_segment = jieba. lcut(line)
        if len(current_segment) > 1 and current_segment != '\r\n':        #换行符
            content_S. append(current_segment)
    print(content_S[1000])
```

读入停用词表 stopwords. txt，并定义函数 drop_stopwords()，对数据进行去停用词处理。

```
    df_content = pd. DataFrame({'content_S':content_S})
    print(df_content. head())
    stopwords = pd. read_csv("./data/stopwords. txt", index_col = False, sep = "\t", quoting = 3,
names = ['stopword'], encoding = 'utf - 8')
    def drop_stopwords(contents, stopwords):
        contents_clean = []
        all_words = []
        for line in contents:
            line_clean = []
            for word in line:
                if word in stopwords:
```

```
                        continue
                line_clean.append(word)
                all_words.append(str(word))
                contents_clean.append(line_clean)
        return contents_clean,all_words
        #print(contents_clean)
contents = df_content.content_S.values.tolist()
stopwords = stopwords.stopword.values.tolist()
contents_clean,all_words = drop_stopwords(contents,stopwords)
df_content = pd.DataFrame({'contents_clean':contents_clean})
print(df_content.head())
```

构造训练集特征及学习模型。

```
df_train = pd.DataFrame({'contents_clean':contents_clean,'label':df_news['category']})
df_train.label.unique()
label_mapping = {"汽车": 1, "财经": 2, "科技": 3, "健康": 4, "体育":5, "教育": 6,"文
化": 7,"军事": 8,"娱乐": 9,"时尚": 0}
df_train['label'] = df_train['label'].map(label_mapping)
#构造训练集特征及学习模型
from sklearn.model_selection import train_test_split
from sklearn.feature_extraction.text import CountVectorizer
from sklearn.naive_bayes import MultinomialNB
x_train,x_test,y_train,y_test = train_test_split(df_train['contents_clean'].values,df_
train['label'].values, random_state = 1)
words = []
for line_index in range(len(x_train)):
    try:
        words.append(' '.join(x_train[line_index]))
    except:
        print(line_index,word_index)
vec = CountVectorizer(analyzer = 'word', max_features = 4000,lowercase = False)
vec.fit(words)
classifier = MultinomialNB()
classifier.fit(vec.transform(words), y_train)
```

构造测试集特征并预测。

```
test_words = []
for line_index in range(len(x_test)):
    try:
        test_words.append(' '.join(x_test[line_index]))
    except:
        print(line_index,word_index)
classifier.score(vec.transform(test_words), y_test)
```

输出结果为：

```
Out:
0.804
```

由于本实例使用的新闻数据属于文本类型,在学习模型之前需要进行数据预处理,包括分词、去停用词、构造特征工程等。本实例中模型的准确率为80.4%。

8.5 支持向量机

8.5.1 支持向量机简介

支持向量机(Support Vector Machines,SVM)是一种二分类模型,是一种基于统计学习理论的算法。1992年,SVM由Vapnik等第一次在文献中给出描述,它将最大化分类间隔的思想和基于核的方法结合在一起,发展成为一种新型的结构化学习方法,能很好地解决有限数量样本的高维模型的构造问题。因其所构造的模型具有良好的推广性能和较好的分类精确性受到众多研究人员的重视。目前,支持向量机主要应用在模式识别领域中的文本识别、中文分类、人脸识别等方面;同时也应用到许多工程技术和信息过滤等方面。

支持向量机有着显著的优势:一方面,它是专门针对有限样本情况的,其目标是得到现有信息下的最优解,而不仅仅是样本数目趋于无穷大时的最优值;另一方面,算法最终转化为一个二次型寻优问题。从理论上说得到的将是全局最优解,解决了其他算法中无法避免的局部极值问题。此外,该算法将实际问题通过非线性变换到高维的特征空间,在高维空间中构造线性判别函数以替换原空间中的非线性判别函数,这样能保证机器有较好的推广能力,同时它巧妙地解决了维数问题,使算法复杂度与样本维数无关。

与此同时,随着SVM的快速发展与应用,SVM仍存在一些亟待解决的问题:一是训练大规模数据集的问题,如何解决训练速度与训练样本规模间的矛盾,测试速度与支持向量数目间的矛盾,找到对大规模样本集有效的训练算法和分类实现算法,仍是未很好解决的问题;二是多类分类问题的有效算法与SVM优化设计问题,尽管训练多类SVM问题的算法已被提出,但用于多类分类问题时的有效算法、多类SVM的优化设计仍是一个需要进一步研究的问题。

8.5.2 支持向量机的算法过程

支持向量机的基本模型是定义在特征空间上的间隔最大的线性分类器,间隔最大使它有别于感知机。SVM还包括核技巧(核函数),这使它成为实质上的非线性分类器。SVM的学习策略就是间隔最大化,可形式化为一个求解凸二次规划的问题,也等价于正则化的合页损失函数的最小化问题。SVM的学习算法就是求解凸二次规划的最优化算法。在理解算法推导之前首先介绍什么是支持向量。

在二维空间上,两类点被一条直线完全分开叫作线性可分。其严格的数学定义是:D_0和D_1是n维欧氏空间中的两个点集。如果存在n维向量w和实数b,使得所有属于D_0的点x_i都有$wx_i+b>0$,而对于所有属于D_1的点x_i有$wx_i+b<0$,则称D_0和D_1线性可分。线性可分示意图如图8-8所示。

在从二维扩展到多维空间中时,将D_0和D_1完全正确地划分开的$wx+b=0$就成了一个超平面。为了使这个超平面更具鲁棒性,可以找到最佳超平面,即以最大间隔把两类样本分

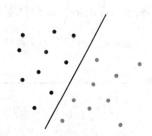

图8-8 线性可分示意图

开的超平面,也称之为最大间隔超平面。这样,两类样本分别分割在该超平面的两侧,而且两侧距离超平面最近的样本点到超平面的距离达到最大化。通常称样本中距离超平面最近的点为支持向量,称对应的超平面两边的距离之和为"间隔"(margin),最高的误差容忍度即最大间隔。

SVM的基本思想是,在给定训练集的条件下,基于数据所在的样本空间寻找一个超平面,将不同类别的样本分开。划分超平面要求具有最高的误差容忍度,即分类结果的鲁棒性最高。

下面简单介绍线性 SVM 算法的实现步骤。

输入训练数据集 T:

$$T = \{(x_1,y_1),(x_2,y_2),\cdots,(x_N,y_N)\} \tag{8-18}$$

其中,$x_i \in \mathbb{R}^n$,$y_i \in \{+1,-1\}$,$i=1,2,\cdots,N$。

第一步:选择惩罚参数 C,C>0,构造并求解凸二次规划问题。

$$\min_{\alpha} \frac{1}{2}\sum_{i=1}^{N}\sum_{j=1}^{N}\alpha_i\alpha_j y_i y_j(x_i \cdot x_j) - \sum_{i=1}^{N}\alpha_i \tag{8-19}$$

$$s.t. \sum_{i=1}^{N}\alpha_i y_i = 0, \quad 0 \leqslant \alpha_i \leqslant C, \quad i=1,2,\cdots,N$$

得到最优解。

$$\alpha^* = (\alpha_1^*,\alpha_2^*,\cdots,\alpha_N^*)^T \tag{8-20}$$

第二步:计算

$$w^* = \sum_{i=1}^{N}\alpha_i^* y_i x_i \tag{8-21}$$

选择 α^* 的一个分量 α_j^*,满足条件 $0 \leqslant \alpha_j^* \leqslant C$,并计算。

$$b^* = y_j - \sum_{i=1}^{N}\alpha_i^* y_i(x_i \cdot x_j) \tag{8-22}$$

第三步:求分离超平面和分类决策函数。

$$w^* \cdot x + b^* = 0 \tag{8-23}$$

$$f(x) = sign(w^* \cdot x + b^*) \tag{8-24}$$

输出分离超平面和分类决策函数。

在现实情况中,样本也可能面对更复杂的问题,需要将样本从原始空间映射至更高维的空间,使得样本在新的特征空间中线性可分。为简化高维向量乘积的困难,往往会通过核函数转化 x_i 与 x_j 在原始空间的内积为高维空间中的计算结果。其中,常用的核函数包括线性核、多项式核、高斯核、拉普拉斯核、Sigmoid 核等。

8.5.3 scikit-learn中支持向量机的应用

sklearn.svm 模块中的 SVC 类用于实现支持向量机,其构造方法的主要参数如表 8-6 所示。

表 8-6 SVC 类的构造方法的主要参数

参　数	含　义
C	浮点型,错误项的惩罚系数,默认为 1.0。C 越大,对分错样本的惩罚程度越大,训练样本中的准确率越高,但泛化能力降低。减小 C,允许训练样本中有一些误分类错误样本,泛化能力强。对于训练样本带有噪声的情况,一般采用后者,把训练样本集中错误分类的样本作为噪声

续表

参　　数	含　　义
kernel	算法中采用的核函数类型,可以为'linear'、'poly'、'rbf'、'sigmoid'、'precomputed'或用户自己定义的核函数,默认为'rbf'
degree	整型,多项式 poly()函数的维度,默认为3
gamma	'poly'、'rbf'和'sigmoid'的核函数参数,可以为'scale'、'auto'或浮点数,默认为'scale'

例 8-3 以 iris(鸢尾花)数据集为例说明 sklearn 中支持向量机的应用。

首先导入需要的包并读入数据。

```
In:
    from sklearn import svm
    import numpy as np
    from sklearn import model_selection
    import matplotlib.pyplot as plt
    import matplotlib as mpl
    from matplotlib import colors
    from sklearn.datasets import load_iris
    iris = load_iris()
    X = iris.data          # iris.data 是 4 列特征数据
    y = iris.target        # iris.target 是分类目标
    x = X[:,0:2]           # 为了使后期的可视化画图更加直观,取 X 的前两列作为特征
```

然后划分训练集和测试集,训练模型。

在 SVM 模型中,当设置参数 kernel 为'linear'时为线性核函数,参数 C 的值越大,分类效果越好,但有可能会过拟合(default C=1);当设置参数 kernel 为'rbf'(default)时为高斯核函数,gamma 的值越小,分类界面越连续,gamma 的值越大,分类界面越"散",分类效果越好,但有可能会过拟合。当设置参数 decision_function_shape 为'ovo'时为 one v one 分类问题,即将类别进行两两划分,用二分类的方法模拟多分类的结果;当设置参数 decision_function_shape 为'ovr'时为 one v rest 分类问题,即一个类别与其他类别进行划分。

```
    x_train,x_test,y_train,y_test = model_selection.train_test_split(x,y,random_state = 1,
    test_size = 0.3)
    classifier = svm.SVC(kernel = 'linear',decision_function_shape = 'ovo')
    # 开始训练
    classifier.fit(x_train,y_train.ravel())
```

输出预测结果。

```
    print("SVM - 输出训练集的准确率为: ",round(classifier.score(x_train,y_train),2))
    y_hat = classifier.predict(x_train)
    print("SVM - 输出测试集的准确率为: ",round(classifier.score(x_test,y_test),2))
    y_hat = classifier.predict(x_test)
```

结果如下:

```
Out:
    SVM - 输出训练集的准确率为: 0.84
    SVM - 输出测试集的准确率为: 0.78
```

以下对分类结果进行可视化。

```
In:
x1_min, x1_max = x[:, 0].min(), x[:, 0].max()
x2_min, x2_max = x[:, 1].min(), x[:, 1].max()
x1,x2 = np.mgrid[x1_min:x1_max:200j, x2_min:x2_max:200j]
#生成网格采样点(用 meshgrid()函数生成两个网格矩阵 X1 和 X2)
grid_test = np.stack((x1.flat, x2.flat), axis=1)    #测试点,通过 stack()函数生成测试点
#.flat 将矩阵转变成一维数组
print("grid_test = \n", grid_test)
grid_hat = classifier.predict(grid_test)            #预测分类值
print("grid_hat = \n", grid_hat)
grid_hat = grid_hat.reshape(x1.shape)               #使之与输入的形状相同
#指定默认字体
mpl.rcParams['font.sans-serif'] = [u'SimHei']
mpl.rcParams['axes.unicode_minus'] = False
#绘制
cm_light = mpl.colors.ListedColormap(['#A0FFA0','#FFA0A0','#A0A0FF'])
cm_dark = mpl.colors.ListedColormap(['g','r','b'])
plt.pcolormesh(x1, x2, grid_hat, cmap=cm_light)  #预测值的显示
# plt.scatter(x[:, 0], x[:, 1], c=y, edgecolors='k', s=50, cmap=cm_dark)   #样本
plt.plot(x[:, 0], x[:, 1], 'o', alpha=0.7, color='blue', markeredgecolor='k')
plt.scatter(x_test[:,0],x_test[:,1],s=120,facecolors='none',zorder=10)   #圈中测试
                                                                          #集样本
plt.xlabel(u'花萼长度', fontsize=13)
plt.ylabel(u'花萼宽度', fontsize=13)
plt.xlim(x1_min, x1_max)
plt.ylim(x2_min, x2_max)
plt.title(u'鸢尾花 SVM 二特征分类', fontsize=15)
plt.show()
```

可视化结果如图 8-9 所示。

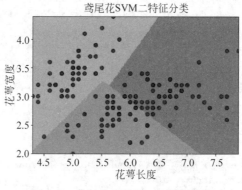

图 8-9　鸢尾花 SVM 二特征分类图

8.6　梯度提升决策树

8.6.1　梯度提升决策树的基本概念

梯度提升决策树(Gradient Boosting Decision Tree,GBDT)是以决策树为基模型,通过

采用加法模型和向前分步算法不断减小训练过程产生的残差来达到将数据分类或者回归的集成算法。GBDT 算法采用了 Boosting 的思想,即在训练基分类器时采用串行的方式,各个基分类器之间相互依赖,以一定的形式组合在一起形成强分类器。GBDT 将决策树与集成思想进行了有效的结合,在传统机器学习算法中,它是对真实分布拟合的最好的几种算法之一,在前几年深度学习还没有盛行之前,GBDT 在各种竞赛中取得了不错的成绩。

Boosting 的基本思路是通过分步迭代(stage-wise)的方式来构建模型,在迭代的每一步所构建的弱学习器都是为了弥补已有模型的不足。Boosting 族中著名的 AdaBoost 算法将基分类器层层叠加,每一层在训练的时候对前一层基分类器分错的样本给予更高的权重,以此弥补已有模型的不足。若在 Boosting 算法训练的过程中,每一次建立模型是在之前建立模型损失函数的梯度下降方向,则为梯度提升(Gradient Boosting)算法。GBDT 算法将残差作为下一个弱分类器的训练数据,在训练过程中使之前弱分类器的残差在梯度方向减少。经典的 AdaBoost 算法只能处理采用指数损失函数的二分类任务,而梯度提升方法通过设置不同的可微损失函数可以处理多分类、回归等多种学习任务,应用范围大大扩展。

下面以一个简单的例子说明 GBDT 的基本原理。假定有一组数据,特征为购物金额和身高,年龄为标签值。在数据集中共有 4 条数据,如表 8-7 所示。

表 8-7 样本特征及标签数据

编号	年龄/岁	购物金额/元	身高/m
A	14	500	1.45
B	16	750	1.75
C	24	1375	1.58
D	26	1600	1.80

运用 GBDT 来采用这 4 条的数据训练,由于数据太少,限定叶子结点最多有两个,即每棵树都只有一个分枝,并且限定只学两棵树,得到的结果如图 8-10 所示。

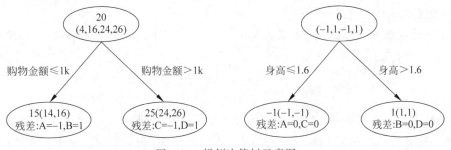

图 8-10 样例决策树示意图

第一棵树的分枝如左图所示,由于 A、B 购物金额较为相近,C、D 购物金额较为相近,它们被分为左、右两拨,每拨用平均年龄作为预测值。此时计算残差(残差:A 的实际值－A 的预测值＝A 的残差),所以 A 的残差就是实际值(14)－预测值(15)＝残差值(－1)。其中,A 的预测值是指前面所有树累加的和,这里前面只有一棵树,所以直接是 15,如果还有树,则需要都累加起来作为 A 的预测值。

同理计算 B、C、D 的残差,然后用残差－1、1、－1、1 代替 A、B、C、D 的原值,到第二棵树去学习,第二棵树只有两个值 1 和－1,直接分成两个结点,即 A 和 C 分在左边,B 和 D 分在右边,经过计算(比如A,实际值(−1)−预测值(−1)=残差(0),比如C,实际值(−1)−预测值(−1)=0),此时所有样本的残差都是0。残差值均为0意味着第二棵树的预测值和它们的实际值相等,则只需把第二棵树的结论累加到第一棵树上就能得到真实年龄,即每个人都得到了真实的预测值。

所以,GBDT需要将多棵树的得分累加得到最终的预测得分,且每一次迭代都在现有树的基础上增加一棵树去拟合前面树的预测结果与真实值之间的残差。

8.6.2 梯度提升决策树的算法过程

GBDT的原理就是所有弱分类器去拟合误差函数对预测值的残差(残差就是预测值与真实值之间的误差),最终的预测结果为所有弱分类器的结果的总和。从8.6.1节的简单实例中不难发现,GDBT算法的过程有如下几步:

(1) 初始化 $f_0(x)$,即初始化弱学习器。

$$f_0(x) = \underset{c}{\arg\min} \sum_{i=1}^{N} L(y_i, c) \tag{8-25}$$

在上式中,y_i 为样本的实际样本标签值,N为样本总数,$L(y_i, c)$为损失函数,且为平方损失,因为平方损失函数是一个凸函数,直接求导,导数等于0,得到c,将其赋值给 $f_0(x)$。

对 $f_0(x)$ 求导数,得:

$$\sum_{i=1}^{N} \frac{\partial L(y_i, c)}{\partial c} = \sum_{i=1}^{N} \frac{\partial \left(\frac{1}{2}(y_i, c)^2\right)}{\partial c} = \sum_{i=1}^{N} c - y_i \tag{8-26}$$

令导数等于0,可得

$$c = \left(\sum_{i=1}^{N} y_i\right)/N \tag{8-27}$$

故初始化时,c的取值为所有训练样本标签的均值,此时得到初始学习器 $f_0(x)$。

(2) 更新 $f_m(x)$。

对于迭代次数 $m=1,2,\cdots,M$,首先对 $i=1,2,\cdots,N$ 计算负梯度,即y与上一轮得到的学习器 f_{m-1} 的差值。

$$r_{mi} = -\left[\frac{\partial L(y, f(x_i))}{\partial f(x_i)}\right]_{f(x)=f_{m-1}(x)} \tag{8-28}$$

然后将上一步得到的残差作为样本新的真实值,并将数据 (x_i, r_{mi}) 作为下棵树的训练数据,得到一棵新的回归树 $f_m(x)$,其对应的叶子结点区域为 $R_{mj}, j=1,2,\cdots,J$。其中J为回归树的叶子结点的个数。

接下来对叶子区域 $j=1,2,\cdots,J$ 计算最佳拟合值。

$$c_{mj} = \underset{c}{\arg\min} \sum_{x_i \in R_{mj}} L(y_i, f_{m-1}(x_i) + c) \tag{8-29}$$

对于每个叶子结点上的样本,求出使损失函数最小的输出值 c_{mj}。这里其实和上面求初始化学习器是一个道理,对平方损失求导,并令导数等于0,化简之后得到每个叶子结点的参数c,其实就是标签值的均值。这个地方的标签值不是原始的y,而是本轮要拟合的残差。

更新 $f_m(x)$:

$$f_m(x) = f_{m-1}(x) + \sum_{j=1}^{J} c_{mj}I(x \in R_{mj}) \tag{8-30}$$

（3）得到回归树。

$$\hat{f}(x) = f_M(x) = f_0(x) + \sum_{m=1}^{M}\sum_{j=1}^{J} c_{mj}I(x \in R_{mj}) \tag{8-31}$$

以上是 GBDT 算法的主要思路。在实际应用中，Python 的 sklearn 模块中的方法可以直接使用。

8.6.3 scikit-learn 中梯度提升决策树的应用

sklearn. ensemble 模块中的 GradientBoostingClassifier 类用于实现梯度提升，其构造方法的主要参数如表 8-8 所示。

表 8-8 GradientBoostingClassifier 类的构造方法的主要参数

参 数	含 义
loss	要优化的损失函数，可以为'deviance'或'exponential'，默认为'deviance'。'deviance'指具有概率输出的分类的偏差（＝逻辑回归），'exponential'为梯度增强 AdaBoost 算法
learning_rate	浮点型，默认为 0.1。学习率通过该参数缩小每棵树的贡献。在 learning_rate 和 n_estimators 之间有一个折中
n_estimators	整型，多项式 poly()函数的维度，默认为 3
subsample	浮点型，默认为 1.0。其用于拟合个体基础学习器的样本分数。如果小于 1.0，则会导致随机梯度增强。subsample 与 n_estimators 估计量相互作用。选择小于 1.0 的 subsample 会减少方差，增加偏差

例 8-4 使用 GBDT 对 iris 数据集进行分类预测。

首先导入需要的包并读入数据。

```
In:
    #导入包
    from sklearn import datasets
    from sklearn.model_selection import train_test_split
    from sklearn.ensemble import GradientBoostingClassifier as gbc
    from sklearn import metrics
    #加载数据
    iris = datasets.load_iris()
    data = iris.data
    label = iris.target
```

然后将数据分成训练集和测试集。

```
train_x, test_x, train_y, test_y = train_test_split(data, label)
```

训练模型，并用模型进行预测。

```
    gbdt = gbc(loss = 'deviance')
    gbdt.fit(train_x, train_y)
    #预测
    pred_y = gbdt.predict(test_x)
```

对模型进行评估,输出准确率。

```
from sklearn.metrics import accuracy_score,confusion_matrix
#y_pred = model.predict(X_test)
predictions = [round(value) for value in pred_y]
#evaluate predictions
accuracy = accuracy_score(test_y,predictions)
print("Accuracy: %.2f%%" % (accuracy * 100.0))
confusion_matrix(test_y,predictions)
```

输出结果为:

```
Out:
Accuracy:92.11%
array([[15, 0, 0],
       [ 0, 9, 2],
       [ 0, 1, 11]], dtype = int64)
```

输出的模型准确率为 92.11%。混淆矩阵的输出结果显示,对于'setosa'、'versicolor' 和 'virginica'这 3 类数据,在测试集上有一类别没有被预测错误,而另外两类共有 3 个样本被预测错误。

接下来可以定义并绘制学习曲线。

```
def plot_learning_curve(estimator,title,x,y,
                    ax = None,              #选择子图
                    ylim = None,            #设置纵坐标的取值范围
                    cv = None,              #交叉验证
                    n_jobs = None           #设置所要使用的线程
                    ):
    from sklearn.model_selection import learning_curve
    import matplotlib.pyplot as plt
    import numpy as np
    train_sizes,train_scores,test_scores = learning_curve(estimator,x,y,
                                            shuffle = True,
                                            cv = cv,
                                            #random_state = 420
                                            n_jobs = n_jobs)

    if ax == None:
        ax = plt.gca()
    else:
        ax = plt.figure()
    ax.set_title(title)
        if ylim is not None:
            ax.set_ylim( * ylim)
    ax.set_xlabel("Training example")
    ax.set_ylabel("Score")
    ax.grid()          #绘制网格,非必须
    ax.plot(train_sizes,np.mean(train_scores,axis = 1),'o - ',color = "r",
                label = "Training score")
```

```
        ax.plot(train_sizes,np.mean(test_scores,axis = 1),'o - ',color = "g",
                    label = "Test score")
        ax.legend(loc = "best")
        return ax
# 绘制学习曲线
from sklearn.model_selection import KFold,cross_val_score as CVS
cv = KFold(n_splits = 5,shuffle = True,random_state = 0)
plot_learning_curve(gbdt,"GBDT",train_x,train_y,ax = None,cv = cv)
```

可视化结果如图 8-11 所示。

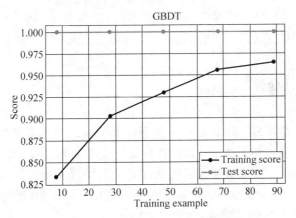

图 8-11　iris 数据集的 GBDT 分类结果图

由学习曲线可知,该模型存在过拟合的现象,仍需继续调整参数,以避免这一现象发生。

8.7　Python 中分类预测模型的小结

由本章介绍的各分类算法和实例总结可知,在利用 Python 中的 sklearn 模块封装的分类模型时,其主要步骤通常为获取数据→数据预处理→划分训练集与测试集→选择模型→训练模型→评估模型→分类或预测。

在选择分类模型时,不仅要求模型能很好地拟合训练数据集,同时希望它可以对未知数据集(测试集)有很好的拟合结果(泛化能力),避免在模型训练过程中出现过拟合(overfitting)和欠拟合(underfitting)问题。过拟合指模型复杂度高于实际问题,模型在训练集上表现很好,但在测试集上却表现很差。欠拟合是指模型复杂度低,在训练集上就表现不佳,没有很好地学习到数据背后的规律。通常可以使用正则化和交叉验证等方法来进行模型的选择。

Python 中的 scikit-learn 模块包对常用分类算法进行了封装,具体如表 8-9 所示。

表 8-9　scikit-learn 的常用分类模型及特点

模　　型	模型的特点	位　　于
逻辑回归	比较基础的线性分类模型;在很多时候是简单有效的选择	sklearn.linear_model
支持向量机	强大的模型,可以用于回归、预测、分类等,而根据选取不同的核函数,模型可以是线性的/非线性的	sklearn.svm

模　　型	模型的特点	位　　于
决策树	基于"分类讨论、逐步细化"思想的分类模型,模型直观,易解释,例如可以使用 graphviz 包对决策树进行可视化	sklearn. tree
随机森林	思想跟决策树类似,精度通常比决策树高,缺点是由于其具有随机性,损失了决策树的可解释性	sklearn. ensemble
朴素贝叶斯	基于概率思想的简单、有效的分类模型,能够给出容易理解的概率解释	sklearn. naive_bayes
神经网络	具有强大的拟合能力,可以用于拟合、分类等,它有很多增强版本,例如递归神经网络、卷积神经网络、自编码器等,这些是深度学习的模型基础	Keras

8.8　本章实战例题

例 8-5　对 UCI 的葡萄酒数据集 wine 进行分类预测,并评价分类效果。wine 数据集是一个经典且简单的多分类数据集,可从 UCI 网站上下载,网址为"https://archive. ics. uci. edu/ml/datasets/wine"。该数据集包含生长在意大利的同一地区但来自 3 个不同品种的葡萄酒的化学分析结果,数据集中包含葡萄酒种类列 Lable 和每种葡萄酒中 13 种成分的含量。本例中使用 .csv 格式的数据集。

首先加载 wine 数据集,并将其转换为二分类问题。

```
In:
    import matplotlib.pyplot as plt
    from sklearn.svm import SVC
    from sklearn.ensemble import RandomForestClassifier
    from sklearn.metrics import RocCurveDisplay
    from sklearn.datasets import load_wine
    from sklearn.model_selection import train_test_split
    from sklearn.tree import DecisionTreeClassifier
    import pandas as pd
    df = pd.read_csv('data\wine.csv', sep = ',')
    y = df['Label']
    X = df.iloc[:,1:]
    print(X.shape)
    #转换为二分类问题,将 Label 值为 1 和 2 的分为一类,将 Label 值为 3 的分为另一类
    y = y == 3
```

然后将数据分成训练集和测试集,在训练集上训练支持向量机分类器,并用训练好的模型对测试集进行预测。

```
    X_train, X_test, y_train, y_test = train_test_split(X, y, random_state = 42)
    svc = SVC(random_state = 0).fit(X_train, y_train)
    y_pred = svc.decision_function(X_test)
```

接着调用 sklearn. metrics. RocCurveDisplay. from_ predictions() 绘制 ROC 曲线,返回

的 svc_disp 对象允许用户在下一步的绘图中继续使用已经计算的 SVC ROC 曲线。

```
svc_disp = RocCurveDisplay.from_predictions(y_test, y_pred)
plt.show()
```

绘制的 ROC 曲线如图 8-12 所示。

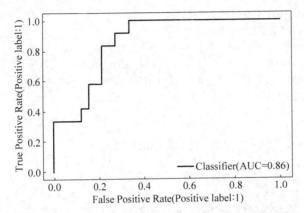

图 8-12　支持向量机分类器在 wine 数据集上的 ROC 曲线

接下来训练一个随机森林分类器,并调用 sklearn.metrics.RocCurveDisplay.from_estimator() 绘制 ROC 曲线,与 SVC 模型的 ROC 曲线进行对比。注意,在图 8-13 中使用了已有的 svc_disp 来绘制 RandomForestClassifier 模型的 ROC 曲线,无须重新计算 ROC 的值。

```
rfc = RandomForestClassifier(n_estimators = 10, random_state = 42)
rfc.fit(X_train, y_train)
ax = plt.gca()
rfc_disp = RocCurveDisplay.from_estimator(rfc, X_test, y_test, ax = ax, alpha = 0.8)
svc_disp.plot(ax = ax, alpha = 0.8, color = 'red')
plt.show()
```

绘制的图形如图 8-13 所示,说明随机森林分类器在 wine 数据集上的性能优于支持向量机模型。

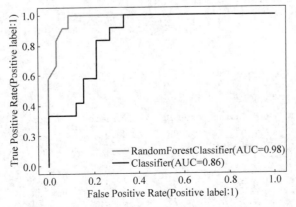

图 8-13　支持向量机和随机森林分类器在 wine 数据集上的 ROC 曲线

例 8-6　使用决策树模型预测银行借贷违约情况并绘制决策树,数据集为 bankloan_en. xls。

首先导入需要的模块,读入数据,并将数据分成训练集和测试集。

```
In:
    import pandas as pd
    from sklearn import tree
    #读入数据,并将数据分成训练集和测试集
    data = pd.read_excel('data\\bankloan_en.xls', index_col = 'xh')
    from sklearn. model_selection import train_test_split
    X_train, X_test, y_train, y_test = train_test_split(data.iloc[:,:-1]. values,
    data.iloc[:, -1:],
    test_size = 0.25, random_state = 33)
```

然后构造并训练决策树,输出在训练集上的预测准确率。

```
    clf = tree.DecisionTreeClassifier(max_depth = 2, random_state = 0)
    clf = clf.fit(X_train, y_train)
    print('输出预测准确率: %.2f'% clf.score(X_train, y_train))
```

用决策树模型对测试数据进行分类,将结果保存在 y_predict 中。

```
    y_predict = clf.predict(X_test)
```

输出详细的分类性能评价结果。

```
    from sklearn. metrics import classification_report, confusion_matrix
    print(classification_report(y_test, y_predict, target_names = ['not weiyue', 'weiyue']))
```

使用 tree. plot_tree()绘制决策树:

```
    import matplotlib.pyplot as plt
    fig, axes = plt.subplots(figsize = (4,4), dpi = 300)
    tree.plot_tree(clf, feature_names = data.columns[:-1],
    class_names = data.columns[-1],
                   filled = True)
    fig.savefig('bank_decision_tree.png')
```

输出结果如下:

```
out:
    输出预测准确率: 0.80
                 precision    recall    f1 - score    support
    not weiyue      0.74       0.94       0.83         125
    weiyue          0.53       0.16       0.25         50
    accuracy                              0.72         175
    macro avg       0.64       0.55       0.54         175
    weighted avg    0.68       0.72       0.66         175
```

绘制的决策树如图 8-14 所示。

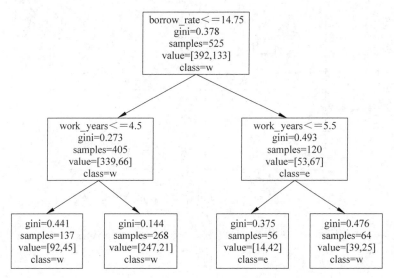

图 8-14 银行借贷违约数据集的决策树模型

例 8-7 以鸢尾花数据集 iris 为例,训练 sklearn 中的多种分类模型,并对比其分类效果。
首先导入需要的模块,并读入数据,要读入的数据集为 iris。

```
In:
    import numpy as np
    import pandas as pd
    from matplotlib import pyplot as plt
    from sklearn.model_selection import train_test_split,cross_val_score,StratifiedKFold
    from sklearn.metrics import classification_report,confusion_matrix,accuracy_score
    from sklearn.linear_model import LogisticRegression
    from sklearn.tree import DecisionTreeClassifier
    from sklearn.neighbors import KNeighborsClassifier
    from sklearn.discriminant_analysis import LinearDiscriminantAnalysis
    from sklearn.naive_bayes import GaussianNB
    from sklearn.svm import SVC
    from sklearn.ensemble import RandomForestClassifier
    # 读入数据
    names = ['sepal-length','sepal-width','petal-length','petal-width','class']
    dataset = pd.read_csv('data\iris.csv',names = names)
```

然后输出数据集的信息,了解数据。

```
    print(dataset.shape)
    print(dataset.head(10))
    print(dataset.describe())
    print(dataset.groupby('class').size())
```

绘制箱形图,了解数据集中 sepal-length、sepal-width、petal-length、petal-width 这 4 个
属性值的最大值、最小值及中位数等分布情况,如图 8-15 所示。

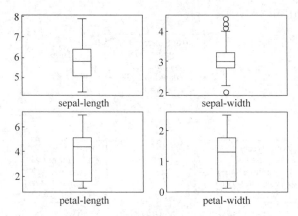

图 8-15　iris 数据集中属性值的箱形图

```
dataset.plot(kind = 'box', subplots = True, layout = (2,2), sharex = False, sharey = False)
plt.show()
```

绘制直方图，了解各个属性值的分布情况，如图 8-16 所示。

```
dataset.hist()
plt.show()
```

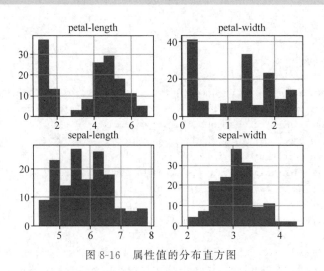

图 8-16　属性值的分布直方图

将数据划分为训练集与测试集。

```
array = dataset.values
X = array[:,0:4]
Y = array[:,4]
X_train, X_test, Y_train, Y_test = train_test_split(X, Y, test_size = 0.2, random_state = 33)
```

　　构建训练模型，并采用十折交叉验证，对比各个模型的准确度及方差。在本例中采用了 StratifiedKFold 进行交叉验证。StratifiedKFold 的用法类似 KFlod，但 StratifiedKFold 为分层采样，可以确保训练集、测试集中各类别样本的比例与原始数据集中相同。

```
models = []
models.append(('LR',LogisticRegression(solver = 'liblinear',multi_class = 'ovr')))
models.append(('LDA',LinearDiscriminantAnalysis()))          #线性判别分析
models.append(('KNN',KNeighborsClassifier()))
models.append(('RFC',RandomForestClassifier()))
models.append(('DTree',DecisionTreeClassifier(criterion = 'entropy', max_depth = 3)))
models.append(('NB',GaussianNB()))
models.append(('SVM',SVC(gamma = 'auto')))
results = []
names = []
for name,model in models:
    kfold = StratifiedKFold(n_splits = 10,shuffle = True,random_state = 1)
    cv_results = cross_val_score(model,X_train,Y_train,cv = kfold,scoring = 'accuracy')
    results.append(cv_results)
    names.append(name)
    print('%s 的准确率是 %.3f,标准差是 %.3f' % (name,cv_results.mean(),cv_results.
std()))
```

输出结果如下:

```
Out:
    LR 的准确率是 0.950,标准差是 0.041
    LDA 的准确率是 0.975,标准差是 0.038
    KNN 的准确率是 0.967,标准差是 0.055
    RFC 的准确率是 0.958,标准差是 0.056
    DTree 的准确率是 0.950,标准差是 0.055
    NB 的准确率是 0.967,标准差是 0.055
    SVM 的准确率是 0.967,标准差是 0.076
```

结果显示,对于同样的一组数据,利用不同的模型会产生不同的结果,从以上各个模型的对比结果发现,线性判别分析模型 LDA 的准确率最高。

从上面的模型中选择准确率最高的 LDA 模型,在测试集上进行预测并评估模型。

```
model = LinearDiscriminantAnalysis()
model.fit(X_train,Y_train)
Y_prediction = model.predict(X_test)
print('confusion_matrix:')
confusion_matrix(Y_test,Y_prediction)
print('classification_report:')
print(classification_report(Y_test,Y_prediction))
```

输出结果如下:

```
Out:
    confusion_matrix:
    array([[ 8, 0, 0],
           [ 0, 8, 0],
           [ 0, 0, 14]], dtype = int64)
    classification_report:
```

	precision	recall	f1 - score	support
Iris - setosa	1.00	1.00	1.00	8
Iris - versicolor	1.00	1.00	1.00	8
Iris - virginica	1.00	1.00	1.00	14
accuracy			1.00	30
macro avg	1.00	1.00	1.00	30
weighted avg	1.00	1.00	1.00	30

结果显示,混淆矩阵除对角线外其余均为 0,LDA 将测试集中的 3 类样本全部预测正确,准确率为 100%,模型分类效果很好。用 classification_report()函数输出分类指标的报告,显示每个类的精度、召回率、f1 值均为 1,进一步说明模型效果好。

8.9　本章小结

本章介绍了分类的基本原理,重点介绍基于有监督学习的分类预测模型,包括朴素贝叶斯、决策树、支持向量机、集成学习等算法的原理及其在 Python 中的实现,最后结合实例介绍分类算法的应用。

在本章中需要重点掌握的内容有分类问题的基本概念及模型评价方式、描述分类信息的不同指标、常用分类算法的原理及过程、分类算法在 scikit-learn 中的应用。

8.10　本章习题

1. 使用决策树算法进行泰坦尼克号乘客生还数据的预测,训练数据集为 titanic_train、测试数据集为 titanic_test。

2. 分别使用 KNN 和决策树算法对鸢尾花数据进行分类,输出分类准确率。

3. 使用 SVM 算法对红酒数据进行分类,数据集为 wine。

第**9**章

聚　类

将物理或抽象对象的集合分成由类似对象组成的多个类(簇)的过程被称为聚类。由聚类所生成的簇是一组数据对象的集合,这些对象与同一个簇中的对象相似,与其他簇中的对象相异。与分类问题不同,聚类产生的标签通常是未知的,因此被称为"无监督学习"。本章介绍聚类的概念、聚类分析常用算法的原理以及 Python 中常用聚类模型的使用方法。

本章要点:

- 了解聚类的基本概念。
- 了解常用聚类算法的原理及过程。
- 掌握 Python 中常用聚类模型的应用。

9.1　聚类概述

聚类分析(Cluster Analysis)是一种实现"物以类聚"的多元统计分析方法,例如可用聚类进行不同地区城镇居民收入和消费状况的分类研究,以及区域经济与社会发展水平的分析等。早期研究受到分析工具的限制,对于很多事物的分类主要依靠经验和专业知识做定性分类处理,人们在处理数据之前就已经知道数据可分为几类,将数据按照分类标准分入不同的类别,致使许多分类带有主观性和随意性,不能很好地揭示客观事物内在的本质差别和联系,特别是对于多个指标的分类问题,定性分类更难以实现准确分类。为了克服定性分类的不足,人们在多元统计分析中引入了数值分类方法,形成了聚类分析。聚类分析的数据没有类别标记,由聚类算法自动确定,因此聚类也被称为"无监督学习"。

聚类分析的基本思想是将一群物理的或抽象的对象根据它们之间的相似程度分成不同的类(簇),使得各簇之间的相似度尽可能小,而簇内数据之间具有较高的相似度,这一过程就称为聚类。一个类(簇)就是由彼此相似的一组对象所构成的集合。采用聚类分析技术可以把无标识数据对象自动划分为不同的类,并且可以不受先验知识的约束和干扰,获取属于数据集合中原本存在的信息。

近年来聚类算法发展很快,并且被广泛应用在各个领域。在商务智能领域,聚类分析可以帮助营销人员发现客户中所存在的不同特征的组群。在生物信息学领域,聚类分析可以用来获取动物或植物种群的层次结构,还可以根据基因功能对各个种群所固有的结构进行更深入地了解。此外,聚类分析还可以从卫星遥感图像数据中识别出具有相似土地使用情况的区域。聚类分析是数据挖掘的一项主要功能,可以作为一个独立的工具使用,进行数据的预处理、分析数据的分布、了解各种数据的特征,也可以作为其他数据挖掘功能的辅助手段。

9.1.1 聚类的基本概念

聚类的目标是将数据中的样本数据划分为若干个不相交的数据子集,每个子集称为一个簇(cluster)。通过这样划分,产生了差异相对较大的簇,而每个簇可能对应于一些潜在的已知的概念(类别),例如"猫"和"狗"、"机动车"和"非机动车"等。但是,这类概念对于聚类算法而言事先是未知的,聚类过程仅能自动形成簇结构,簇所对应的概念的语义需要由使用者来把握。

在聚类分析中有两种具有代表性的数据结构,即数据矩阵和相异度矩阵。数据矩阵(Data Matrix)或称为对象-属性结构,它用 p 个变量(也称为属性)来表现对象,例如用年龄、身高、性别等属性来表现对象"人"。这种数据结构是二维关系表(对象和属性)的形式,或者看成 p 维(n 个对象对应的 p 个属性)的矩阵。相异度矩阵(Dissimilarity Matrix)或称为对象-对象结构,是存储对象之间的近似性的矩阵,表现形式是一个 n 维的矩阵。

性能度量也可称为聚类有效性指标(Cluster Validity Index),与有监督学习中的性能度量相似,对于聚类结果,需要通过某种性能度量来评估其好坏;另一方面,若明确了最终将要使用的性能度量,则可直接将其作为聚类过程的优化目标,从而更好地得到符合要求的聚类结果。

9.1.2 聚类中距离的度量

聚类的目标是使聚类内部对象之间的差异(表现形式为距离)尽可能小,或者说使它们之间具有很高的相似度。那么对象之间的距离或者相似度是如何定义的呢?

一般而言会定义一个距离函数 $d(x,y)$ 来确定对象之间的距离,而这个距离函数需要满足以下几个准则:

(1) $d(x,x)=0$,即一个对象与自身的距离为 0。

(2) $d(x,y)\geqslant0$,即距离是一个非负的数值。

(3) $d(x,y)=d(y,x)$,即距离函数具有对称性。

(4) $d(x,y)\leqslant d(x,k)+d(k,y)$,即距离函数需要满足三角不等式。

这些准则的作用是,即使在同一空间中定义了多个满足这些准则的距离函数,这些不同的距离函数能够保持同样的变化趋势,也就是说不同的距离函数反映出的变化趋势是相同的。常见的距离计算方法有欧氏距离、曼哈顿距离和余弦距离等。

在实际应用中使用最广泛的是欧氏距离(Euclidean Distance),它的计算公式如下:

$$d(R_i,R_j) = \sqrt{\sum_{k=1}^{n}(\mid R_{ik} - R_{jk}\mid)^2} \tag{9-1}$$

欧氏距离是最易于理解的一种距离计算方法,源自欧氏空间中两点间的距离公式。它定义了多维空间中点与点之间的"直线距离"。在计算欧氏距离时,需要保证各维度指标拥有相同的刻度,这就需要在预处理数据时对各个属性进行标准化处理。欧氏距离注重各个对象的特征在数值上的差异,适用于从维度的数值中分析个体差异。

标准化欧氏距离是针对欧氏距离的缺点而做的一种改进方案,可以消除不同属性的量纲差异所带来的影响。以下为标准化欧氏距离的计算公式:

$$\text{Distance}(R_i, R_j) = \sqrt{\sum_{k=1}^{n} \left(\frac{R_{ik} - R_{jk}}{S_k}\right)^2} \tag{9-2}$$

其中,S_k 是该维度的样本标准差。

另外,在计算欧氏距离时,有时要考虑各项属性具有不同权重的问题。例如,计算各个汽车品牌车型之间的欧氏距离,将各个车型的重量、动力、价格作为属性。在计算欧氏距离时,把重量、动力、价格所起的作用等同看待显然是不合理的,这时可以采用加权欧氏距离。

加权欧氏距离的计算公式如下:

$$d(R_i, R_j) = \sqrt{\sum_{k=1}^{n} w_k(|R_{ik} - R_{jk}|)^2}, \quad 0 < w_k < 1, \sum_{k=1}^{n} w_k = 1 \tag{9-3}$$

例 9-1 计算欧氏距离。

```
In:
    import numpy as np
    x = np.random.random(7)
    y = np.random.random(7)
    # 根据公式求解
    d1 = np.sqrt(np.sum(np.square(x - y)))
    print(d1)
    # 根据 SciPy 库求解
    from scipy.spatial.distance import pdist
    data = np.vstack([x, y])
    d2 = pdist(data, metric = 'euclidean')
    print(d2)
```

9.1.3 聚类的常用算法

聚类算法有很多种,用户可以根据数据类型、目的以及具体应用要求来选择合适的聚类算法。通常,聚类算法可以分为以下几类:

1. 基于划分的聚类算法

基于划分的聚类算法根据距离来判断数据对象的相似度。一般先给定要构建的分区数并创建一个初始化划分,再通过不断迭代将数据对象从一个分区移动到另一个分区来进行划分。每个数据对象属于且只属于一个簇,同一个簇中的对象应尽可能接近或相关,而不同簇中的对象应尽可能远离或不同。

基于划分的代表性聚类算法有 K-Means(K-均值)、K-Medoids(K-中心点)及 CLARANS(基于随机选择的算法)等。

2. 基于层次分析的聚类算法

基于层次分析的聚类算法对给定的数据集进行层次化的分解,直到满足某种条件为止。根据聚类层次形成的方向不同,层次聚类可分为凝聚和分裂两种方法。凝聚方法也称为"自底向上方法",初始时每个数据对象作为一个单独的组,通过不断迭代将相似对象合并同,直到满足聚类目标。分裂方法也称为"自顶向下方法",初始时将所有数据对象作为一个整体,通过迭代划分为不同簇,直到满足聚类目标。层次聚类算法可以根据距离或密度和连通性来判断数据对象的相似度。

基于层次的代表性聚类算法有 Birch(利用层次方法的平衡迭代规约和聚类)、CURE(代表点聚类)等。

3. 基于密度的聚类算法

基于密度的聚类算法与其他算法的区别在于:它不是基于距离的,而是基于密度的聚类,可以克服基于距离的算法只能发现"球状簇"的缺点。基于密度的聚类定义了邻域的半径范围,只要一个区域中点的密度大于某个阈值,就把它加到与之相近的聚类中去。基于密度聚类算法可以发现任意形状的聚类,所以对于带有噪声数据的处理很有效。

基于密度的代表性聚类算法有 DBSCAN(基于高密度连接区域)、OPTICS(对象排序识别)及 DENCLUE(密度分布函数)等。

4. 基于网格的聚类算法

基于网格的聚类算法使用网格数据结构,将数据空间划分为有限个单元(cell),所有的聚类操作都在以单元构成的网格结构上进行。基于网格的聚类算法的优点是处理速度很快,通常这与目标数据库中记录的个数无关,只与把数据空间分为多少个单元有关。

基于网格的代表性聚类算法有 STING(统计信息网格)、CLIQUE(聚类高维空间)等。

常用的聚类算法及其适用范围如表 9-1 所示。

表 9-1 常用的聚类算法及其适用范围

算 法	类 别	适 用 范 围	距 离 度 量
K-Means	基于划分的聚类算法	可用于样本数量大、聚类数目适中的场景	点之间的距离
K-Medoids	基于划分的聚类算法	对噪声鲁棒性比较好,削弱了异常值的影响,计算量大,一般只适合小数据量	点之间的距离
CURE	基于层次分析的聚类算法	适合处理大型数据、离群点以及具有非球形和非均匀大小簇的数据	点之间的欧氏或曼哈顿距离
Birch	基于层次分析的聚类算法	可用于样本数量大、聚类数目较多的场景	点之间的欧氏距离
DBSCAN	基于密度的聚类算法	可用于样本数量大、聚类数目适中的场景	最近的点之间的距离

本章主要介绍基于划分的聚类算法、基于层次分析的聚类算法和基于密度的聚类算法的原理以及每类代表性算法的应用。

9.1.4 聚类的评估

聚类评估用于评估在数据集上进行聚类的可行性,以及聚类算法产生结果的质量。聚类评估主要包括估计聚类趋势、确定聚类簇数以及度量聚类质量。

1. 估计聚类趋势

聚类趋势的估计用于确定给定的数据集是否具有可以导致有意义聚类的非随机结构。聚类要求数据具有非均匀分布，一个没有任何非随机结构的数据集（例如数据空间中均匀分布的点），尽管聚类算法可以为这样的数据集返回簇，但这些簇是随机的，没有任何意义。霍普金斯统计量（Hopkins Statistic）是一种空间统计量，可以用来检验空间分布的变量的空间随机性。

2. 确定聚类簇数

对于 K-Means 这样的聚类算法，聚类簇数不仅是必需的参数，也可以看作数据集重要的概括统计量。为了保证聚类的质量，应该首先确定最佳的簇数，再进行聚类和聚类质量的度量。但最佳簇数不易确定，因为其不仅依赖于数据集分布的形状和尺度，还依赖于用户要求的聚类分辨率。因此，在使用聚类算法导出详细的簇之前可进行簇数的估计。下面介绍几种常用的簇数估计方法。

一种是肘方法（Elbow Method），它是基于如下观察：增加簇数 k，样本划分会更加精细，每个簇的聚合程度会逐渐提高，有助于降低误差平方和（Sum of the Squared Errors，SSE）。当 k 小于最佳聚类数时，k 的增大会大幅度增加每个簇的聚合程度，故 SSE 的下降幅度很大；当 k 到达最佳聚类数时，再增加 k 所得到的聚合程度回报会迅速变小，SSE 的下降幅度会骤减，并随着 k 值的继续增大而趋于平缓。因此，SSE 和 k 的关系图类似手肘的形状，而这个肘部对应的 k 值就是最佳聚类数，即曲线的第一个（或最显著的）拐点暗示"正确的"簇数。

另一种简单的经验方法是，对于 n 个点的数据集，设置簇数 k 约为 $\sqrt{n/2}$，在期望下每个簇大约有 $\sqrt{2n}$ 个点。

还有一种交叉验证法，它把给定的数据集 D 划分为 m 个部分，使用其中 m-1 个部分建立聚类模型，并使用余下的一部分评估聚类质量（测试样本与类中心的距离和）；若 k>0 重复 m 次，比较总体质量，选择能获得最好聚类质量的 k 作为簇数。

3. 度量聚类质量

聚类质量的度量并不像有监督分类算法的度量（例如计算精度、召回率等）那样简单，特别是任何评估指标都不应考虑聚类标签的绝对值。如果该聚类定义了类似于某些基本真值类集的数据离散程度，或满足某些假设，则根据一些相似性度量，属于同一类的成员比不同类的成员更相似。聚类任务的目的就是要做到"物以类聚"，即达到"簇内相似度高"和"簇间相似度低"的性能效果。

聚类质量的度量指标通常有两种：一种是外部指标，通常是有监督情况下的有参考标准的指标，外部指标将聚类算法的聚类结果和已知标准（有标签的、人工标准或专家构建的理想聚类结果）相比较来度量聚类算法和各参数的指标；另一种是内部指标，通常是无监督的方法，无须基准数据集，通过聚类之后簇内聚集程度和簇间离散程度来评估聚类的质量。

1) 外部指标

外部指标是基于已知分类标签数据集(基准)进行评价的,这样可以将原有标签数据与聚类输出结果进行对比。基于外部指标的理想聚类结果是:具有不同类标签的数据聚合到不同的簇中,具有相同类标签的数据聚合到相同的簇中。

主要的外部指标有 Jaccard 系数(Jaccard Coefficient,JC)、FM 指数(Fowlkes and Mallows Index,FMI)、F 值(F-measure)、Rand 指数(Rand Index,RI)及调整兰德系数(Adjusted Rand Index,ARI)等。上述指标的结果值均在[0,1]区间内,值越大表明聚类算法和参考模型的聚类结果越接近,聚类质量相对越好。

2) 内部指标

内部指标主要基于无监督的方法,无须基准数据,主要根据数据集的集合结构信息从紧密度、分离度、连通性和重叠度等方面对聚类划分进行评价。内部指标通过计算总体的相似度、簇间平均相似度或簇内平均相似度等方面来评价聚类质量。这类指标常用的有误差平方和(SSE)、CH(Calinski-Harabasz)指标、轮廓系数等。

误差平方和(Sum of the Squared Errors,SSE)又称为 Inertia,计算簇中所有样本点到质心(centroids)距离的平方和。K-Means 等算法旨在求解能够让 Inertia 最小化的质心。将一个数据集中所有簇的簇内平方和相加,可得总误差平方和(Total Sum of Squared Errors,TSSE),又称为 Total Inertia。Total Inertia 越小,代表每个簇内的样本越相似,聚类的效果就越好。

CH 指标通过计算类中各点与类中心距离的平方和来度量类内的紧密度,通过计算各类中心点与数据集中心点距离的平方和来度量数据集的分离度。CH 指标的计算速度快。如果实际类标签未知,则可用 CH 指标(也称为方差比标准)来评估聚类模型,CH 指标较高对应较好的聚类效果。

轮廓系数(Silhouette Coefficient)指标是指对簇中的每个样本分别计算它们的轮廓系数,对于一个样本集合,它的轮廓系数是所有样本轮廓系数的平均值。轮廓系数在评估聚类的效果时综合了聚类簇内凝聚度(Cohesion)和簇间分离度(Separation)。每个样本的轮廓系数由两个分数组成,其中,簇内不相似度 a 表示样本与同一类别中所有其他点之间的平均距离,体现凝聚度;簇间不相似度 b 表示样本与下一个最近聚类中所有其他点之间的平均距离,体现分离度。单个样本的轮廓系数 s 定义为:

$$s = \frac{b-a}{\max(a,b)} \tag{9-4}$$

聚类结果的轮廓系数的取值在[-1,1]区间内,值越大,说明同簇样本相距越近,不同簇样本相距越远,则聚类效果越好。

9.2　基于划分的 K-Means 聚类算法

K-Means 聚类算法是较流行的聚类算法之一。K-Means 聚类算法通过分离 k 个相等方差组的样本来聚集数据,最小化簇内误差平方和(Within-Cluster Sum of Squared Errors)。简单来说,就是根据指定的簇的数量分离出 n 组数据,并令它们每组的标准(簇内误差平方和)最小化。

　　具体过程是,给定一个包含 n 个对象的数据,K-Means 聚类算法会构建初始的 k 个划分,每个划分表示一个簇,k≤n,并且每个簇满足:(1)至少包含一个对象;(2)每个对象必须属于且只属于一个簇。然后采用迭代的重定位方法,通过在划分间移动对象来改进划分的质量。一个好的划分的一般准则是在同一聚类中的对象之间尽可能"接近",而不同聚类的对象之间尽可能"远离"。基于划分的聚类算法试图穷举所有可能的划分以求达到全局最优。

　　K-Means 算法可以很好地扩展到大量样本,并已经被广泛应用于许多不同的领域。

9.2.1　K-Means 的基本概念

　　K-Means 算法通过遍历所有样本点并计算各点之间的欧氏距离将数据点分为多个簇(cluster),簇的中心称为质心或中心点,通常使用簇内各个对象的均值作为质心。使用簇内误差平方和评价聚类结果。

　　计算簇内误差平方和的公式如下:

$$J_e = \sum_{i=1}^{k} \sum_{X \in C_i} |X - m_i|^2 \tag{9-5}$$

m_i 是 C_i 的质心, $m_i = \dfrac{1}{n_i} \sum_{X \in C_i} X$。$J_e$ 是所有样本的误差平方和。

9.2.2　K-Means 的算法过程

　　K-Means 算法的基本思想是,首先随机选取 k 个数据点作为初始聚类中心,然后计算各个对象到所有聚类中心的欧氏距离,把对象归到离它最近的聚类中心所在的簇。之后计算新的聚类中心,如果相邻两次的聚类中心没有变化,说明对象调整结束,聚类产生的簇内数据已经收敛,至此算法结束。

　　算法的具体过程为:

　　(1) 选择随机的 k 个簇的初始划分,计算这些簇的质心。

　　(2) 根据欧氏距离把剩余的每个样本分配到离它最近的簇质心的一个划分。

　　(3) 计算被分配到每个簇的样本的均值向量,作为新的簇的质心。

　　(4) 重复步骤 2 和 3,直到 k 个簇的质心点不再发生变化或误差平方和最小。

　　在 K-Means 算法中,每一次迭代会把每一个对象划分到离它最近的聚类中心所在的簇,这个过程的时间复杂度为 O(nkd),n 是总的数据对象个数,k 是指定的聚类数,d 是数据对象的维数。

　　K-Means 算法的不足之处如下:

　　(1) 在 K-Means 算法中质心数量 k 是事先确定的,这个 k 值很难估计。在很多时候,事先并不知道给定的数据集应该分成多少类才最合适。

　　(2) 在 K-Means 算法中,常采用误差平方和函数作为聚类准则函数,如果各类之间区别明显且数据分布稠密,则误差平方和准则函数比较有效。但如果各类的形状和大小差别很大,为使误差平方和 J 值达到最小有可能出现将大的聚类分割的现象。此外在运用误差平方和准则函数测度聚类效果时,最佳聚类结果对应于目标函数的极值点,由于目标函数存在许多局部极小点,而算法的每一步都沿着目标函数减小的方向进行,若初始化落在一个局部极小点附近,就会造成算法在局部极小点处收敛。因此初始聚类中心随机选取可能会得到局部最优解,而难以获得全局最优解。

（3）从 K-Means 算法可以看出,该算法需要不断地对样本聚类进行调整,不断地计算新的聚类中心。因此,当数据量非常大时,算法的时间开销将是非常大的。

9.2.3　scikit-learn 中 K-Means 的应用

sklearn.cluster 模块中的 K-Means 类实现了 K-Means 聚类,其构造方法的主要参数如表 9-2 所示。

表 9-2　K-Means 类的构造方法的主要参数

参　数	含　义
n_clusters	整型,聚类的簇数 k,可尝试不同的 k 值来获得较好的聚类效果,也可用轮廓系数 (Silhouette Coefficient)等方法求最优的 k 值
max_iter	整型,默认值为 300,最大的迭代次数
n_init	整型,默认为 10。用不同的初始化质心运行 K-Means 算法的次数,取效果最好的一次
init	初始化的方式,使用'random'表示随机选择 k 个质心,也可以使用'k-means＋＋'或自己指定初始化的 k 个质心,默认为'k-means++'
algorithm	K-Means 所使用的算法,可设置为'auto'、'full'或'elkan',默认为'auto'。若数据是稀疏的,一般选择'full',否则选择'elkan'

在本节将使用鸢尾花(iris)数据和 make_blobs()生成的数据集介绍 scikit-learn 中 K-Means 的应用。

例 9-2　使用 K-Means 对鸢尾花(iris)数据集进行聚类。

```
In:
    from sklearn.cluster import KMeans
    from sklearn.datasets import load_iris
    import matplotlib.pyplot as plt
    # 载入数据
    iris = load_iris()
    data = iris.data
    target = iris.target
    # 设置簇数为 3,训练 K-Means 模型
    model = KMeans(n_clusters = 3, init = 'random')
    model.fit(iris.data)
    # 对比结果
    prediction = model.fit_predict(data)
    x = range(data.shape[0])
    def draw_label():
        plt.xlabel('samples')
        plt.ylabel('label')
    fig = plt.figure(figsize = (14,6))
    ax1 = fig.add_subplot(121)
    draw_label()
    ax1.set_title('True cluster')
    ax1.scatter(x, target, marker = 'o')
```

```
ax2 = fig.add_subplot(122)
draw_label()
ax2.set_title('Predict cluster')
ax2.scatter(x,prediction,marker = 'o')
plt.show()
#输出调整兰德系数的结果
from sklearn import metrics
print(metrics.adjusted_rand_score(target, prediction))
```

输出结果如下：

```
Out:
0.7302382722834697
```

实际类别与预测所属类别对比图如图 9-1 所示。

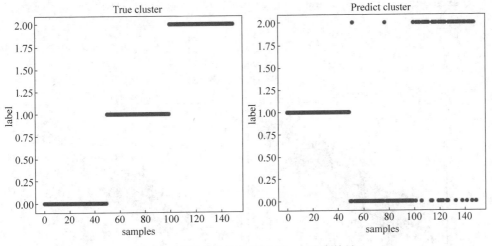

图 9-1　鸢尾花数据集的 K-Means 聚类结果

本例读入 iris 数据后，设置 K-Means 的聚类簇数为 3，并进行聚类，做出实际所属类别和预测所属类别的对比图，并输出调整兰德系数的结果。从结果可以看出，虽然有部分聚类的结果与实际情况不符，但整体聚类结果与实际类别比较接近。

例 9-3　使用 scikit-learn 中的 make_blobs()方法生成聚类的样本数据并用 K-Means进行聚类。make_blobs()方法可根据用户指定的样本总数、样本的特征数、中心点数量（类别数）、范围等生成数据，这些数据可用于测试聚类算法的效果。

```
In:
from sklearn.datasets import make_blobs
import pandas as pd
from sklearn.cluster import KMeans
import matplotlib.pyplot as plt
data,target = make_blobs(n_samples = 1000,            #1000 个样本
                         n_features = 2,              #每个样本两个特征
                         centers = [[-1, -1], [0, 0], [1, 1], [2, 2]],
                                                      #设置 4 个中心点
```

```
                                    cluster_std = [0.4, 0.3, 0.3, 0.2],   #每个类别设置不同的方差
                                    random_state = 1)
       model = KMeans(n_clusters = 4, random_state = 22)
       model.fit(data)
       def draw_label():
           plt.xlabel('x')
           plt.ylabel('y')
       cluster_labels = model.fit_predict(data)
       fig = plt.figure(figsize = (14,5))
       ax1 = fig.add_subplot(121)
       draw_label()
       ax2 = fig.add_subplot(122)
       ax1.set_title('Raw data')
       ax2.set_title('Clustering results')
       ax1.scatter(data[:,0], data[:,1], marker = 'o')
       ax2.scatter(data[:,0], data[:,1], c = cluster_labels, marker = 'o')
       draw_label()
       plt.show()
```

结果如图 9-2 所示。

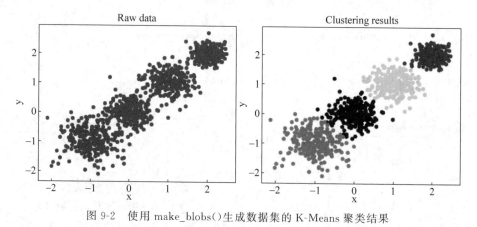

图 9-2　使用 make_blobs()生成数据集的 K-Means 聚类结果

在例 9-3 中,首先用 make_blobs()方法生成具有两个特征、4 个中心点的 1000 条样本数据,然后构建具有 4 个簇的 K-Means 聚类模型,用模型对样本数据进行聚类,并绘制数据的原始图形和聚类结果图,结果如图 9-2 所示。

9.3　基于层次分析的聚类

层次聚类应用的广泛程度仅次于基于划分的聚类,其核心思想就是按照层次把数据集中的数据划分到不同层的簇,从而形成一个树形的聚类结构,可以使用画图函数将树形的聚类结构输出。

层次聚类算法揭示了数据的分层结构,在树形结构上进行不同层次的划分可以得到不同的聚类结果。层次聚类按照聚类的过程可以分为自底向上的聚合聚类和自顶向下的分裂聚类。聚合聚类以 Birch、ROCK 等算法为代表,分裂聚类以 DIANA 算法为代表。

　　自底向上的聚合聚类将每个样本看作一个簇,在初始状态下簇的数目等于样本的数目,然后根据算法的规则对样本进行合并,直到满足算法的终止条件为止。自顶向下的分裂聚类先将所有样本看作属于同一个簇,然后逐渐分裂成更小的簇,直到满足算法的终止条件为止。目前大多数层次聚类是自底向上的聚合聚类,自顶向下的分裂聚类比较少。

9.3.1　基于层次分析的聚类的基本原理

　　基于层次的聚类算法一开始将每个点都看成一个簇,然后计算各个数据点间的相似性,将所有数据点中最相似的两个数据点进行组合,并反复迭代这一过程。简单地说,基于层次的聚类是通过计算每一个数据点与所有数据点之间的距离来确定它们之间的相似性,距离越小相似度越高,并将距离最近的两个数据点或类别进行组合,生成聚类树。

9.3.2　基于层次分析的聚类过程

　　本节介绍两种基于层次的聚类算法——CURE 和 Birch。

　　CURE 算法(Clustering Using Representative)为代表点聚类,是一种针对大型数据库的高效的聚类算法,它属于凝聚层次聚类方法,可适应非球形的几何形状数据的聚类,且对孤立点的处理更加健壮。

　　CURE 算法先把每个数据点看成一个簇,然后将距离最近的簇结合,直到簇的个数达到要求的数目为止。CURE 算法不同于单个质心或对象代表一个类的算法,CURE 算法是选择数据空间中固定数目的具有代表性的点。在选择代表性的点时,CURE 算法首先选择簇中距离质心最远的点作为第一个点,然后依次选择距离已选点最远的点,直到选择了固定数目个点为止,这些点尽量分散,因此有效地捕获了簇的形状和大小。

　　CURE 算法的具体过程为:

　　(1) 从总数据中随机选取一个样本。

　　(2) 利用层次聚类算法把这个样本聚类,形成最初的簇。

　　(3) 生成“代表点”。对于每个簇,选取代表点(例如 4 个),这些点尽量分散,按照固定的比例 α(收缩因子),把每个样本点向簇的“质心”收缩,生成代表点。

　　(4) 合并距离最近的簇,直到簇的个数为所要求的个数为止。

　　在上述过程中,代表点的收缩特性可以调整模型以匹配非球形的场景,而且收缩因子的使用可以减少噪声对聚类的影响。

　　Birch 的全称为 Balanced Iterative Reducing and Clustering Using Hierarchies,中文译为利用层次方法的平衡迭代规约和聚类。它适合于数据量大、类别数较多的聚类任务,且运行速度很快,只需要单遍扫描数据集就能进行聚类。Birch 采用了一种多阶段聚类技术,是层次聚类算法和其他聚类算法的集成。Birch 是一种基于距离的层次聚类算法,它最大的特点是能利用有限的内存资源完成对大数据集的高质量的聚类,同时通过单遍扫描数据集最小化 I/O 代价。

　　Birch 算法在 1996 年由 Tian Zhang 提出,通过聚类特征(CF)形成一个聚类特征树,root 层的 CF 个数就是聚类个数。Birch 算法的聚类过程是先扫描所有数据,建立初始化的 CF 树,把其中的稠密数据分成一个簇,把稀疏数据作为孤立点对待。如果内存不足,将会建立一个更小的 CF 树,可以补救由于输入顺序和阈值产生的影响,最后使用全局性算法对全部叶子结点进行聚类,改进聚类效果。

　　一般来说,Birch 算法适用于样本量较大的聚类问题,此外还可以做一些异常点检测等数据预处理任务。Birch 算法可以不输入聚类簇数 k 值,如果不输入 k 值,则最后的 CF 元组的组数即为最终的 k,否则会按照输入的 k 值对 CF 元组按距离大小进行合并。

9.3.3　scikit-learn 中 Birch 的应用

　　sklearn. cluster 模块中的 Birch 类实现了 Birch 聚类,其构造方法的主要参数如表 9-3 所示。

表 9-3　Birch 类的构造方法的主要参数

参　　数	含　　义
threshold	阈值,浮点型,默认值为 0.5。通过合并新样本和最近的子聚类获得的子簇半径应小于该阈值,否则将启动新的子簇。将此值设置得非常低会促进拆分
branching_factor	分支因子,整型,默认值为 50。此参数指定每个结点(内部结点)中 CF 子簇的最大数量
n_clusters	簇数,整型,默认值为 3。整个 Birch 算法完成后返回的簇数,即最后一个聚类步骤后的簇数,如果设置为"None",则不执行最后的聚类步骤,并返回中间的子簇

　　在本节将使用鸢尾花(iris)数据和 make_blobs()生成的数据集介绍 scikit-learn 中 Birch 的应用。

　　例 9-4　使用 Birch 对鸢尾花(iris)数据集进行聚类。

```
In:
    from sklearn.datasets import load_iris
    from sklearn.cluster import Birch
    import numpy as np
    import matplotlib.pyplot as plt
    iris = load_iris()
    model = Birch(n_clusters = 3, threshold = 0.4, branching_factor = 50)
    model.fit(iris.data)
    def draw_label():
        plt.xlabel('samples')
        plt.ylabel('label')
    prediction = model.fit_predict(iris.data)
    target = iris.target
    x = range(iris.data.shape[0])
    fig = plt.figure(figsize = (14,5))
    ax1 = fig.add_subplot(121)
    draw_label()
    ax1.set_title('True cluster')
    ax1.scatter(x, tar, c = tar, marker = 'o')
    ax2 = fig.add_subplot(122)
    draw_label()
    ax2.set_title('Predict cluster')
    ax2.scatter(x, prediction, c = prediction, marker = 'o')
    plt.show()
    print(y_predict[prediction])
```

```
#输出调整兰德系数的结果
from sklearn import metrics
print(metrics.adjusted_rand_score(target, prediction))
```

输出结果如下：

```
Out:
    0.7455038681804481
```

实际类别与预测所属类别的对比图如图 9-3 所示。

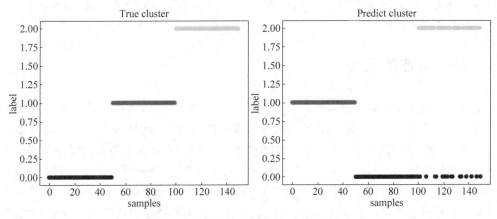

图 9-3　鸢尾花数据集的 Birch 聚类结果

在本例中，读入 iris 数据后，设置 Birch 的聚类簇数为 3，并进行聚类，做出实际所属类别和预测所属类别的对比图（不同类别设置不同颜色）。从结果上看，Birch 算法与 K-Means 算法的 ARI 指标基本相同，可知 Birch 算法在鸢尾花数据上的聚类效果也相对满意。

例 9-5　使用 make_blobs() 方法生成聚类的样本数据，并用 Birch 进行聚类。

```
In:
    import matplotlib.pyplot as plt
    from sklearn.datasets import make_blobs
    from sklearn.cluster import Birch
    #使用 make_blobs()生成 1000 个样本
    dataset, clusters = make_blobs(n_samples = 1000, centers = 5, cluster_std = 0.75,
random_state = 0)
    #创建 Birch 聚类模型
    model = Birch(branching_factor = 50, n_clusters = None, threshold = 1.5)
    #训练模型
    model.fit(dataset)
    #用相同的数据进行预测
    pred = model.predict(dataset)
    #绘制散点图,不同簇用不同颜色表示
    plt.grid(True)
    plt.scatter(dataset[:, 0], dataset[:, 1], c = pred, cmap = 'rainbow', alpha = 0.7,
edgecolors = 'b')
    plt.show()
```

结果如图 9-4 所示。

在例 9-5 中,首先用 make_blobs()方法生成了具有 5 个中心点的 1000 条样本数据,然后设置 n_clusters 的值为 None,构建了 Birch 聚类模型,用模型对样本数据进行聚类,并用不同颜色表示不同簇,绘制了数据的聚类散点图结果,如图 9-4 所示。注意,用户可尝试减小本例中 Birch 聚类的 threshold 参数(例如设置为 0.5),并观察绘制的聚类散点图结果。

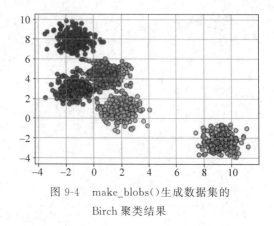

图 9-4　make_blobs()生成数据集的
Birch 聚类结果

9.4　基于密度的聚类

在前面学习了基于划分的聚类方法和基于层次的聚类方法,这两种聚类方法在聚类过程中根据距离来划分簇,因此常用于挖掘球状簇。但在现实应用中,很多数据都不是球状簇,为了解决这一问题,出现了基于密度的聚类算法。基于密度的聚类方法是以数据集在空间分布上的稠密度为依据进行聚类,无须预先设定簇的数量,因此特别适合对于未知内容的数据集进行聚类。基于密度的代表性聚类算法有 DBSCAN 和 OPTICS。由于基于密度的聚类算法是根据密度来计算样本的相似度,所以这一聚类算法能够用于挖掘任意形状的簇,并且能够有效地过滤掉噪声样本对于聚类结果的影响。

9.4.1　基于密度的聚类的基本原理

基于密度的聚类算法是利用密度思想将样本中的高密度区域(即样本点分布稠密的区域)划分为簇,将簇看作样本空间中被稀疏区域(噪声)分隔开的稠密区域,是一种基于高密度连接区域的密度聚类算法。这里以 DBSCAN 算法为例,其基本流程如下:从任意对象 P 开始,根据阈值和参数通过广度优先搜索提取从 P 密度可达的所有对象,得到一个聚类。若 P 是核心对象,则可以一次标记相应对象为当前类并以此为基础进行扩展,得到一个完整的聚类后再选择一个新的对象重复上述过程。若 P 是边界对象,则将其标记为噪声并舍弃。

9.4.2　基于密度的聚类过程

本节介绍基于密度的聚类算法——DBSCAN 算法的聚类过程。

DBSCAN 算法涉及两个参数,即半径 eps 和密度阈值 MinPts,该算法的具体过程如下:

(1) 以每一个样本点 x_i 为圆心,以 eps 为半径画一个圆。这个圆被称为样本点 x_i 的 eps 邻域。

(2) 对这个圆内包含的点进行计数。如果一个圆中样本点的数目超过了所设定的密度阈值 MinPts,那么将该圆的样本点圆心记为核心点,又称核心对象。如果某个样本点的 eps 邻域内样本点的个数小于密度阈值,但是其本身落在了核心点的邻域内,则称该点为边界点。除此之外,既不是核心点也不是边界点的点就是噪声点。

(3) 核心点 x_i 的 eps 邻域内的所有点都由 x_i 密度直达(如果 x_i 位于 x_j 的 eps 邻域中,

且 x_j 是核心对象,则称 x_i 由 x_j 密度直达)。如果 x_j 由 x_i 密度直达,x_k 由 x_j 密度直达,x_n 由 x_k 密度直达,那么 x_n 由 x_i 密度可达。这个性质说明了由密度直达的传递性可以推导出密度可达。

(4) 如果对于 x_k,使 x_i 和 x_j 都可以由 x_k 密度可达,那么称 x_i 和 x_j 密度相连。将密度相连的点连接在一起,就形成了聚类簇。

简单来说,如果一个样本点的 eps 邻域内的样本点的总数小于密度阈值,那么该点就是低密度点;如果大于密度阈值,那么该点就是高密度点。如果一个高密度点在另外一个高密度点的邻域内,就直接把这两个高密度点相连。如果一个低密度点在高密度点的邻域内,就将低密度点连在距离它最近的高密度点上,这是边界点。不在任何高密度点的 eps 邻域内的低密度点就是异常点。

9.4.3 scikit-learn 中 DBSCAN 的应用

sklearn.cluster 模块中的 DBSCAN 类实现了 DBSCAN 聚类,其构造方法的主要参数如表 9-4 所示。DBSCAN 类有两个主要参数,即 eps 和 min_samples,二者的组合对最终聚类效果有重要的影响。

表 9-4 DBSCAN 类的构造方法的主要参数

参 数	含 义
eps	浮点型,默认值为 0.5,DBSCAN 模型中最重要的参数,表示邻域的距离阈值,即将一个样本视为在另一个样本的邻域中时两个样本之间的最大距离。一般需要在多组值中选择一个合适的阈值。若 eps 过大,则更多的点会落在核心对象的邻域,此时簇数可能会减少,将不应该聚为一类的样本划分为一类;若 eps 过小,则类别数可能会增加,本应是一类的样本却被划分开
min_samples	整型,默认值为 5,表示样本点要成为核心对象所需要的邻域样本数阈值,通常和 eps 一起调参。在 eps 一定的情况下,min_samples 过大,则核心对象会过少,此时簇内部分本来是一类的样本可能会被标为噪声点,类别数也会变多;min_samples 过小,则会产生大量的核心对象,可能会导致类别数过少

在本节中仍然使用鸢尾花数据(iris)做示例。为了能更好地展示结果,将用 iris 数据集中的前两列数据做二维散点图。

例 9-6 使用 DBSCAN 对鸢尾花(iris)数据集进行聚类。

```
In:
    import matplotlib.pyplot as plt
    from sklearn.datasets import load_iris
    from sklearn.cluster import DBSCAN
    # 载入数据
    iris = load_iris()
    # 训练模型
    model = DBSCAN(eps = 0.4)
    model.fit(iris.data)
    # 对比结果
    label = model.labels_
    def draw_label():
```

```
        plt.xlabel('samples')
        plt.ylabel('label')
    fig = plt.figure(figsize = (14,5))
    #用iris数据中的前两个特征绘制散点图(实际类别结果)
    ax1 = fig.add_subplot(121)
    ax1.set_title('True cluster')
    draw_label()
    ax1.scatter(iris.data[iris.target == 0][:,0],iris.data[iris.target == 0][:,1],c =
"red",marker = 'o',label = '0')
    ax1.scatter(iris.data[iris.target == 1][:,0],iris.data[iris.target == 1][:,1],c =
"green",marker = '*',label = '1')
    ax1.scatter(iris.data[iris.target == 2][:,0],iris.data[iris.target == 2][:,1],c =
"blue",marker = '+',label = '-1')
    #用聚类数据中的前两个特征绘制散点图(模型聚类结果)
    ax2 = fig.add_subplot(122)
    ax2.set_title('Predict cluster')
    draw_label()
    ax2.scatter(iris.data[label == 0][:,0],iris.data[label == 0][:,1],c = "red",marker = 'o',
label = '0')
    ax2.scatter(iris.data[label == 1][:,0],iris.data[label == 1][:,1],c = "green",marker = '*',
label = '1')
    ax2.scatter(iris.data[label == -1][:,0],iris.data[label == -1][:,1],c = "blue",
marker = '+',label = '-1')
    plt.show()
    #输出调整兰德系数的结果
    from sklearn import metrics
    print(metrics.adjusted_rand_score(target, prediction))
```

输出结果如下:

Out:
```
    0.7455038681804481
```

结果如图9-5所示。

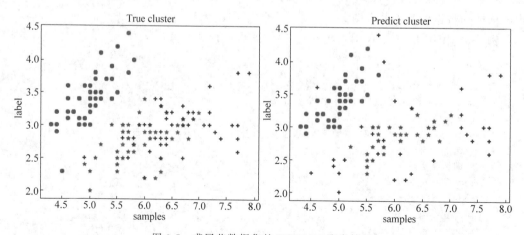

图9-5 鸢尾花数据集的DBSCAN聚类结果

本例读入 iris 数据后，设置 DBSCAN 的 eps 为 0.4，并进行聚类，用实际数据和预测数据的前两个特征分别做出散点图。从输出的调整兰德系数结果可以看出，DBSCAN 算法在鸢尾花数据上的聚类效果相对满意。

例 9-7 使用 make_blobs() 方法生成聚类的测试数据，并用 DBSCAN 进行聚类。

```
In:
        import numpy as np
        from sklearn.cluster import DBSCAN
        from sklearn import metrics
        from sklearn.datasets import make_blobs
        from sklearn.preprocessing import StandardScaler
        #设置中心点，使用 make_blobs() 生成有 4 个中心点的 800 个样本
        centers = [[1, 1], [-1, -1], [1, -1],[-1, 1]]
        X, labels_true = make_blobs(
            n_samples = 800, centers = centers, cluster_std = 0.4, random_state = 0
        )
        #对数据进行标准化，符合标准正态分布
        X = StandardScaler().fit_transform(X)
        #创建 DBSCAN 聚类模型，并训练模型
        model = DBSCAN(eps = 0.2, min_samples = 10)
        db = model.fit(X)
        labels = db.labels_          #数据集中每个点的集合标签，噪声点标签为 -1
        core_samples_mask = np.zeros_like(labels, dtype = bool)
        core_samples_mask[db.core_sample_indices_] = True   #core_sample_indices_ 为核心样本指数
        #获取标签中的簇数 n_clusters_，忽略噪声点
        n_clusters_ = len(set(labels)) - (1 if -1 in labels else 0)
        #获取噪声点数
        n_noise_ = list(labels).count(-1)
        #输出聚类簇数、噪声点数
        print("Estimated number of clusters: % d" % n_clusters_)
        print("Estimated number of noise points: % d" % n_noise_)
        #输出聚类评估指标
        print("Homogeneity: % 0.3f" % metrics.homogeneity_score(labels_true, labels))
        print("Completeness: % 0.3f" % metrics.completeness_score(labels_true, labels))
        print("V-measure: % 0.3f" % metrics.v_measure_score(labels_true, labels))
        print("Adjusted Rand Index: % 0.3f" % metrics.adjusted_rand_score(labels_true, labels))
        print(
            "Adjusted Mutual Information: % 0.3f"
            % metrics.adjusted_mutual_info_score(labels_true, labels)
        )
        print("Silhouette Coefficient: % 0.3f" % metrics.silhouette_score(X, labels))
        #绘制聚类结果
        import matplotlib.pyplot as plt
        plt.figure(figsize = (10,8))
        unique_labels = set(labels)
        #不同簇用不同颜色绘制，用不同大小表示核心点和非核心点，黑色是噪声点数据
        colors = [plt.cm.Spectral(each) for each in np.linspace(0, 1, len(unique_labels))]
        for k, col in zip(unique_labels, colors):
            #噪声点用黑色绘制
            if k == -1:
                col = [0, 0, 0, 1]
            class_member_mask = labels == k
```

```
        xy = X[class_member_mask&core_samples_mask]
        plt.plot(
            xy[:, 0],
            xy[:, 1],
            "o",
            markerfacecolor = tuple(col),
            markeredgecolor = "k",
            markersize = 14,
        )
        xy = X[class_member_mask& ~core_samples_mask]
        plt.plot(
            xy[:, 0],
            xy[:, 1],
            "o",
            markerfacecolor = tuple(col),
            markeredgecolor = "k",
            markersize = 6,
        )
    plt.title("DBSCAN Estimated number of clusters: % d" % n_clusters_)
    plt.grid(True)
    plt.show()
```

输出结果如下：

```
Out:
    Estimated number of clusters: 4
    Estimated number of noise points: 105
    Homogeneity: 0.865
    Completeness: 0.753
    V - measure: 0.805
    Adjusted Rand Index: 0.799
    Adjusted Mutual Information: 0.804
    Silhouette Coefficient: 0.513
```

结果如图 9-6 所示。

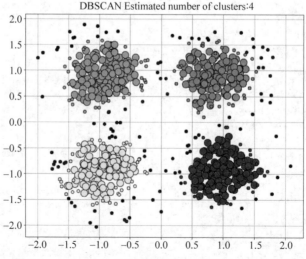

图 9-6　make_blobs()生成数据集的 DBSCAN 聚类结果

在例 9-7 中,首先用 make_blobs()方法生成了具有 4 个中心点的 800 条样本数据,然后设置 eps 和 min_samples 参数的值,构建了 DBSCAN 聚类模型。在对数据进行标准化处理后,用模型对样本数据进行聚类,并输出紧密性、间隔性等聚类模型的各项评估指标。绘制聚类结果图,不同簇用不同颜色绘制,用不同大小表示核心点和非核心点,噪声点数据用黑色绘制,结果如图 9-6 所示。注意,用户可尝试改变本例 DBSCAN 模型中的 eps 和 min_samples 参数,并观察聚类结果。

9.5　本章实战例题

例 9-8　用肘方法为鸢尾花(iris)数据的 K-Means 聚类选择最优的簇数 k,并使用 CH 指标评价不同 k 时的聚类质量。

```
In:
    import matplotlib.pyplot as plt
    from sklearn.cluster import KMeans
    from sklearn.datasets import load_iris
    import numpy as np
    ＃载入数据
    iris = load_iris()
    x = iris.data
    y_target = iris.target
    ＃保存不同 k 值下每次聚类的簇内误差平方和
    k_WCSS = []
    ＃聚类簇数为 1～10,进行聚类,将结果保存到列表 k_WCSS 中
    for n_clusters in range(1,11):
        cls = KMeans(n_clusters).fit(x)
        k_WCSS.append([n_clusters,cls.inertia_])
    ＃将保存了聚类簇数 k 和聚类 inertia_的列表转换为 NumPy 数组
    k_WCSS = np.array(k_WCSS)
    fig = plt.figure(figsize = (14,5))
    ＃绘制不同簇数 k 值对应的误差平方和折线图
    ax1 = fig.add_subplot(121)
    ax1.grid()
    ax1.plot(k_WCSS[:,0], k_WCSS[:,1])
    ax1.scatter(k_WCSS[:,0], k_WCSS[:,1],c = "red", marker = 'o')
    ax1.set_title('The Elbow Method')
    ax1.set_xlabel('Number of Clusters')
    ax1.set_ylabel('Sum of the Squared Errors')
    ax1.set_xticks(range(11))
    ＃根据肘方法发现 k 值为 3(曲率最高),因此对于 iris 数据集,最佳聚类数应该选 3
    ＃设置 k 为 3,对 iris 数据集进行 K-Means 聚类
    kmeans = KMeans(n_clusters = 3, init = 'k-means++', max_iter = 300, n_init = 10,
random_state = 0)
    y_pred = kmeans.fit_predict(x)
    ＃绘制聚类结果和质心散点图
    ax2 = fig.add_subplot(122)
    color = ['red','blue','green']
    ax2.grid()
    ax2.set_title('K-Means Cluster for Iris(n_clusters = 3)')
```

```
    ax2.set_xlabel('Sepal Length')
    ax2.set_ylabel('Sepal Width')
    for i in range(3):
        ax2.scatter(x[y_pred == i, 0], x[y_pred == i, 1], s = 30, c = color[i], label =
'Cluster' + str(i))
    centroid = kmeans.cluster_centers_
    ax2.scatter(centroid[:, 0], centroid[:, 1], marker = 'x', s = 80, c = 'black', label =
'Centroids')
    ax2.legend()
```

结果如图 9-7 和图 9-8 所示。

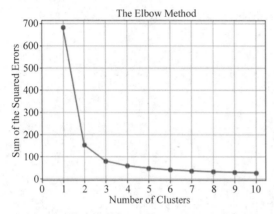

图 9-7 用肘方法为 iris 的 K-Means 聚类选择
最优簇数 k

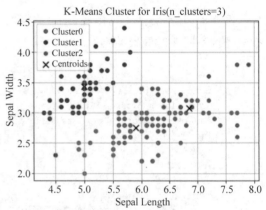

图 9-8 簇数为 3 时 K-Means 对 iris 数据的
聚类结果

首先使用肘方法为 K-Means 聚类选择最优簇数 k。分别计算聚类簇数 k 为 1~10 时 K-Means 对鸢尾花数据聚类的簇内误差平方和,并绘制不同 k 值对应的误差平方和折线图。根据肘方法发现当 k 值为 3 时出现拐点,因此对于 iris 数据集,最佳聚类数应为 3。接着设置簇数 k 为 3,对 iris 数据集进行 K-Means 聚类,并绘制聚类结果散点图和质心散点图。

然后输出聚类簇数 k 为 2~10 时的 CH 指标结果。CH 指标的输出结果说明当 k 值为 3 时聚类质量最好。

```
In:
    from sklearn import metrics
    # 使用 CH 指标评价不同 k 时的聚类质量
    for n_clusters in range(2,11):
    cls = KMeans(n_clusters).fit(x)
        labels = cls.labels_
        CH_score = metrics.calinski_harabasz_score(x, labels)
        print("For n_clusters = ", n_clusters, "The calinski_harabaz_score is :", CH_score)
```

例 9-9 用 PCA 对 iris 数据进行降维,并用 K-Means 对降维后的数据进行聚类。

在本例中使用主成分分析法(Principal Component Analysis,PCA)将鸢尾花数据集的 4 个特征降为二维,再用 K-Means 对降维后的数据进行聚类。PCA 是一种常用的数据降维算法。数据降维是指对高维度特征数据进行处理,保留重要的特征,去除噪声和不必要的特征,以达到提升数据处理速度的目的。

```
In:
    from sklearn import datasets
    import matplotlib.pyplot as plt
    from sklearn.decomposition import PCA
    data = datasets.load_iris()                    # 读入数据
    X = data['data']
    y = data['target']
    # 直接用 K - Means 对 iris 数据进行聚类,设 k = 3
    from sklearn.cluster import KMeans
    km = KMeans(init = "k - means++", n_clusters = 3).fit(X)
    y_result_1 = km.predict(X)
    # 设置中文显示
    plt.rcParams['font.sans - serif'] = ['Microsoft YaHei']
    plt.rcParams['axes.unicode_minus'] = False
    fig = plt.figure(figsize = (14,5))
    # 可视化直接聚类的结果
    ax1 = fig.add_subplot(121)
    ax1.set_title('直接用 K-Means 对 iris 聚类的结果(n_clusters = 3)')
    ax1.grid()
    ax1.set_xlabel('Sepal Length')
    ax1.set_ylabel('Sepal Width')
    ax1.scatter(X[:,0],X[:,1],c = y_result_1)        # 用不同颜色表示聚类所得的结果
    # 用 PCA 对 iris 数据进行降维,并用 K - Means 对降维后的数据进行聚类
    pca = PCA(n_components = 2)
    reduced_X = PCA(n_components = 2).fit_transform(X)
    km = KMeans(init = "k - means++", n_clusters = 3)
    y_result_2 = km.fit_predict(reduced_X)
    # 可视化 PCA 降维后的聚类结果
    ax2 = fig.add_subplot(122)
    ax2.set_title('对 iris 进行 PCA 降维后的聚类结果(n_clusters = 3)')
    ax2.grid()
    ax2.set_xlabel('PCA reduced_X[:,0]')
    ax2.set_ylabel('PCA reduced_X[:,1]')
    ax2.scatter(reduced_X[:,0],reduced_X[:,1],c = y_result_2)
```

结果如图 9-9 和图 9-10 所示。

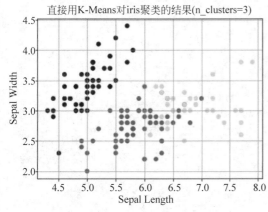
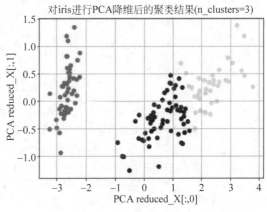

图 9-9　直接用 K-Means 对 iris 聚类的结果 　　　图 9-10　对 iris 进行 PCA 降维后的聚类结果

例 9-10　非"球形簇"数据的不同聚类算法对比。

```
In:
    from sklearn.datasets import make_blobs
    from sklearn import datasets
    from sklearn.cluster import KMeans,Birch,DBSCAN
    import numpy as np
    import pandas as pd
    # 使用 make_moons()和 make_blobs()方法生成样本数据,并连接为 data
    data1,target1 = datasets.make_moons(n_samples = 1000,noise = 0.1,random_state = 0)
    data2,target2 = datasets.make_blobs(n_samples = 1000, n_features = 2, centers = [[1.2,1.2],
[-0.5,-0.5]],
    cluster_std = [[0.1],[0.1]], random_state = 0)
    data = np.concatenate((data1, data2))
    def draw_label():
        plt.xlabel('x')
        plt.ylabel('y')
    # 分别用 K-Means、Birch 和 DBSCAN 对 data 进行聚类,并绘制初始数据散点图及聚类结果散点图
    # 初始数据散点图
    fig = plt.figure(figsize = (13,9))
    ax1 = fig.add_subplot(221)
    draw_label()
    ax1.set_title('Raw data')
    ax1.scatter(data1[:,0], data1[:,1],color = 'green',marker = 'o')
    ax1.scatter(data2[:,0], data2[:,1],color = 'blue',marker = 'x')
    # 用 K-Means 聚类并绘制聚类结果散点图
    model = KMeans(n_clusters = 3,random_state = 7)
    model.fit(data)
    preK = model.fit_predict(data)
    ax2 = fig.add_subplot(222)
    draw_label()
    ax2.set_title('K-Means clustering results')
    ax2.scatter(data[:,0], data[:,1], c = preK,marker = 'o')
    # 用 Birch 聚类并绘制聚类结果散点图
    model = Birch()
    model.fit(data)
    preB = model.fit_predict(data)
    ax3 = fig.add_subplot(223)
    draw_label()
    ax3.set_title('Birch clustering results')
    ax3.scatter(data[:,0], data[:,1], c = preB,marker = 'o')
    # 用 DBSCAN 聚类并绘制聚类结果散点图
    model = DBSCAN(eps = 0.1,min_samples = 5)
    model.fit(data)
    preD = model.fit_predict(data)
    ax4 = fig.add_subplot(224)
```

```
draw_label()
ax4.set_title('DBSCAN clustering results')
ax4.scatter(data[:,0], data[:,1], c = preD)
plt.show()
```

在本例中,使用 make_moons() 方法生成具有 1000 个样本的数据集 data1,使用 make_blobs() 方法生成具有 1000 个样本的数据集 data2,将 data1 和 data2 合并作为要聚类的数据 data。然后分别使用 K-Means、Birch 和 DBSCAN 3 种聚类算法对数据 data 进行聚类。从如图 9-11 所示的聚类结果可知,DBSCAN 在非"球形簇"数据上获得了较好的聚类效果。

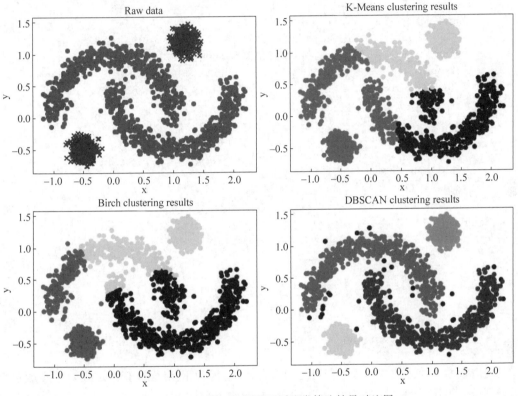

图 9-11 非"球形簇"数据的不同聚类算法结果对比图

例 9-11 基于 K-Means 算法的图像分割。

在本例中用 K-Means 对图像进行分割,将图像分割成多个部分,可将具有相似属性的像素分在一起。图像分割可为图像创建像素级的遮罩,有助于用户更全面、更透彻地理解图像对象。

首先需要安装 OpenCV 库,可在 Anaconda Prompt 下运行 pip install opencv-python 进行安装。

```
In:
import numpy as np
import matplotlib.pyplot as plt
import cv2
```

```
#加载图像
image = cv2.imread('data/cat.png')
#将图像颜色从 BGR 更改为 RGB
image = cv2.cvtColor(image, cv2.COLOR_BGR2RGB)
#将图像转换为具有 3 个颜色值(RGB)的二维像素数组
pixel_vals = image.reshape((-1,3))
#数组转换为 float 类型
pixel_vals = np.float32(pixel_vals)
#定义图形区域的大小
plt.rcParams["figure.figsize"] = (10,12)
fig, ax = plt.subplots(3,2, sharey=True)
#定义停止条件
# TERM_CRITERIA_EPS: 达到 ε 值(要求达到的精度)时停止,本例中定义为 85%
# TERM_CRITERIA_MAX_ITER: 达到最大迭代次数时停止,本例中定义为 100
criteria = (cv2.TERM_CRITERIA_EPS + cv2.TERM_CRITERIA_MAX_ITER, 100, 0.85)
#设置聚类簇数 K 为 2、5、8 并进行聚类,分别绘制原始图像和 K-Means 图像
for i in range(3):
        #绘制原始图像
        ax[i, 0].imshow(image)
        ax[i,0].set_title('Original Image')
        #应用 K-Means 进行聚类
        K = i*3+2
        ret, label, center = cv2.kmeans(pixel_vals, K, None, criteria, 4, cv2.KMEANS_RANDOM_
CENTERS)
        #将数据转换为 8-bit 值,绘制 K-Means 图像
        center = np.uint8(center)
        res = center[label.flatten()]
        #将数据重塑为原始图像尺寸
        res2 = res.reshape((image.shape))
        ax[i, 1].imshow(res2)
        ax[i,1].set_title('K = %s Image'% K)
```

随着簇数 K 值的增加,图像变得更加清晰,这是因为 K-Means 算法可以对更多颜色簇进行划分。原图及聚类簇数为 2、5 和 8 时的输出结果如图 9-12 所示。

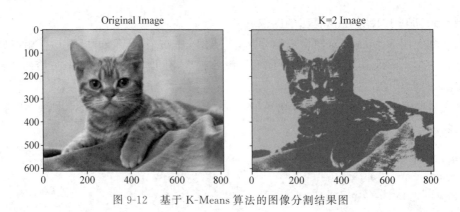

图 9-12　基于 K-Means 算法的图像分割结果图

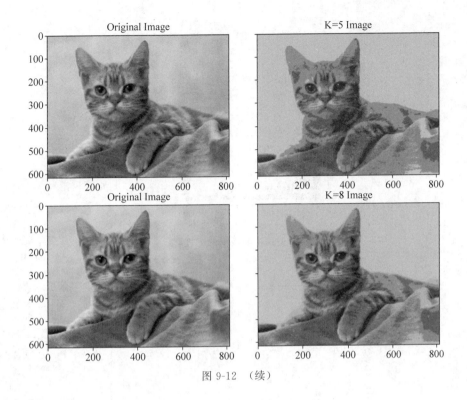

图 9-12 （续）

9.6 本章小结

聚类分析是一种在没有给定划分类别的情况下根据数据相似度进行样本分组的方法。与分类问题不同,聚类产生的标签是未知的,因此被称为"无监督学习"。在本章中学习了聚类的概念、聚类分析常用的算法以及其使用方法,需要重点掌握聚类分析常用的算法及其原理、聚类的常用评估指标、Python 中常用聚类算法的适用范围及应用实例。

9.7 本章习题

1. 将数据用 K-Means 算法聚类为两类,并作图显示,聚类的各簇中心点也要显示出来。数据为 [1,2]、[2,5]、[3,4]、[4,5]、[5,8]、[10,13]、[11,10]、[12,11]、[4,7]、[15,14]。聚类结果如图 9-13 所示。

2. 使用 K-Means 算法对信用卡数据进行聚类,数据集为 credit_card.csv,请用 CH 指标为 K-Means 算法选择最优的聚类簇数,并对聚类结果进行可视化。源数据和聚类结果分别如图 9-14 和图 9-15 所示。

3. 用 make_circles() 函数生成 1500 个数据点,并分别用 K-Means 算法和 DBSCAN

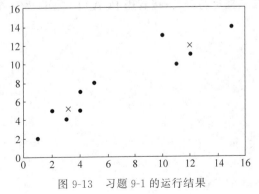

图 9-13 习题 9-1 的运行结果

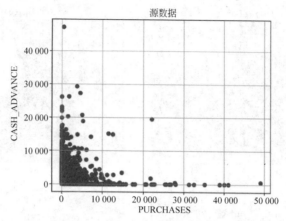

图 9-14　源数据的可视化

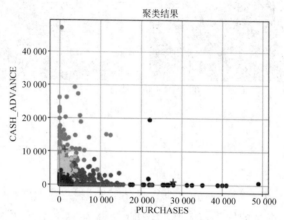

图 9-15　K-Means 聚类结果

算法对数据进行聚类,比较在非"球形簇"数据集上两种算法的聚类效果。在用 K-Means 聚类时,请用肘方法为其选择最优的簇数 k。其中,make_circles()函数可生成二维数据,形如一个大圆包含小圆。

4. 对学生数据按 3 门课的考试成绩进行聚类,数据集为 stu_scores. xlsx,将成绩分为 3 类,即成绩优秀的学生、成绩中等的学生以及还需努力的学生。请先用 K-Means 直接对成绩数据进行聚类,接着用 PCA 将数据降为一维后再次用 K-Means 进行聚类。

第 **10** 章

回 归 分 析

回归分析是一种预测性的建模技术,通常用来研究因变量和自变量之间的关系。本章中的回归和数学学科中的回归分析模型是相同的,是研究一组变量 $Y(Y_1、Y_2,\cdots,Y_n)$ 和另一组变量 $X(X_1、X_2,\cdots,X_n)$ 之间数学关系的统计分析方法。在 Python 中回归分析模型主要有线性回归、逻辑回归、多项式回归和岭回归等。

本章要点:
- 了解回归的基本概念。
- 理解常用回归算法的原理及过程。
- 掌握 Python 中常用回归模型的应用。

10.1 回归概述

回归(Regression)最初是遗传学的一个名词,由英国生物学家兼统计学家高尔顿提出。他在研究人类身高时发现,当父亲的身高增加时,总的趋势是儿子的身高也倾向于增加。但是,通过对试验数据深入分析,他发现了一个很有趣的现象——回归效应,即当父亲高于平均身高时,其儿子的身高比他更高的概率要小于比他更矮的概率;当父亲矮于平均身高时,其儿子的身高比他更矮的概率要小于比他更高的概率。这反映了一个规律,即这两种身高的父亲的儿子的身高有向他们父辈的平均身高回归的趋势。对于这个一般结论的解释是:大自然具有一种约束力,使人类身高的分布相对稳定,不产生两极分化,这就是所谓的回归效应。在遗传学中,回归代表一种趋势,而人们现在所认识的回归是统计学意义上的理解,是指研究两组数据上的关系,并用来预测因变量发展趋势的一种统计分析方法。

回归分析常用于预测以及发现因变量和自变量之间的因果关系,能够表明多个自变量对因变量的影响强度。这种技术通常用于预测分析、时间序列模型以及发现变量之间的因果关系,例如发现学生的成绩与他学习所花费时间之间的关系;还可以基于回归分析来制定计划和实施计划控制,例如计划制定、KPI 制定等;也可以基于预测的数据与实际数据进行对比和分析,确定事件的发展程度,并及时给未来的行动提供方向性指导。

回归有多种分类的方法。根据数据之间的关系,回归分析可分为确定性回归分析和非确定性回归分析。确定性回归分析是指数据之间的关系可以用确切的函数表现出来的回归分析,例如圆的周长 L 与圆的直径 d 的关系可以用函数 $L=\pi d$ 表示。非确定性回归分析是指虽然数据之间存在着某种关系,但是这种关系并不确定,受到一些因素的影响,这种关系围绕着函数关系上下变动,例如年龄与是否患有高血压之间的关系。根据所涉及变量的多少,回归分析可分为一元线性回归和多元线性回归。根据自变量和因变量之间的关系类型,回归分析可分为线性回归分析和非线性回归分析。

10.1.1　常用的回归模型

常用的回归模型包括线性回归、非线性回归、逻辑回归、岭回归、Lasso 回归等,如表 10-1 所示。

表 10-1　常用的回归模型

回归模型	描　　述	适用范围
线性回归	建立模型拟合因变量和一个或多个自变量之间的线性关系,可以用最小二乘法求解模型系数	因变量和自变量是线性关系
非线性回归	建立模型拟合因变量和一个或多个自变量之间的非线性关系,可以用最小二乘法求解模型系数	因变量和自变量不是线性关系
逻辑回归	利用 Logistic 函数将因变量的取值范围控制在 0~1,表示取值为 1 的概率。	因变量是二元类型(0/1、True/False、Yes/No)变量
岭回归	在多重共线性情况下,岭回归通过给回归估计增加一个偏差值来降低标准误差,是一种改良的最小二乘估计法	用于存在多重共线性(自变量高度相关)的数据
Lasso 回归	类似岭回归,Lasso 回归惩罚的是回归系数的绝对值,并且能减少变异性和提高线性回归模型的准确性	可以剔除一些不重要的变量

10.1.2　回归分析的步骤

回归分析一般可分为如下步骤。

1. 确定变量

收集包含自变量和因变量的数据,确定要预测的因变量,例如某公司下一年度的销售额,寻找与要预测因变量相关的影响因素,即自变量。

2. 根据自变量和因变量的关系构建回归模型

运用数据探索来识别变量的关系和影响,根据数据特征和预测目的选择并构建回归模型。

3. 进行相关性检验,确定相关系数

只有当自变量和因变量存在相关关系时进行回归分析才有意义,因此在回归分析中需检验自变量和因变量之间是否存在相关关系以及相关的程度。例如变量之间不存在相关关系,则运用回归模型分析可能得出错误的结果。

4. 求解模型的回归系数

计算模型的回归系数。

5．计算预测误差

对回归模型进行检验，并计算预测误差。通过检验且满足误差要求的回归模型才能用于预测。

6．利用回归模型对因变量进行预测

利用构建的模型对因变量进行预测或解释，并计算预测值的置信区间。

10.1.3　回归的相关系数

回归分析是对具有因果关系的影响因素（自变量）和预测对象（因变量）所进行的数理统计分析处理。进行回归分析一般要求出相关关系，并根据相关系数的大小判断自变量和因变量的相关程度。

相关性是常用的统计术语，指的是两个变量之间的关联程度。两个变量之间通常有以下3种关系之一：正相关、负相关和不相关。如果一个变量高的值对应于另一个变量高的值，低的值对应低的值，那么这两个变量正相关。例如价格和距离，乘客乘坐出租车的距离越远，则需要支付的费用越多，因此可以说价格和距离是正相关的。反之，如果一个变量高的值对应于另一个变量低的值，那么这两个变量负相关。如果两个变量之间没有关系，即一个变量的变化对另一个变量没有明显的影响，那么这两个变量不相关。

相关系数（correlation coefficient）最早是由统计学家卡尔·皮尔逊设计的统计指标，是描述变量之间线性相关程度的量，一般用字母 R 表示。根据研究对象不同，相关系数有多种定义方式，较为常用的仍是皮尔逊相关系数。相关系数定义如下：

$$R(X,Y) = \frac{Cov(X,Y)}{\sqrt{Var(X)Var(Y)}} \tag{10-1}$$

其中，Cov(X,Y)是 X 和 Y 的协方差，Var 是方差。

相关系数的取值范围是[−1,1]，若相关系数为正，则二者正相关；若相关系数为负，则二者负相关。数值越接近 0，相关度越小。在实际操作中，可以根据相关系数的结果对数据进行降维处理，减少无关因素的干扰，提高模型的运行速度。

10.1.4　回归模型的评价指标

回归模型的评价指标用来评判模型是否预测到了正确的数值，即模型的拟合效果。常用的评价指标主要有 MAE（平均绝对误差）、MSE（均方误差）、RMSE（均方根误差）等，通常这几个指标值越小，代表模型的性能越好。下面分别介绍评价回归拟合效果的 5 个常用指标（metrics）。

1．平均绝对误差（MAE）

MAE（Mean Absolute Error）表示实际值和预测值之间绝对误差的平均值，定义公式如下：

$$MAE = \frac{1}{n} \sum_{i=1}^{n} |y_i - \hat{y}_i| \tag{10-2}$$

2. 均方误差（MSE）

MSE（Mean Squared Error）表示实际值与预测值差值平方的平均值，定义公式如下：

$$MSE = \frac{1}{n} \sum_{i=1}^{n} (y_i - \hat{y}_i)^2 \tag{10-3}$$

3. 均方根误差（RMSE）

RMSE（Root Mean Square Error）是 MSE 的算术平方根，定义公式如下：

$$RMSE = \sqrt{\frac{1}{n} \sum_{i=1}^{n} (y_i - \hat{y}_i)^2} \tag{10-4}$$

4. 决定系数 R^2

由于 RMSE 和 MSE 对误差增加了平方运算，放大了较大误差样本对结果的影响，导致指标对于异常值更加敏感，如遇到偏离程度非常大的离群点时，即使数量很少，也会导致 RMSE 和 MSE 指标结果变得较差。此外，对于 MAE、MSE 和 RMSE 指标，在不同应用中，由于数据量纲不同，会得到不同的结果值大小，不易衡量模型效果的好坏。因此，可以使用决定系数 R^2（R-Square）指标评价模型，R^2 对误差进一步做了归一化，所以有了统一的评估标准。

当用于评估线性回归拟合效果时，决定系数 R^2 表示为模型的均方误差除以用实际值的平均值作为预测值时的均方误差，定义公式如下：

$$R^2 = 1 - \frac{\sum_{i=1}^{n} (y_i - \hat{y}_i)^2}{\sum_{i=1}^{n} (y_i - \bar{y}_i)^2} \tag{10-5}$$

由定义可知，R^2 的取值范围被归约为 $[0,1]$ 区间，决定系数越接近 1，说明回归模型的参考价值越高；决定系数越接近 0，说明参考价值越低。当 R^2 值为 1 时，模型没有误差，拟合效果最好。

5. 校正的决定系数 Adjusted R^2

随着样本数量的增加，R^2 的值会增大，可引入校正的决定系数 Adjusted R^2，抵消样本数量对 R^2 的影响，其定义公式如下：

$$Adjusted\ R^2 = 1 - \frac{(1 - R^2)(n - 1)}{n - k - 1} \tag{10-6}$$

其中，n 为样本数量，k 为特征数量。校正的决定系数 Adjusted R^2 同时考虑了样本数量 n 和回归中自变量个数 k 的影响，使得校正的决定系数永远小于决定系数 R^2，且校正的决定系数值不会由于回归中自变量个数的增加而越来越接近 1。

10.2　线性回归

线性回归是利用数理统计中的回归分析来确定两种或两种以上变量间相互依赖的定量关系的一种统计分析方法，运用十分广泛。线性回归分为一元线性回归和多元线性回归。

只包括一个自变量和一个因变量,且二者的关系可用一条直线近似表示的,称为一元线性回归分析。如果回归分析中包括两个或两个以上的自变量(或回归变量),且因变量(或目标变量)和自变量之间是线性关系,则称之为多元线性回归分析。

10.2.1 线性回归的原理

线性回归(Linear Regression)就是用线性函数 $f(x) = \sum_{i=1}^{n} w_i \cdot x_i + b$ 来拟合数据 $D = \{(x_1, y_1), (x_2, y_2), \cdots, (x_n, y_n)\}$,并使损失 J 最小。损失函数定义为:

$$J = \frac{1}{n} \sum_{i=1}^{n} (f(x_i) - y_i)^2 \tag{10-7}$$

在大多数的实际问题中并不知道回归系数的值,需通过已知的样本数据进行计算,生成线性回归模型。在线性回归模型中,其目标是求解回归方程,即求出回归方程中的回归系数 w_i。常用梯度下降法和最小二乘法求解损失函数最小化时的回归系数。

10.2.2 线性回归的应用

Python 中的 sklearn.linear_model 模块提供了很多线性回归模型,包括最小二乘回归、岭回归、Lasso 回归、ElasticNet 回归、贝叶斯回归等。其中,sklearn.linear_model 模块中的 LinearRegression 类用于实现最小二乘回归。LinearRegression 类拟合一个带有回归系数的线性模型,使得数据集中观测目标和线性近似预测目标之间的残差平方和最小。

LinearRegression 类的构造方法的语法格式如下:

```
sklearn.linear_model.LinearRegression( * , fit_intercept = True, normalize = False, copy_X = True, n_
jobs = None, positive = False)
```

LinearRegression 类的构造方法的主要参数如表 10-2 所示。
LinearRegression 类对象的主要属性如表 10-3 所示。
LinearRegression 类对象的主要方法如表 10-4 所示。

表 10-2 LinearRegression 类的构造方法的主要参数

参 数	含 义
fit_intercept	布尔型,表示是否需要计算截距,默认为 True
normalize	布尔型,表示是否需要标准化,默认为 False
copy_X	布尔型,表示是否复制 X 数据,默认为 True。如果为 True,X 将被复制,否则 X 将被覆盖
n_jobs	整型,默认值为 1,表示用于计算的作业数。该参数只在多标签的回归和数据量足够大的时候才生效
positive	布尔型,默认值为 False。当设置为 True 时,强制系数为正。该参数只有密集数组才支持

表 10-3 LinearRegression 类对象的主要属性

属 性	含 义
coef_	数组,表示线性回归模型中的回归系数
rank_	整型,表示矩阵 X 的秩。该函数仅在 X 密集时可用
intercept_	浮点数或数组(多个目标时),表示截距

表 10-4　LinearRegression 类对象的主要方法

方　　　法	含　　义
fit(X, y[, sample_weight])	设置估计器的参数,对训练集 X, y 进行训练
get_params([deep])	得到该估计器(estimator)的参数
predict(X)	使用训练得到的估计器对输入为 X 的集合进行预测(X 可以是测试集,也可以是需要预测的数据)
score(X,y[,sample_weight])	返回以 X 为样本、以 y 为目标的预测效果评分
set_params(** params)	设置估计器的参数

10.2.3　一元线性回归

1. 一元线性回归的原理

在一元线性回归模型中有两个变量——一个自变量 x 和一个因变量 y,它们之间存在类似一元一次方程的线性关系:

$$y = a + bx + \varepsilon \tag{10-8}$$

其中,b 是回归系数(regression coefficient), a 是截距(intercept),ε 是随机误差项。

下面介绍使用最小二乘法求解回归系数和截距的原理。对于每一个点(x_i, y_i),设 y_i 为实际测量值,$\hat{y}_i$ 为预测值,最小二乘法是通过最小化残差平方和(Residual Sum of Squares, RSS)找到最佳回归系数 $\hat{a}$ 和 $\hat{b}$,使所有点的实际值与预测值偏差的平方和最小,$\Delta y = y_i - \hat{y}_i$ 为残差。残差平方和的公式定义如下:

$$Q(\hat{a}, \hat{b}) = \sum_{i=1}^{n} (y_i - \hat{y}_i)^2 = \sum_{i=1}^{n} (y_i - \hat{a} - \hat{b}x_i)^2 \tag{10-9}$$

分别对 $\hat{a}$ 和 $\hat{b}$ 求一阶偏导并令其一阶偏导为 0,即

$$\frac{\partial Q}{\partial \hat{a}} = -2 \sum_{i=1}^{n} (y_i - \hat{a} - \hat{b}x_i) = 0 \tag{10-10}$$

$$\frac{\partial Q}{\partial \hat{b}} = -2 \sum_{i=1}^{n} (y_i - \hat{a} - \hat{b}x_i) x_i = 0 \tag{10-11}$$

求解方程组,可求出 $\hat{a}$ 和 $\hat{b}$ 的值为:

$$\hat{a} = \bar{y} - \hat{b}\bar{x} \tag{10-12}$$

$$\hat{b} = \frac{\sum_{i=1}^{n} (x_i - \bar{x})(y_i - \bar{y})}{\sum_{i=1}^{n} (x_i - \bar{x})^2} \tag{10-13}$$

其中,$\bar{x} = \frac{1}{n} \sum_{i=1}^{n} x_i$, $\bar{y} = \frac{1}{n} \sum_{i=1}^{n} y_i$,将求得的结果带入回归方程,即可得到最佳拟合曲线。

2. 一元线性回归的实例

下面通过一个经典的例子——比萨直径及价格来实现简单的一元线性回归。已知的比

萨信息包括直径和价格,如表 10-5 所示。

表 10-5　比萨直径及价格

训练实例	直径/英寸	价格/美元
1	6	7
2	8	9
3	10	13
4	14	17.5
5	18	18

将这些数据输入模型中,训练得到一元线性回归方程,然后实现可视化。

例 10-1　简单线性回归模型实例。

```
In:
    import matplotlib.pyplot as plt
    from sklearn.linear_model import LinearRegression
    plt.figure()
    X = [[6],[8],[10],[14],[18]]          #比萨的直径
    y = [[7],[9],[13],[17.5],[18]]        #比萨的价格
    model = LinearRegression()
    model.fit(X,y)
    #用回归模型对X进行预测,将结果放到yr中
    yr = model.predict(X)
    #作图
    plt.rcParams['font.family'] = 'STSong'
    plt.rcParams['font.size'] = 12
    plt.title('Pizza 直径与价格')
    plt.xlabel('直径(英寸)')
    plt.ylabel('价格(美元)')
    plt.grid(True)
    plt.plot(X, y, 'k.')        #真实值
    plt.plot(X, yr, 'g-')       #回归结果
    #绘制残差
    for idx, x in enumerate(X):
        plt.plot([x,x], [y[idx], yr[idx]], 'r-')
    plt.show()
    #模型评价
    score = model.score(X,y)
    print('R2 score of the LinearRegression model: %.2f' % score)
```

在上述代码中,通过 LinearRegression() 函数构造一个关于比萨价格 y 与尺寸 X 的一元回归模型 model,其中 X 为自变量,y 为因变量。使用 model 对象的 predict() 函数对数据集 X 进行预测,得到对应的价格预测结果 yr,如图 10-1 所示。

在图 10-1 中,黑色的点是真实的数据,斜线是用回归模型拟合的结果,竖线表示预测值和真实值之间的差异。用户可以使用 score() 函数来计算模型的决定系数 R^2,本例中 R^2 的计算结果为 0.91,说明本例中所得线性回归方程的拟合度较好。

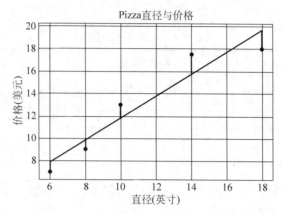

图 10-1　简单线性回归实例

10.2.4　多元线性回归

在一般情况下,因变量 y 和 n 个自变量都相关,如果存在两个或两个以上的自变量,就称为多元线性回归,多元线性回归模型表示多个解释变量(自变量)与一个被解释变量(因变量)之间的线性关系,如式 10-14 所示。

$$y = a + b_1 x_1 + b_2 x_2 + \cdots + b_n x_n + \varepsilon \tag{10-14}$$

其中,参数 $b_i (i=1,2,\cdots,n)$ 为回归系数。这一模型描述了由 n 个自变量 x 组成的 n 维超平面,参数 b_i 表示当其他回归变量 x 不变时 x_i 变化一个单位,导致因变量 y 的变化期望值。

对于多元线性回归模型,可以将模型简化为矩阵的形式:

$$y = XB + a + \varepsilon \tag{10-15}$$

其中,$X = [x_1, x_2, \cdots, x_n]$,$B = [b_1, b_2, \cdots, b_n]^T$。

与一元线性回归不同,多元线性回归有多个回归变量。在 Python 中,训练多元线性回归方程也是使用 LinearRegression() 函数。

例 10-2 往比萨模型中增加一个自变量配料种类,并用比萨直径和配料种类两个因素,构建模型,预测比萨价格,训练数据如表 10-6 所示。

表 10-6　修改的比萨模型

训练实例	直径/英寸	配料种类/种	价格/美元
1	6	2	7
2	8	1	9
3	10	0	13
4	14	2	17.5
5	18	0	18

例 10-2　多元回归实例。

在本例中,首先用包含比萨直径、配料种类和价格的数据训练回归模型,然后用模型预测测试数据的比萨价格,并作图显示。

```
In:
    import matplotlib.pyplot as plt
```

```
import numpy as np
from sklearn.linear_model import LinearRegression
X = [[6,2],[8,1],[10,0],[14,2],[18,0]]    #训练多元回归模型的比萨直径和配料种类
y = [7,9,13,17.5,18]                        #训练多元回归模型的比萨价格
model = LinearRegression()                  #构建回归模型
model.fit(X,y)                              #构建回归模型
print("Model coef_:",model.coef_)           #回归模型的系数
print("Model intercept_",model.intercept_)  #回归模型的截距
print("Model score:",model.score(X, y))     #回归模型在训练数据上的 R²
X_test = [[8,2], [9,0], [11,2], [12,0], [16,2]]   #测试多元回归模型的比萨直径和
                                                   #配料种类

X_test_1 = [i[0] for i in X_test]           #取测试比萨数据的直径,用于作图
y_test = [10, 11, 13, 14, 18.5]             #测试多元回归模型的比萨价格
y_pred = model.predict(X_test)              #用回归模型对测试数据进行预测
for i, pred in enumerate(y_pred):
    print("Predicted: %s, Target: %s" % (pred, y_test[i]))
print("R2 = %.2f" % model.score(X_test, y_test))  #回归模型在测试数据上的 R²
#作图
plt.title('Pizza price with diameter and materials')
plt.xlabel('Diameter(inch)')
plt.ylabel('Price')
plt.scatter(X_test_1, y_test)               #测试数据比萨尺寸和实际价格的散点图
plt.plot(X_test_1, y_pred, 'r-')            #测试数据回归结果
```

结果如图 10-2 所示。从输出结果可知,回归模型在测试数据上的决定系数为 0.97,本例中所得线性回归方程的拟合度较好。

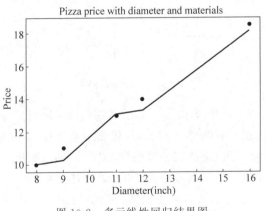

图 10-2　多元线性回归结果图

10.3　逻辑回归

逻辑回归(Logistic Regression)虽然被称为回归模型,但它处理的其实是分类问题,它是常用的经典分类方法之一。逻辑回归模型常用于预测一个或多个特征因素的二元响应概率,类似于概率论中的伯努利分布,用于估计某种事物的可能性。逻辑回归模型本质上是线性回归,是在线性模型的基础上通过逻辑映射函数转换,将线性回归的预测值转换为概率值,再根据概率值实现分类。简单来说,逻辑回归就是通过拟合一个逻辑函数(Logistic Function)来预测一

个事件发生的概率。逻辑回归常用于二分类问题,在多分类问题的推广叫 Softmax。

逻辑回归适用于数值型和标称型数据,优点是计算代码不多,易于理解和实现,且计算代价不高,速度快,存储资源低;缺点是容易欠拟合,分类精度可能不高。逻辑回归可应用于邮件分类、对是否患某种疾病的诊断、用户购买商品可能性的判断等。

10.3.1　逻辑回归的原理

在逻辑回归中,响应变量描述了预测结果是正的概率,如果响应变量大于或等于一个设定的区分阈值,会被预测为正向类,否则就会被预测为负向类。这个响应变量所对应的逻辑函数就是 Sigmoid 函数,Sigmoid 函数的公式如下。

$$g(z) = \frac{1}{1 + e^{-z}} \tag{10-16}$$

Sigmoid 函数的自变量的取值可以为任意实数,函数的值域为 $[0,1]$,函数曲线如图 10-3 所示。

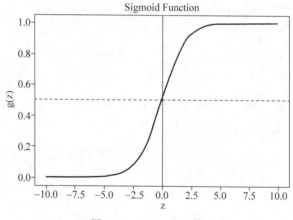

图 10-3　Sigmoid 函数

逻辑回归可以被看成一种概率估计。为了实现 Logistic 回归分类,可以在每个输入特征上乘以一个回归系数,把所有结果值相加,并将相加结果输入 Sigmoid 函数,得到一个范围为 $0\sim1$ 的数值。任何大于设定的区分阈值(例如 0.5)的数据被归入正向类,小于阈值的被归入负向类,这样就完成了由值到概率的转换,即分类任务。

Sigmoid 函数的输入记为 z,可以由下面的公式得到:

$$z = \theta^T x = \theta_0 + \theta_1 x_1 +, \cdots, + \theta_n x_n = \sum_{i=1}^{n} \theta_i x_i \tag{10-17}$$

若采用向量的写法,上述公式可以写成 $z = \theta^T x$,它表示将这两个数值向量的对应元素相乘,然后全部加起来得到 z 值。结合式(10-16)及(10-17)可得:

$$h_\theta(x) = y(\theta^T x) = \frac{1}{1 + e^{-\theta^T x}} \tag{10-18}$$

其中,向量 x 是分类器的输入数据,向量 θ^T 是要求的最佳参数(系数),可使分类器尽可能地准确。在确定了分类器的函数形式之后,求解问题变成了如何求解最佳回归系数,可以使用梯度上升等最优化方法求解最佳回归系数。

10.3.2 LogisticRegression 的应用

sklearn.linear_model 模块中的 LogisticRegression 类用于实现逻辑回归。LogisticRegression 回归函数拟合一个带有回归系数的线性模型,使得数据集中观测目标和线性近似预测目标之间的残差平方和最小。

LogisticRegression 类的构造方法的语法格式如下:

```
sklearn.linear_model.LogisticRegression(penalty = 'l2', *, dual = False, tol = 0.0001, C = 1.0,
fit_intercept = True, intercept_scaling = 1, class_weight = None, random_state = None, solver =
'lbfgs', max_iter = 100, multi_class = 'auto', verbose = 0, warm_start = False, n_jobs = None,
l1_ratio = None)
```

LogisticRegression 类的构造方法的主要参数如表 10-7 所示。

LogisticRegression 类对象的主要属性如表 10-8 所示。

LogisticRegression 类对象的主要方法如表 10-9 所示。

表 10-7　LogisticRegression 类的构造方法的主要参数

参　　数	含　　义
penalty	字符串型,指定惩罚项中使用的规范,可以为 'l1'、'l2'、'elasticnet' 或 'None',默认为'l2'。L1 规范假设的是模型的参数满足拉普拉斯分布,L2 假设模型的参数满足高斯分布,newton-cg、sag 和 lbfgs 算法只支持 L2 规范
C	float 型,正则化系数的倒数,必须是正浮点数。与 SVM 一样,越小的值表示越强的正则化
class_weight	dict 字典型或'balanced'字符串,默认为 None,即不考虑权重
random_state	int 型,随机状态,默认为 None,在优化算法参数 solver 为 'sag'、'saga' 或 'liblinear' 时打乱数据
solver	逻辑回归损失函数的优化算法,可以为 'newton-cg'、'lbfgs'、'liblinear'、'sag'、'saga',默认为'lbfgs'。'liblinear' 适用于小数据集,'sag' 和 'aga' 在大数据集上更快
max_iter	int 型,默认值为 100,solver 收敛的最大迭代次数

表 10-8　LogisticRegression 类对象的主要属性

属　　性	含　　义
classes_	数组,分类器的类别标签列表
coef_	数组,表示决策函数中各特征的系数
n_features_in_	int 型,fit()方法中的特征数
feature_names_in_	数组,fit()方法中的特征名称
n_iter_	数组,所有类的实际迭代次数

表 10-9　LogisticRegression 类对象的主要方法

方　　法	含　　义
fit(X, y[, sample_weight])	根据给定的训练数据 X 拟合模型
get_params([deep])	获取此估计器的参数
predict(X)	预测 X 中样本的类别标签
score(X, y[, sample_weight])	返回给定测试数据和标签的平均精度

10.3.3　逻辑回归的应用

逻辑回归将在线性回归中得到的预测值通过映射到 Sigmoid 函数完成了由值到概率的转化,实现分类,即输出的预测值用逻辑函数的非线性函数转换为了概率。它基于一个或多个自变量预测因变量,常用于二分类问题,改进的逻辑回归也可以用于多类。

下面的例子使用逻辑回归模型预测冠心病(CHD)的患病风险,使用的数据集为 framingham,可在 Kaggle 网站上公开获取,网址为"https://www.kaggle.com/dileep070/heart-disease-prediction-using-logistic-regression"。

例 10-3　使用逻辑回归模型预测冠心病(CHD)的患病风险。

数据集说明:该数据集是对美国马萨诸塞州弗雷明翰镇居民进行的心血管研究数据。数据集包括 4000 多条记录和性别、年龄、BMI、心率等 15 个属性,目标列是预测患者是否有冠心病(CHD)10 年患病风险("1"表示"是","0"表示"否")。

首先读入数据,查看数据信息,并对数据进行预处理,删除有缺失值的数据。

```
In:
    import pandas as pd
    from sklearn import preprocessing
    import matplotlib.pyplot as plt
    df = pd.read_csv("data/framingham.csv")          ♯读入数据并查看数据信息
    print(df.shape)
    ♯数据预处理,删除有缺失值的数据
    df.rename(columns = {'male':'gender'}, inplace = True)
                                                    ♯将性别列的列名由 male 改为 gender
    print(df.isnull().sum())                         ♯查看缺失值信息
    df.dropna(axis = 0, inplace = True)              ♯将有缺失值的数据删除
```

进行数据相关性分析并做出热力图(图略)。相关性分析显示,"education"与"TenYearCHD"的相关度很低,"sysBP"和"diaBP"高度相关,"currentSmoker"和"cigsPerDay"高度相关,故删除"education""currentSmoker"和"diaBP" 3 个特征。

```
In:
    import seaborn as sns
    plt.figure(figsize = (15,15))
    df_corr = df.corr()
    sns.heatmap(df_corr, annot = True, linewidths = 0.1)
    ♯删掉'education'、'currentSmoker'、'diaBP' 3 个特征
    features_to_drop = ['education','currentSmoker', 'diaBP']
    df.drop(features_to_drop, axis = 1, inplace = True)
```

统计有患病风险和无患病风险的人数,结果显示有 3179 名患者没有心脏病,572 名患者有患心脏病风险。

```
In:
    print(df.TenYearCHD.value_counts())
    sns.countplot(x = df['TenYearCHD'])
```

将数据划分为训练集和测试集,对训练数据和测试数据进行归一化处理。

```
In:
    from sklearn.model_selection import train_test_split
    X_train, X_test, y_train, y_test = train_test_split(df.iloc[:,:-1], df.iloc[:,-1],
test_size = 0.2, random_state = 0)
    from sklearn.preprocessing import MinMaxScaler
    min_max_scaler = MinMaxScaler()
    scaled_train = min_max_scaler.fit_transform(X_train)
    X_train = pd.DataFrame(scaled_train, index = X_train.index, columns = X_train.columns)
    scaled_test = min_max_scaler.transform(X_test)
    X_test = pd.DataFrame(scaled_test, index = X_test.index, columns = X_test.columns)
```

构建并训练 LogisticRegression 模型,并对测试数据进行预测。

```
In:
    from sklearn.linear_model import LogisticRegression
    from sklearn import metrics
    from sklearn.metrics import accuracy_score
    logreg = LogisticRegression()
    logreg.fit(X_train, y_train)
    y_pred = logreg.predict(X_test)
```

输出详细的分类性能评价结果和混淆矩阵。

```
In:
    from sklearn.metrics import confusion_matrix, classification_report
    print('The details for classification_report is:')
    print (classification_report(y_test, y_pred))
    cm = confusion_matrix(y_test, y_pred)
    conf_matrix = pd.DataFrame (data = cm, columns = ['Predicted:0', 'Predicted:1'], index =
                            ['Actual:0', 'Actual:1'])
    plt.figure(figsize = (8, 5))
    print('The details for confusion matrix is:')
    sns.heatmap(conf_matrix, annot = True, fmt = 'd', cmap = "Greens")
    plt.show()
```

输出结果为:

```
Out:
    The details for classification_report is:
                    precision    recall   f1 - score    support
            0          0.84        1.00       0.91        609
            1          0.79        0.09       0.16        123
        accuracy                              0.84        732
        macro avg      0.81        0.54       0.54        732
     weighted avg      0.83        0.84       0.79        732
```

输出的混淆矩阵结果如图 10-4 所示。

混淆矩阵显示 606+11=617 个正确预测和 112+1=113 个错误预测。从结果数据可以看出,虽然逻辑回归模型的整体准确率为 0.84,但对于 TenYearCHD 为 1 的类,recall 和

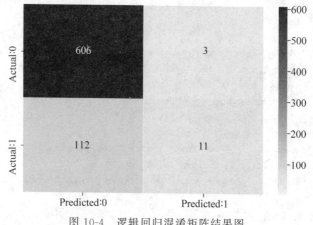

图 10-4　逻辑回归混淆矩阵结果图

f1-score 较低,即有较多有患病风险的患者被预测为没有患病风险。后续可以通过均衡数据和特征选择等方法进一步提升预测性能。

10.4　其他回归

10.4.1　多项式回归

1. 多项式回归的原理

线性模型可以应用于存在线性关系的数据中,但在实际应用中很多数据之间存在着更加复杂的非线性关系,采用线性模型无法很好地拟合数据(欠拟合)。对于非线性数据,可以尝试使用多项式回归(Polynomial Regression)进行拟合。多项式回归使用基函数扩展线性模型,是多元线性回归的特例。在多项式回归中加入了特征的高次项,用来捕获数据中的非线性变化。这种方法保持了线性方法的一般快速性能,同时允许它们适应更广泛的数据范围。

研究一个因变量与一个或多个自变量间多项式的回归分析方法称为多项式回归,自变量 x 和因变量 y 之间的关系被建模为 x 的 n 次多项式。如果自变量只有一个,则称为一元多项式回归,如式(10-19)表示一元 m 次多项式回归。

$$y = a + b_1 x_1 + b_2 x_1^2 + \cdots + b_m x_1^m \tag{10-19}$$

如果自变量有多个,则称为多元多项式回归,如式(10-20)表示二元二次多项式回归方程。

$$y = a + b_1 x_1 + b_2 x_2 + b_3 x_1 x_2 + b_4 x_1^2 + b_5 x_2^2 \tag{10-20}$$

多项式回归的最大优点就是可以通过增加 x 的高次项对实际数据点进行逼近,直到满意为止。多项式回归可以处理相当一类非线性问题,它在回归分析中占有重要的地位,因为任一函数都可以分段用多项式来逼近。多项式回归的缺点是在添加高阶项时增加了模型的复杂度。随着模型复杂度的升高,模型的容量及拟合数据的能力增加,可以进一步降低训练误差,但导致过拟合的风险也随之增加。

2. 多项式回归的应用

多项式回归是处理非线性数据的一种有效方法,可以调用 sklearn.preprocessing 模块中的 PolynomialFeatures 类构建多项式特征对象,PolynomialFeatures 类的构造方法中的参数 degree 为多项式的阶数。

例 10-4 使用二次多项式回归拟合非线性数据。

首先导入库,生成 100 个 $-3\sim4$ 的浮点数,并设 $y=5x^2+3x+2$。

```
In:
    import numpy as np
    import matplotlib.pyplot as plt
    from sklearn.linear_model import LinearRegression
    from sklearn.preprocessing import PolynomialFeatures
    from sklearn.metrics import mean_squared_error, r2_score
    x = np.array(7 * np.random.rand(100, 1) - 3 )      #x 为 100 个 -3~4 的随机数
    x1 = x.reshape(-1, 1)                               #将 x 变为矩阵,多行一列的形式
    y = 5 * x * x + 3 * x + 2                           #设置 y 与 x 之间的关系
    #绘制初始 x 和 y 的散点图
    plt.scatter(x, y, s = 10)
    plt.xlabel("$x$", fontsize = 18)
    plt.ylabel("$y$", rotation = 0, fontsize = 18)
    plt.title('Original Non Linear Data')
    plt.show()
```

输出初始数据情况如图 10-5 所示,x 与 y 之间为非线性关系。

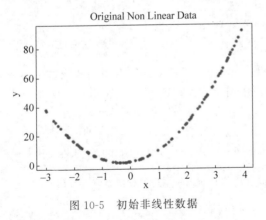

图 10-5 初始非线性数据

首先尝试用线性模型拟合数据,构建及训练模型,用模型预测因变量,并绘制初始数据情况及线性模型预测结果。然后使用均方误差 MSE 和 R^2 评估线性模型的性能。

```
In:
    linear_model = LinearRegression()
    linear_model.fit(x1, y)
    #输出所得线性模型的参数
    print('Slope of the Linear Model is: %.2f'% linear_model.coef_)
    print('Intercept of the Linear Model is: %.2f'% linear_model.intercept_)
```

```
y_predicted = linear_model.predict(x1)
#绘制初始数据情况及线性模型预测结果
plt.plot(x1, y, 'b.', label = "Original Data")
plt.plot(x1, y_predicted, color = "green", linewidth = 2, label = "Linear Predictions")
#线性模型评估,根据均方误差 MSE 和 R² 计算模型的性能
print('MSE of Linear model is: %.2f' % mean_squared_error(y, y_predicted) )
print('R2 score of Linear model is: %.2f' % r2_score(y, y_predicted))
```

线性模型的输出结果如下。

```
Out:
    Slope of the Linear Model is: 7.19
    Intercept of the Linear Model is: 19.89
    MSE of Linear model is: 289.93
    R2 score of Linear model is: 0.40
```

由 MSE 及 R^2 结果可知,线性模型的性能不佳,可尝试用多项式回归拟合。

```
In:
    #初始化二次多项式特征生成器,然后进行线性回归
    poly2_features = PolynomialFeatures(degree = 2, include_bias = False)
    x_poly2 = poly2_features.fit_transform(x1)    #映射出二次多项式特征,存储在变量 x_
poly2 中
    #以线性回归器为基础初始化回归模型,尽管特征的维度有提升,但模型基础仍是线性模型
    regressor_poly2 = LinearRegression()              #使用默认配置初始化回归模型
    regressor_poly2.fit(x_poly2, y)                   #训练多项式回归模型
    #输出所得模型的参数
    print('Coefficients of Polynomial Model are: ', regressor_poly2.coef_)
    print('Intercept of Polynomial Model is: %.2f' % regressor_poly2.intercept_)
```

根据输出的 coef_和 intercept_结果得到二次多项式模型为 $y = 5x^2 + 3x + 2$。接下来对二次多项式的回归曲线进行作图,结果如图 10-6 所示。

```
In:
    #对二次多项式的回归曲线进行作图
    x_new = np.linspace(-3, 4, 100).reshape(100, 1) #在 x 轴上 -3~4 均匀采样 100 个数据点
    x_new_poly = poly2_features.transform(x_new)    #重新映射绘图所用的 x 轴采样数据
    #使用二次多项式回归模型对 x 轴采样数据的 y 值进行预测
    y_new = regressor_poly2.predict(x_new_poly)
    plt.plot(x_new, y_new, "r-", linewidth = 2, label = "Predictions")    #对二次多项式的回
                                                                          #归曲线进行作图
    plt.xlabel("$x$", fontsize = 18)
    plt.ylabel("$y$", rotation = 0, fontsize = 18)
    plt.legend(loc = "upper left", fontsize = 14)
    plt.title("LinearandPolynomial 2 Regression Plot")
    plt.show()
```

根据均方误差 MSE 及 R^2 进行多项式模型的性能评估。

```
In:
    y_deg2 = regressor_poly2.predict(x_poly2)
```

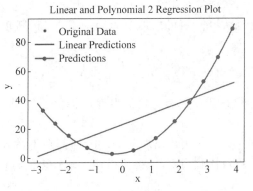

图 10-6　线性拟合和二次多项式拟合

```
print('MSE of Ploy 2 model is: % .2f' % mean_squared_error(y, y_deg2) )
print('R2 score of Ploy 2 model is: % .2f' % r2_score(y, y_deg2))
```

输出结果如下,二次多项式很好地拟合了本例中的非线性数据。

```
Out:
    MSE of Ploy 2 model is: 0.00
    R2 score of Ploy 2 model is: 1.00
```

10.4.2　岭回归

岭回归(Ridge Regression)又称提克洛夫规范化(Tikhonov Regularization),是一种专门用于共线性数据分析、挖掘的有偏估计回归方法,其实质上是一种改良的最小二乘法,通过放弃最小二乘法的无偏性,以损失部分信息、降低精度为代价获得回归系数更符合实际、更可靠的回归方法,对病态、偏态数据的拟合度要强于最小二乘法。但是,由于岭回归并没有将每个系数收缩到 0,而只是将其变小,所以在某些时候得出的模型的解释性会变低。

1. 正则化

在线性回归中通过最小化损失函数来计算回归系数,若线性回归模型认为某个特征是重要的,该特征会被赋予很高的系数。然而,这可能会导致过拟合,为了避免过拟合,可以使用正则化来惩罚大系数。

正则化是一个能用于防止模型过拟合的技巧的集合。一般原理是在损失函数后面加一个对参数的约束项,这个约束项被叫作正则化项,也称惩罚项。常用的正则化技术有 L1 正则化、L2 正则化、Dropout 正则化。

scikit-learn 库为用户提供了几个常用的正则化线性回归模型,最常用的便是岭回归和 Lasso 回归。使用 L2 正则化技术的回归模型称为岭回归,使用 L1 正则化技术的回归模型称为 Lasso 回归,岭回归和 Lasso 回归可以用来解决标准线性回归的过拟合问题。

2. 岭回归的定义

当线性回归过拟合时,回归模型中的系数 w_i 会很大,导致模型的泛化能力较差。岭回归是在线性回归的基础上,在损失函数中加入 L2 正则化项,对过大的系数进行惩罚,从而避免过大的模型系数。因此,岭回归可以理解为增加了 L2 正则化项的线性回归。岭回归要最小化的损失函数定义如下:

$$J = \frac{1}{N} \sum_{i=1}^{N} (f(x_i) - y_i)^2 + \lambda \sum_{i=1}^{n} w_i^2 \tag{10-21}$$

其中,λ 是可自设的惩罚系数,用于调节惩罚的力度。λ 越大,惩罚力度越大,各个回归系数 w_i 求出来的绝对值就越小。

岭回归的求解比较简单,一般用最小二乘法。岭回归在不抛弃任何一个特征的情况下缩小了回归系数,使模型相对比较稳定,但会使模型保留较多的特征,模型可解释性差。

3. 岭回归的应用

若数据各变量之间存在多重共线性或使用线性回归存在过拟合情况,可以考虑使用岭回归。

在 Python 的 sklearn. linear_model 模块中提供了岭回归模型 Ridge,模型中的 alpha 参数设置了正规化的强度,alpha 必须为正的浮点数,默认值为 1.0。正则化改进了问题的条件化,减少了估计的方差。alpha 值越大,正则化越强。

在例 10-5 中用岭回归预测联合循环发电厂(CCPP)数据集中的发电量。这个数据集来自于 UCI Machine Learning Repository。数据集中是一个循环发电场的数据,共有 9568 个样本数据。每条数据有 5 列,分别是环境温度(AT)、抽真空(EV)、环境压力(AP)、相对湿度(RH)以及电厂每小时的净电能输出(PE)。前 4 列为特征,最后一列为要预测的因变量。数据集可在"http://archive. ics. uci. edu/ml/machine-learning-databases/00294/"下载。

例 10-5 岭回归预测联合循环发电厂的发电量。

在本例中首先读入数据,保存到 DataFrame 结构的变量 data 中,数据共有 9568 行、5 列。将前 4 列设置为特征列 X,将最后一列设置为目标列。

```
In:
    import matplotlib.pyplot as plt
    import pandas as pd
    from sklearn.metrics import r2_score,mean_absolute_error, mean_squared_error
    #读入数据,并查看数据信息
    data = pd.read_csv('data/Folds5x2_pp.csv')
    print(data.shape)
    #前 4 列为特征列,包括环境温度(AT)、抽真空(EV)、环境压力(AP)和相对湿度(RH)
    X = data[['AT', 'EV', 'AP', 'RH']]
    print(X.head(5))
    #最后一列为要预测的因变量,即电厂每小时的净电能输出(PE)
    y = data[['PE']]
```

接下来使用热力图分析变量之间的相关性,发现 4 个特征与目标列电能输出(PE)的相关性都较高,因此都作为岭回归模型的输入特征,热力图结果略。

```
In:
    import seaborn as sns
    #设置绘图中的中文字体和字号
```

```
plt.rcParams['font.family'] = 'STSong'
plt.rcParams['font.size'] = 12
plt.rcParams['figure.figsize'] = (10, 8)
plt.style.use('ggplot')
corr = data.corr()
sns.heatmap(corr, annot = True)
plt.title('相关性热力图')
plt.show()
```

将数据中的 3/4 划分为训练集,另 1/4 划分为测试集,并构建岭回归模型进行预测。输出平均绝对误差 MAE、均方误差 MSE 和测试集上拟合的决定系数 R^2,结果如下。

```
In:
    from sklearn.model_selection import train_test_split
    X_train, X_test, y_train, y_test = train_test_split(X, y, test_size = 0.25, random_state = 2)
    #构建岭回归预测
    from sklearn.linear_model import Ridge
    model = Ridge(alpha = 0.5)
    model.fit(X_train, y_train)
    y_predict = model.predict(X_test)
    #输出模型的系数和偏置
    print("Ridge 模型的系数为:\n", model.coef_)
    print("Ridge 模型中的偏置为:\n", model.intercept_)
    #输出模型的评价指标
    print('Mean Squared Error of Ridge Regression: ', round(mean_squared_error(y_test,
    y_predict), 4))
    print('Mean Absolute Error of Ridge Regression: ', round(mean_absolute_error(y_test,
    y_predict), 4))
    print('R2 score of of Ridge Regression:', round(r2_score(y_test, y_predict), 4))
```

模型的评价指标如下:

```
Out:
    Mean Squared Error of Ridge Regression: 20.7181
    Mean Absolute Error of Ridge Regression: 3.6504
    R2 score of of Ridge Regression: 0.9293
```

最后绘图显示预测值和真实值的关系,其中横轴表示真实值,纵轴表示预测值。越接近线性关系直线 y=x,代表预测值与真实值越接近,损失越低。

```
In:
    plt.figure(figsize = (10,8))
    plt.scatter(y_test, y_predict, s = 5, color = "blue")
    plt.xlabel("真实值")
    plt.ylabel("预测值")
    plt.title("岭回归预测联合循环发电厂的发电量", fontsize = 20)
    plt.grid(b = True)
```

绘图结果如图 10-7 所示。模型的决定系数 0.9293,以及图 10-7 中预测值和真实值的关系,均显示在本例中使用岭回归模型的拟合效果比较理想。

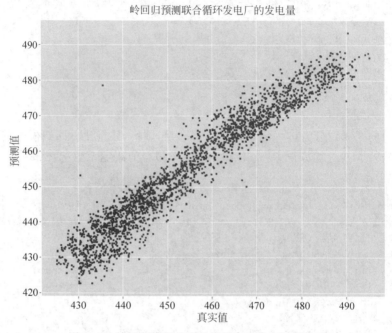

图 10-7　岭回归模型的预测值和真实值之间的关系

10.4.3　Lasso 回归

1. Lasso 回归的原理

岭回归降低了模型的复杂性,但并没有减少变量的数量,因为它不会使变量系数为 0,而只是将其最小化。因此,该模型不利于特征约简。Lasso 回归可用于做特征选择,可将一些不重要的回归系数缩减为 0。

Lasso 回归(Lasso Regression)的英文全称为 Least absolute shrinkage and selection operator,又译为最小绝对值收敛和选择算子、套索算法。Lasso 回归与一般线性回归的区别在于,它在损失函数中增加了 L1 正则化惩罚项,要最小化的损失函数为:

$$J = \frac{1}{N} \sum_{i=1}^{N} (f(x_i) - y_i)^2 + \lambda \sum_{i=1}^{n} |w_i| \tag{10-22}$$

Lasso 回归与岭回归的区别在于,Lasso 倾向于将不重要的回归系数设置为 0,可以达到剔除变量的目的,而岭回归从不将系数的值设置为绝对 0。

2. Lasso 回归的应用

若数据的输入特征维度很高,且为稀疏线性关系,可以尝试使用 Lasso 回归进行拟合。

在 Python 的 sklearn. linear_model 模块中提供了 Lasso 回归模型 Lasso,该模型中的 alpha 参数表示乘以 L1 项的常数,其默认值为 1.0。通常不建议设置 Lasso 模型的 alpha 参数为 0,alpha 参数为 0 相当于由线性回归对象求解的普通最小二乘法。

例 10-6　使用 scikit-learn 自带的糖尿病数据集进行 Lasso 回归分析。

本例使用 scikit-learn 自带的糖尿病数据集 diabetes 进行 Lasso 回归分析。

数据集说明：diabetes 数据集中共有 442 条数据，每条数据有 10 个特征列，分别为年龄、性别、BMI 指数、平均血压等指标，10 个特征变量数据均已进行规范化。标签列是基于病情进展一年后的定量测量，取值范围为 $[25, 346]$。

```
In:
    import matplotlib.pyplot as plt
    import numpy as np
    from sklearn import datasets, linear_model
    from sklearn.linear_model import Lasso
    from sklearn.model_selection import train_test_split
    from sklearn.metrics import r2_score, mean_absolute_error, mean_squared_error
    #加载糖尿病数据
    def load_data():
        diabetes = datasets.load_diabetes()
        return train_test_split(diabetes.data, diabetes.target, test_size = 0.3, random_
state = 14)
    #使用默认参数的 Lasso 模型进行预测
    def test_lasso_default( * data):
        X_train, X_test, y_train, y_test = data
        print('使用默认参数的 Lasso 回归模型结果: ')
        lassoRegression = Lasso()               #构建使用默认参数的 Lasso 模型
        lassoRegression.fit(X_train, y_train)
        y_predict = lassoRegression.predict(X_test)
        #输出模型的评估结果
        print("权重向量:%s, b 的值为:%.2f" % (lassoRegression.coef_, lassoRegression.
intercept_))
        print("损失函数的值:%.2f" % np.mean((y_predict - y_test) ** 2))
        print("预测性能得分: %.2f" % lassoRegression.score(X_test, y_test))
    #测试不同的 alpha 值对预测性能的影响
    def test_lasso_alpha( * data):
        X_train, X_test, y_train, y_test = data
        alphas = [0.01, 0.02, 0.05, 0.1, 0.2, 0.5, 1, 2, 5, 10, 20, 50, 100, 200, 500, 1000]
        scores = []
        for i, alpha in enumerate(alphas):
            lassoRegression = Lasso(alpha = alpha)
            lassoRegression.fit(X_train, y_train)
            scores.append(lassoRegression.score(X_test, y_test))
        return alphas, scores
    #测试不同的 alpha 值与预测性能的结果图
    def show_plot(alphas, scores):
        figure = plt.figure()
        ax = figure.add_subplot(1, 1, 1)
        ax.plot(alphas, scores)
        ax.set_xlabel(r" $ \alpha $ ")
        ax.set_ylabel(r"score")
        ax.set_xscale("log")
        ax.set_title("Lasso Regression")
        plt.show()
```

```
# 读入数据
X_train, X_test, y_train, y_test = load_data()
# 使用默认参数的 Lasso 模型进行预测
test_lasso_default(X_train, X_test, y_train, y_test)
# 测试不同的 alpha 对预测性能的影响,并绘制结果图
alphas, scores = test_lasso_alpha(X_train, X_test, y_train, y_test)
print('不同 alpha 的预测性能结果图:')
show_plot(alphas, scores)
```

在本例中首先使用默认参数构造了 Lasso 回归模型对糖尿病数据的目标列进行预测。Lasso 模型的 alpha 参数的默认值为 1.0,表示乘以 L1 项的常数。在默认情况下,Lasso 模型的预测输出结果如下:

```
Out:
使用默认参数的 Lasso 回归模型结果:
权重向量:[ 0.          -0.          370.78213892  9.67700808  0.
  0.          -0.          0.          260.00590767  0.          ], b 的值为:150.03
损失函数的值:4151.89
预测性能得分: 0.35
```

然后设置不同的 alpha 值,测试不同 alpha 值对预测性能的影响并绘制结果图,如图 10-8 所示。

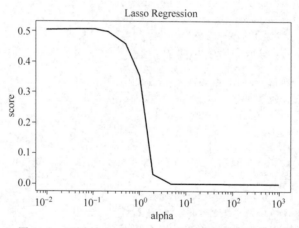

图 10-8　不同 alpha 值对 Lasso 模型预测性能的影响

除了可以用循环方法寻找最优的参数值外,还可以使用 sklearn. model_selection 中的网格搜索(GridSearchCV)方法在指定的范围内进行自动调参。在使用 GridSearchCV 方法时,只需指定要调整的参数和参数的范围,即可得到在该范围内的最优参数或参数组合。相对于人工调参,自动调参更加便捷且不易出错。

在以下代码中,使用网格搜索方法为 Lasso 回归寻找最佳 alpha 参数,搜索范围为 [0.01,10],步长为 0.1。

```
In:
from sklearn.model_selection importGridSearchCV
import numpy as np
```

```
param = {'alpha': np.arange(0.01, 10, 0.1)}
lasso_reg_grid = GridSearchCV(Lasso(), param)
lasso_reg_grid.fit(X_train, y_train)
lasso_grid_pred = lasso_reg_grid.predict(X_test)
print('Best alpha between [0.01,10] is:',lasso_reg_grid.best_estimator_)
print('R2 score of of Lasso Regression:',round(r2_score(y_test, lasso_grid_pred),4))
print('Mean Squared Error of Lasso Regression:', round(mean_squared_error(y_test, lasso_
grid_pred),4))
print('Mean Absolute Error of Lasso Regression:', round(mean_absolute_error(y_test,
lasso_grid_pred),4))
```

输出结果如下：

```
Out:
Best alpha between [0.01,10] is: Lasso(alpha = 0.11)
R2 score of of Lasso Regression: 0.505
Mean Squared Error of Lasso Regression: 3160.4874
Mean Absolute Error of Lasso Regression: 46.1446
```

10.5 本章实战例题

例 10-7 用逻辑回归模型进行输血服务中心数据集中个人是否献血的预测，并用 ROC 和 P-R 曲线对模型进行评价。

在本例中首先导入需要的库，然后从 OpenML(https://www.openml.org/d/1464)加载输血服务中心数据集。这是一个二元分类问题，目标列为个人是否献血。将数据分为训练集和测试集，然后对数据进行标准化处理，并用训练数据集训练逻辑回归模型。

```
In:
from sklearn.datasets import fetch_openml
from sklearn.preprocessing import StandardScaler
from sklearn.linear_model import LogisticRegression
from sklearn.model_selection import train_test_split
X, y = fetch_openml(data_id = 1464, return_X_y = True)
X_train, X_test, y_train, y_test = train_test_split(X, y, stratify = y)
clf = make_pipeline(StandardScaler(), LogisticRegression(random_state = 0))
clf.fit(X_train, y_train)
```

利用训练好的模型对测试集进行预测，然后对预测结果进行计算并绘制混淆矩阵，结果如图 10-9 所示。

```
In:
from sklearn.metrics import confusion_matrix
from sklearn.metrics import ConfusionMatrixDisplay
y_pred = clf.predict(X_test)
cm = confusion_matrix(y_test, y_pred)
cm_display = ConfusionMatrixDisplay(cm).plot()
```

接下来绘制 ROC 曲线对模型进行评估,结果如图 10-10 所示。ROC 曲线要求估计器提供概率或非阈值决策值。由于逻辑回归提供了一个决策函数,可以使用该函数绘制 ROC 曲线。

```
In:
    from sklearn.metrics import roc_curve
    from sklearn.metrics import RocCurveDisplay
    y_score = clf.decision_function(X_test)
    fpr, tpr, _ = roc_curve(y_test, y_score, pos_label = clf.classes_[1])
    roc_display = RocCurveDisplay(fpr = fpr, tpr = tpr).plot()
```

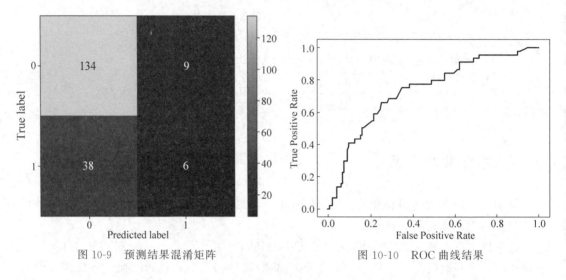

图 10-9　预测结果混淆矩阵　　　　　　　图 10-10　ROC 曲线结果

下面使用预测部分的 y_score 绘制 P-R 曲线,代码如下,结果如图 10-11 所示。

```
In:
    from sklearn.metrics import precision_recall_curve
    from sklearn.metrics import PrecisionRecallDisplay
    prec, recall, _ = precision_recall_curve(y_test, y_score, pos_label = clf.classes_[1])
    pr_display = PrecisionRecallDisplay(precision = prec, recall = recall).plot()
```

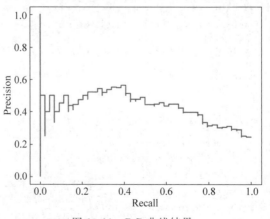

图 10-11　P-R 曲线结果

显示对象可以存储作为参数传递的计算值,因此使用 Matplotlib 的 API 可以轻松进行可视化的组合。另外可以将 ROC 曲线和 P-R 曲线彼此相邻地显示在一起,将两个曲线合并到单个图中,如图 10-12 所示。

```
In:
    import matplotlib.pyplot as plt
    fig, (ax1, ax2) = plt.subplots(1, 2, figsize = (12, 8))
    roc_display.plot(ax = ax1)
    pr_display.plot(ax = ax2)
    plt.show()
```

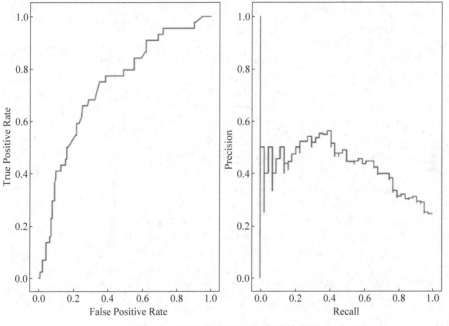

图 10-12　ROC 曲线和 P-R 曲线结果图

例 10-8　用线性回归和岭回归构建模型,预测波士顿房价数据集中犯罪率、房产税等各项指标与房价的关系,并输出模型的评价指标。

数据集说明:波士顿房价数据集记录了 20 世纪 70 年代中期波士顿地区的犯罪率、房产税、平均房间数、师生比率等 13 个指标,以及该地区的房价中位数(MEDV),数据集中包含 506 条数据,可在 CMU 的数据集网页下载,网址为“http://lib.stat.cmu.edu/datasets/boston”。

首先构建线性回归模型,预测波士顿房价,输出模型的评价指标。

```
In:
    import pandas as pd
    import numpy as np
    import matplotlib.pyplot as plt
    from sklearn import linear_model
    from sklearn.model_selection import train_test_split
    from sklearn.metrics import r2_score,mean_absolute_error, mean_squared_error
```

```
# 从 CMU 的 datasets 网址读入数据
data_url = "http://lib.stat.cmu.edu/datasets/boston"
raw_df = pd.read_csv(data_url, sep = "\s + ", skiprows = 22, header = None)   # 跳过前 22 行
                                                                              # 说明文字

boston = np.hstack([raw_df.values[::2, :], raw_df.values[1::2, :2]])
target = raw_df.values[1::2, 2]
# 将数据保存在 DataFrame 结构的 house_data 中
house_data = pd.DataFrame(boston)
house_data.columns
= ['CRIM','ZN','INDUS','CHAS','NOX','RM','AGE','DIS','RAD','TAX','PTRATIO','B','LSTAT']
house_data['Price'] = target
# 输出数据信息
print(house_data.head())
print(house_data.shape)
# 将 1～13 列设置为特征集 X,将最后一列设置为目标值 y
X, y = house_data.iloc[:,:-1],house_data.iloc[:, -1]
# 划分训练集和测试集
X_train, X_test, y_train, y_test = train_test_split(X, y, test_size = 0.2, random_state = 1)
print(X_train.shape[0], "training samples.")
print(X_test.shape[0], "test samples.")
# 构建线性回归模型
from sklearn.linear_model import LinearRegression
lr = LinearRegression()
lr.fit(X_train, y_train)
y_pred = lr.predict(X_test)
# 输出模型的评价指标
print('R2 core of Liner Regression:',round(lr.score(X_test, y_test),4))
print('Mean Squared Error of Liner Regression:', round(mean_squared_error(y_test,
y_pred),4))
print('Mean Absolute Error of Liner Regression:', round(mean_absolute_error(y_test,
y_pred),4))
```

线性回归模型的输出结果如下:

```
Out:
    R2 core of Liner Regression: 0.7634
    Mean Squared Error of Liner Regression: 23.3808
    Mean Absolute Error of Liner Regression: 3.7507
```

然后对数据进行标准化处理,再次进行线性回归预测,检查评价指标是否有改进。

```
In:
    # 对数据标准化后再进行回归预测
    from sklearn.pipeline import make_pipeline
    from sklearn.preprocessing import StandardScaler
    pipe = make_pipeline(StandardScaler(), LinearRegression())
    pipe.fit(X_train, y_train)
    y_pred = pipe.predict(X_test)
    # 输出数据标准化后回归模型的评价指标
```

```
    print('R2 core of Liner Regression after StandardScaler:',round(pipe.score(X_test,
y_test),4))
    print('Mean Squared Error of Liner Regression after StandardScaler:',round(mean_squared_
error(y_test, y_pred),4))
    print('Mean Absolute Error of Liner Regression after StandardScaler:', round(mean_absolute_
error(y_test, y_pred),4))
```

对数据标准化后,线性回归模型的输出结果如下:

```
Out:
    R2 core of Liner Regression: 0.7634
    Mean Squared Error of Liner Regression: 23.3808
    Mean Absolute Error of Liner Regression: 3.7507
```

从输出结果可知,对本例中的数据进行标准化处理没有提升预测的效果。

接下来构建岭回归模型,预测波士顿房价。在本步骤中首先使用带内置交叉验证的岭回归模型,在[0,5]中寻找最优正则化系数 alpha,步长为 0.1,然后将最优 alpha 带入 Ridge 模型进行预测。

```
In:
    from sklearn.linear_model import Ridge,RidgeCV
    # 构建带内置交叉验证的岭回归模型,选择最佳正则化系数
    ridgecv = RidgeCV(alphas = np.arange(0,5,0.1),
                      scoring = "neg_mean_squared_error",
                      cv = 5
                     ).fit(X_train, y_train)
    # 查看最佳正则化系数
    print('Best alpha by RidgeCV:',ridgecv.alpha_)
    # 用最佳正则化系数构建 Ridge 模型
    ridge = Ridge(alpha = ridgecv.alpha_)
    # 模型训练
    ridge.fit(X_train, y_train)
    # 模型预测
    y_test_ridge_pred = ridge.predict(X_test)
    # 输出用最佳正则化系数的岭回归模型的评价指标
    print('The r2 score of Ridge Regression:', round(r2_score(y_test, y_test_ridge_pred),4))
    print('Mean Squared Error of Ridge Regression:', round(mean_squared_error(y_test, y_test_
ridge_pred),4))
    print('Mean Absolute Error of Ridge Regression:',round(mean_absolute_error(y_test, y_test
_ridge_pred),4))
```

输出结果如下:

```
Out:
    Best alpha by RidgeCV: 0.1
    The r2 score of Ridge Regression: 0.7642
    Mean Squared Error of Ridge Regression: 23.307
    Mean Absolute Error of Ridge Regression: 3.741
```

从输出结果可以看出,与线性回归相比,使用 RidgeCV 得到最优参数的岭回归模型,各项评价指标有了一定的提升。在测试样本上绘制岭回归预测结果图,如图 10-13 所示。

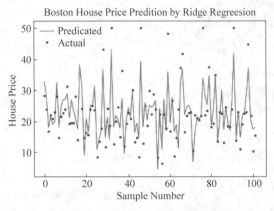

最终得到了可视化的结果以及模型的评分,模型评分为 0.76 左右。用户可以尝试对这个结果进行进一步优化(例如可以尝试通过特征工程,分析因变量与自变量的相关性,去掉不相关特征等方法)。

图 10-13　用岭回归模型预测波士顿房价图

从图 10-13 可以看出,有部分离群点距离函数线较远,可能的原因有:①一些因素并没有被统计,导致产生的函数与实际之间有较大的误差;②样本随机误差导致在这个样本集中误差项较多。

10.6　本章小结

在本章中讲解了回归的基本概念,并结合实例讲解了 Python 中常用的回归分析模型,包括线性回归(Linear Regression)、逻辑回归(Logistic Regression)、多项式回归(Polynomial Regression)、岭回归(Ridge Regression)和 Lasso 回归等。读者需要重点掌握回归的基本概念、常用回归算法的原理及过程、Python 中常用回归模型的应用方法。

10.7　本章习题

1. 在 tips.csv 数据集上,使用一元线性回归对 total_bill 与 tip 列进行回归分析,使用多元线性回归对 total_bill、size 与 tip 列进行回归分析,并输出回归模型的系数、截距及预测准确率等评价指标。

2. 分别使用一元线性回归模型和多项式回归模型对房价与房屋尺寸进行回归分析,输出预测准确率等指标并输出结果图,数据集为 prices.txt,其中第一列为房屋尺寸,第二列为房屋价格。

3. 使用逻辑回归模型对记录了学生成绩和是否录取该生(0 为否,1 为是)的数据集 LogisticRegression_data.csv 进行分析,目标列为最后一列,请输出模型的预测准确率等评价指标。

4. 分别使用线性回归、岭回归和 Lasso 回归对糖尿病数据进行分析,可使用 load_diabetes() 从 sklearn.datasets 中加载数据,并使用网格搜索(GridSearchCV)方法为岭回归和 Lasso 回归的参数 alpha 在[0.01,10]自动调参。

5. 分别使用 LinearRegression、DecisionTreeRegressor、RandomForestRegressor、Ridge、Lasso、GradientBoostingRegressor 等回归模型对加州房价数据进行预测,可使用 fetch_california_housing() 从 sklearn.datasets 中加载数据,请分析预测结果并比较预测性能。

第四部分　综合案例

第 **11** 章

实战案例：电商消费者数据分析

本章将介绍一个使用 Python 进行电商消费者数据分析的实例。本例将利用 Python 中的 sklearn、NumPy、Pandas、Matplotlib 及 Seaborn 等库对英国某礼品公司的在线零售交易数据集进行分析。通过订单情况、顾客情况、产品情况的分析，以及按时间对销售数据进行的分析，可以更深入地了解客户的分布、购买习惯等信息，为后期制定更好的销售计划做准备。本案例的目的是学习对商务数据进行分析的基本方法。

本章要点：
- 数据的预处理方法。
- 数据的探索性分析。
- 数据的可视化分析。

11.1 案例背景

本案例分析来自英国零售商的电子商务真实交易数据集，该数据集中包含了 4000 名客户在一年内(从 2010 年 12 月 1 日至 2011 年 12 月 9 日)的购物数据。数据集为英国某公司的在线零售交易数据，该公司主要销售特定的礼品，公司的许多客户都是批发商。

电子商务数据集通常是企业专有的，因此很难在公开可用的数据中找到，UCI 机器学习数据库提供了这个包含 2010 年和 2011 年实际交易的数据集。数据集保存在 UCI 的网站上，在那里可以通过关键字"Online Retail"找到。

用户也可以从 Kaggle 的官网下载 E-Commerce Data (Actual transactions from UK retailer)数据集，网址为"https://www.kaggle.com/carrie1/ecommerce-data#data.csv"。

该数据集中一共有 541 909 条数据，每条数据包含以下 8 个特征。

(1) InvoiceNo：发票号。字符型，一个 6 位的整数，唯一分配给每个事务。

(2) StockCode：产品(项目)代码。一个 5 位的整数，唯一分配给每个不同的产品。

(3) Description：说明产品(项目)名称。字符型。

(4) Quantity：每笔交易中每个产品(项目)的数量。数值型。

(5) InvoiceDate：发票日期和时间。数值型，生成每个事务的日期和时间。

(6) UnitPrice：商品单价。数值型，单位产品价格(英镑)。

(7) CustomerID：客户编号。一个 5 位的整数，唯一分配给每个客户。

（8）Country：国家名称。字符型，每个客户居住的国家的名称。

本案例主要实现对数据的预处理、数据的探索性分析和可视化分析，对该数据集的后续分析可以包括关联规则、RFM 分析、时间序列、聚类、分类等。

11.2 数据加载和预处理

探索性分析的目的是通过分析得到更多关于数据的信息，帮助用户更好地理解所使用数据集的主题。本节将首先加载数据分析需要的库，然后读入数据，并进行数据的探索性分析。

11.2.1 加载需要的库及读入数据

首先导入必要的库，这些库将有助于用户分析数据和对数据进行可视化，其他库可以根据需要在使用前加载。然后将数据集读入并保存到 Pandas 的 DataFrame 类型中，所用语句如下：

```
In:
        import pandas as pd
        import numpy as np
        import matplotlib.pyplot as plt
        import seaborn as sns
        import datetime
        from datetime import datetime
        import warnings
        warnings.filterwarnings('ignore')
        df = pd.read_csv('ec_data.csv', encoding = 'ISO - 8859 - 1')
```

其中，在 pd.read_csv() 中指定编码来处理不同的格式。

11.2.2 数据信息初步分析

当数据导入后，可以根据需要对数据进行初步分析，获取数据的相关信息。

```
In:
    print(df.head())
    print(df.shape)
    print(df.info())
    print(df.describe().round(2))
Out:
```

	InvoiceNo	StockCode	Description	Quantity \
0	536365	85123A	WHITE HANGING HEART T - LIGHT HOLDER	6
1	536365	71053	WHITE METAL LANTERN	6
2	536365	84406B	CREAM CUPID HEARTS COAT HANGER	8
3	536365	84029G	KNITTED UNION FLAG HOT WATER BOTTLE	6
4	536365	84029E	RED WOOLLY HOTTIE WHITE HEART.	6

	InvoiceDate		UnitPrice	CustomerID	Country
0	2010/12/1	8:26	2.55	17850.0	United Kingdom

1	2010/12/1	8:26	3.39	17850.0	United Kingdom
2	2010/12/1	8:26	2.75	17850.0	United Kingdom
3	2010/12/1	8:26	3.39	17850.0	United Kingdom
4	2010/12/1	8:26	3.39	17850.0	United Kingdom

```
(541909, 8)
<class 'pandas.core.frame.DataFrame'>
RangeIndex: 541909 entries, 0 to 541908
Data columns (total 8 columns):
```

#	Column	Non – Null	Count	Dtype
0	InvoiceNo	541909	non – null	object
1	StockCode	541909	non – null	object
2	Description	540455	non – null	object
3	Quantity	541909	non – null	int64
4	InvoiceDate	541909	non – null	object
5	UnitPrice	541909	non – null	float64
6	CustomerID	406829	non – null	float64
7	Country	541909	non – null	object

```
dtypes: float64(2), int64(1), object(5)
memory usage: 33.1 + MB
None
```

	Quantity	UnitPrice	CustomerID
count	541909.00	541909.00	406829.00
mean	9.55	4.61	15287.69
std	218.08	96.76	1713.60
min	– 80995.00	– 11062.06	12346.00
25 %	1.00	1.25	13953.00
50 %	3.00	2.08	15152.00
75 %	10.00	4.13	16791.00
max	80995.00	38970.00	18287.00

从输出结果可知,数据集有 541 909 行,8 列。其中,Quantity、UnitPrice 和 CustomerID 是数值型,其他特征为非数值型。

11.2.3　数据预处理

用户可以进一步查看数据的相关信息,例如检查是否有空值、异常值等。首先进行空值检查,语句如下:

```
In:
    df.isnull().sum().sort_values(ascending = False)
Out:
    CustomerID       135080
    Description      1454
    Country          0
    UnitPrice        0
    InvoiceDate      0
    Quantity         0
    StockCode        0
    InvoiceNo        0
    dtype: int64
```

然后可以查看是否存在购买数量 Quantity 小于 0 的异常数据，语句和输出分别如下：

```
In:
    df[df.Quantity < 0].Quantity.count()
Out:
    10624
```

可以发现有多条数据的 CustomerID 和 Description 列有缺失值。此外，有 10 624 条数据的购买数量（Quantity）特征列为异常值（小于 0）。因此可以对原始数据 df 进行处理，将去掉空值、异常值的数据放到新变量 df_ec 中，同时增加一列 AmountSpent，用来存放购物总价，并将 CustomerID 列转换为整型。语句如下：

```
In:
    df_ec = df.dropna()                              # 去掉 df_ec 中的缺失值
    df_ec = df_ec[df_ec.Quantity >= 0]               # 去掉购买数量小于 0 的异常数据
    # 将 CustomerID 由浮点数类型转换为整型
    df_ec['CustomerID'] = df_ec['CustomerID'].astype('int64')
    df_ec['AmountSpent'] = df_ec['Quantity'] * df_ec['UnitPrice']   # 增加一个特征
                                                                    # AmountSpent
    # 将 InvoiceDate 由字符串格式更改为时间戳格式
    df_ec['InvoiceDate'] = pd.to_datetime(df['InvoiceDate'],format = '% Y/ % m/ % d  % H: % M')
    # 检查 df_ec
    df_ec.isnull().sum().sort_values(ascending = False)
    df_ec[df_ec.Quantity < 0].Quantity.count()
    df_ec.head()
```

经过预处理后，df_ec 中的各特征的数据类型如表 11-1 所示。

表 11-1   df_ec 中的各特征的数据类型

序号	特征名	数据类型
1	InvoiceNo	string
2	StockCode	string
3	Description	string
4	Quantity	integer
5	InvoiceDate	datetime
6	UnitPrice	float
7	CustomerID	int
8	Country	string
9	AmountSpent	float

11.3   探索性数据分析

在获取了数据的基本情况后，可以对数据进行进一步的探索性数据分析（Exploratory Data Analysis，EDA），了解数据的分布及相关性，并通过可视化方式了解整个数据的信息。

11.3.1 各国订单情况分析

1. 订单来源国家分析

首先检查订单来源于哪些国家,并对各个国家的订单数量进行排序。使用 DataFrame 类型中的 groupby() 方法可以对数据按"Country"列的取值进行分组,并用 size() 或 count()统计每组订单的数据条数。其语句如下:

```
In:
    df_ec.groupby('Country')['InvoiceNo'].size().sort_values(ascending = False)
```

输出可显示来源国家的分析结果,部分结果如下:

```
Out:
    Country
    United Kingdom      354345
    Germany             9042
    France              8342
    EIRE                7238
    ...
```

从结果可知,大部分订单来自英国,其次是德国和法国。另外,还可以使用 pivot_table透视表查看各国的订单数量情况,请读者自行练习。

2. 各国订单数量分析

可以对各国的订单数量进行分析并实现可视化展示,语句如下:

```
In:
    country_orders = df_ec.groupby('Country')['InvoiceNo'].size().sort_values(ascending = True)
    plt.subplots(figsize = (15,8))
    country_orders.plot(kind = 'barh',fontsize = 12,color = 'red')
    plt.xlabel('Number of Orders',fontsize = 12)
    plt.ylabel('Country',fontsize = 12)
    plt.title('Number of orders for different Countries',fontsize = 12)
    plt.show()
```

输出结果如图 11-1 所示。

从图 11-1 可知,订单数量最多的国家是英国,其次是德国和法国。因为这家电子商务公司设立在英国,所以来自英国的订单远超其他国家。用户可以尝试删除英国,观察其他国家的订单数量情况。

下面使用 Seaborn 中的 barplot() 绘制柱状图,查看除了英国以外,订单数量排名前 5的其他国家。其语句如下:

```
In:
    group_country_orders = df_ec.groupby('Country')['InvoiceNo'].count().sort_values
(ascending = False).iloc[:6]          ♯前 6 个国家(要去掉英国)
    del group_country_orders['United Kingdom']          ♯去掉英国
```

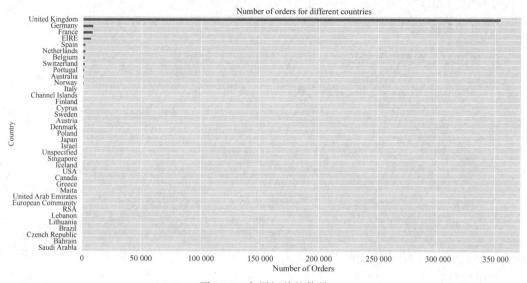

图 11-1　各国订单的数量

```
df_country_orders = group_country_orders.to_frame().reset_index()
plt.figure(figsize = (15,8),dpi = 300)
ax = sns.barplot(x = df_country_orders['Country'], y = df_country_orders['InvoiceNo'],
data = df_country_orders)
ax.set_xlabel('Country',fontsize = 12)
ax.set_ylabel('Number of Orders',fontsize = 12)
ax.set_title('Number of orders for different countries(except United Kingdom) ',fontsize = 15)
plt.xticks(fontsize = 12)
plt.yticks(fontsize = 12)
plt.show()
```

输出结果如图 11-2 所示。

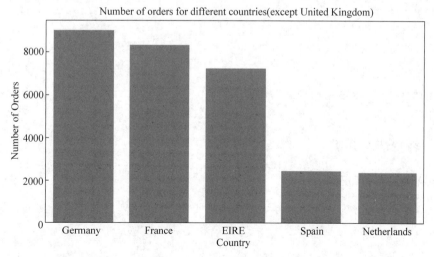

图 11-2　除英国外订单数前 5 的国家的柱状图

从图 11-2 可知,除了公司所在的国家英国以外,订单数量最多的国家是德国、法国、爱尔兰、西班牙和荷兰。

3. 各国订单金额分析

用户还可以查看各国订单的金额,所用语句如下:

```
In:
    country_amount_spent = df_ec.groupby('Country')['AmountSpent'].sum().sort_values()
    print(df_ec.groupby('Country')['AmountSpent'].sum().sort_values())
    plt.subplots(figsize = (15,8),dpi = 300)
    country_amount_spent.plot(kind = 'barh',fontsize = 12,color = 'blue')
    plt.xlabel('Money Spent',fontsize = 12)
    plt.ylabel('Country',fontsize = 12)
    plt.title('Money spent by different countries',fontsize = 15)
    plt.show()
```

输出结果如图 11-3 所示。

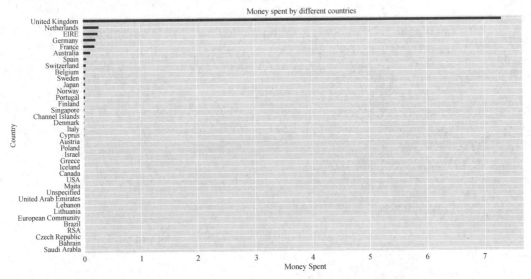

图 11-3　各国订单的金额

从图 11-3 可知,订单金额最高的国家是英国。除英国外,荷兰、爱尔兰、德国、法国和澳大利亚的客户在该电子商务公司的网站上花费最多。

11.3.2　客户情况分析

1. 分析客户的情况

可以分析客户的情况,例如查看最有价值的客户,即购买产品价值最高的客户。所用语句如下:

```
In:
    customer_value = df_ec.groupby('CustomerID')['AmountSpent'].sum().sort_values(ascending = False)
```

```
plt.figure(figsize = (20,15))
plt.barh(y = np.linspace(0,19,20),width = customer_value[:20][::-1].values,align =
'center',linewidth = 10)
plt.yticks(np.linspace(0,19,20),customer_value[:20][::-1].index,size = 12)
plt.xticks(size = 12)
plt.xlabel('AmountSpent',fontsize = 15)
plt.ylabel('CustomerID',fontsize = 15)
plt.title('Most profitable customers',fontsize = 15)
plt.show()
```

输出结果如图 11-4 所示。

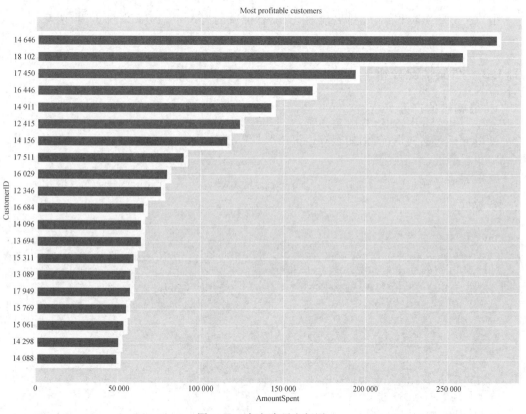

图 11-4 客户购买金额图

从以上分析可知，公司的最高收入来自 ID 为 14646 的客户，该客户的购买金额超过了
250 000 英镑。

2. 查看最有价值客户的来源国家

查看最有价值客户的来源国家的语句如下：

```
In:
    top20_customer = customer_value[:20].reset_index()
    for i, customer in enumerate(top20_customer['CustomerID']):
```

```
        value_for_customer = df[df['CustomerID'] == customer]['Country'].unique()[0]
        top20_customer.loc[i,'Country'] = value_for_customer
    print('Top 20 most profitable customers are from:')
    top20_customer['Country'].value_counts()
Out:
    Top 20 most profitable customers are from:
    United Kingdom      16
    EIRE                 2
    Netherlands          1
    Australia            1
    Name: Country, dtype: int64
```

由以上分析可以得出,在排名前 20 的最有价值的客户中,16 家来自英国,两家来自爱尔兰,各有一家来自澳大利亚和荷兰。

11.3.3 产品情况分析

1. 最畅销的产品分析

可以分析产品的情况,例如查看销售情况最好的产品、利润最高的产品等,并对结果进行可视化。

首先获取最畅销的前 50 个产品,保存到变量 most_sold_products 中,然后输出其中的前 3 条数据。

```
In:
    most_sold_products = df_ec.groupby(by = ['StockCode','Description'])['Quantity'].sum().
sort_values(ascending = False).iloc[:50]
    df_top_prod = most_sold_products.to_frame().reset_index()
    print(df_top_prod.head(3))
Out:
        StockCode          Description                    Quantity
    0     23843       PAPER CRAFT, LITTLE BIRDIE              80995
    1     23166       MEDIUM CERAMIC TOP STORAGE JAR          77916
    2     84077       WORLD WAR 2 GLIDERS ASSTD DESIGNS       54415
```

由输出可知,最畅销的产品是编号为 23843 的 PAPER CRAFT 和 LITTLE BIRDIE 产品,销量为 80 995。

下面将最畅销的前 5 个产品作图输出。

```
In:
    plt.subplots(figsize = (15,8),dpi = 300)
    most_sold_products[:5].plot(kind = 'bar', fontsize = 12)
    plt.xlabel('Product ID', fontsize = 12)
    plt.xticks(size = 8, rotation = 30)
    plt.ylabel('Amount sold', fontsize = 12)
    plt.title('Most sold products', fontsize = 12)
    plt.show()
```

结果如图 11-5 所示。

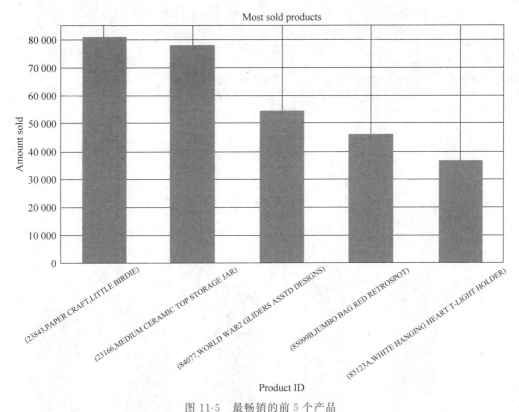

图 11-5 最畅销的前 5 个产品

2. 销售额最高的产品分析

首先获取销售额最高的前 50 个产品，保存到变量 most_profitable_product 中，然后输出其中的前 3 条数据。

```
In:
    most_profitable_product = df_ec.groupby(by = ['StockCode', 'Description'])['AmountSpent'].
sum().sort_values(ascending = False).iloc[:50]
    df_prof_prod = most_profitable_product.to_frame().reset_index()
    print(df_prof_prod.head(3))
Out:
        StockCode        Description                        AmountSpent
    0    23843      PAPER CRAFT , LITTLE BIRDIE              168469.60
    1    22423      REGENCY CAKESTAND 3 TIER                 142592.95
    2    85123A     WHITE HANGING HEART T - LIGHT HOLDER     100448.15
```

由输出可知，销售额最高的产品依然是编号为 23843 的 PAPER CRAFT 和 LITTLE BIRDIE，销售额为 168 469.60。

下面将销售额最高的前 5 个产品作图输出。

```
In:
    plt.subplots(figsize = (15,8),dpi = 300)
    most_profitable_product[:5].plot(kind = 'bar', fontsize = 12, color = 'g')
    plt.xlabel('Product ID', fontsize = 12)
    plt.xticks(size = 8, rotation = 30)
    plt.ylabel('Total sale amount', fontsize = 12)
    plt.title('Most profitable products', fontsize = 15)
    plt.show()
```

结果如图 11-6 所示。

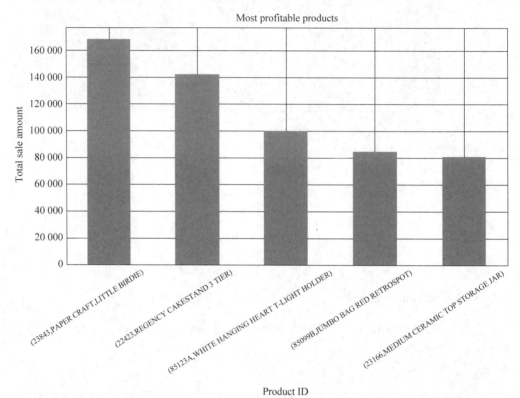

Product ID

图 11-6　销售额最高的前 5 个产品

11.3.4　按时间分析销售数据

1. 查看销售数据的时间区间

首先按 InvoiceDate 对销售数据进行分析，可以获知数据集中销售数据的时间区间，即数据集中销售数据的开始时间和结束时间。

```
In:
    data_period = df_ec.InvoiceDate.max() - df_ec.InvoiceDate.min()
    print(data_period)
    print('InvoiceDate starts from:{}'.format(df_ec.InvoiceDate.min()))
    print('InvoiceDate end at:{}'.format(df_ec.InvoiceDate.max()))
```

```
Out:
    373 days 04:24:00
    InvoiceDate starts from:2010 - 12 - 01 08:26:00
    InvoiceDate end at:2011 - 12 - 09 12:50:00
```

为了进行后续分析，可以对 InvoiceDate 字段进行抽取，在数据集中增加表示时间的年、月、周等字段。

```
In:
    df_ec['year'] = df_ec['InvoiceDate'].apply(lambda x:x.strftime('%Y'))
    df_ec['yearmonth'] = df_ec['InvoiceDate'].apply(lambda x:(100 * x.year) + x.month)
    df_ec['Week'] = df_ec['InvoiceDate'].apply(lambda x:x.strftime('%W'))
    df_ec['day'] = df_ec['InvoiceDate'].apply(lambda x:x.strftime('%d'))
    df_ec['Weekday'] = df_ec['InvoiceDate'].apply(lambda x:x.strftime('%w'))
    df_ec['hour'] = df_ec['InvoiceDate'].apply(lambda x:x.strftime('%H'))
```

2. 分析各个年份的销售情况

另外，还可以分析数据集中各个年份的销售情况，所用语句如下：

```
In:
    plt.subplots(figsize = (10,6),dpi = 300)
    plt.xticks(size = 10)
    plt.yticks(size = 10)
    plt.xlabel('Year',fontsize = 15)
    plt.ylabel('Amount',fontsize = 15)
    df_ec.groupby('year')['InvoiceNo'].count().sort_values(ascending = False)
    df_ec.groupby('year')['InvoiceNo'].count().sort_values(ascending = False).plot(kind =
'bar')
```

输出结果如图 11-7 所示。

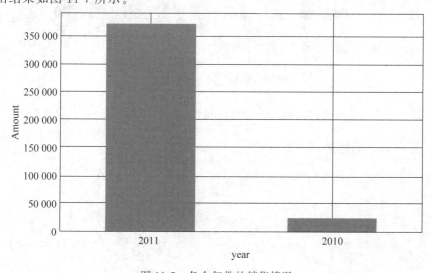

图 11-7 各个年份的销售情况

从以上分析可知,销售数据分布在2010年和2011年,以2011年为主。其中2011年的销售金额超过350 000镑,达到了371 764镑,2010年的为26 160镑。

3. 每月的销售订单数分析

用户还可以统计每月的销售订单数,语句如下:

```
In:
    plt.figure(figsize = (18,10))
    plt.title('Frequency of order by Month',fontsize = 15)
    InvoiceDate = df_ec.groupby(['InvoiceNo'])['yearmonth'].unique()
    plt.xlabel('Month',fontsize = 15)
    plt.ylabel('InvoiceNoCount',fontsize = 15)
    plt.tick_params(labelsize = 12)
    InvoiceDate.value_counts().sort_index().plot.bar()
```

输出结果如图11-8所示。

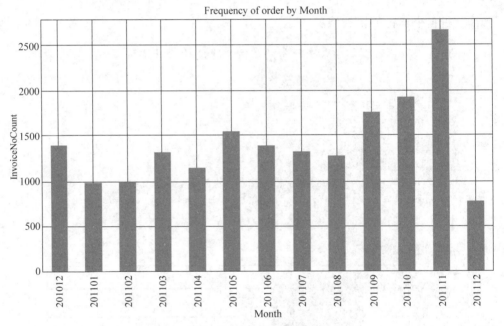

图11-8　每月的销售订单数

从图11-8中可知,订单数最多的是2011年11月。

4. 一周中每天的销售订单数分析

分析一周中每天的销售订单数的语句如下:

```
In:
    plt.figure(figsize = (12,6),dpi = 300)
    ax = df_ec.groupby(['InvoiceNo'])['Weekday'].unique().value_counts().sort_index().plot.bar()
    ax.set_xlabel('Weekday',fontsize = 10)
```

```
ax.set_ylabel('Number of Orders',fontsize = 10)
ax.set_title('Number of Orders by Weekday',fontsize = 12)
ax.set_xticklabels(('Mon','Tue','Wed','Thur','Fri','Sun'), rotation = 'horizontal', fontsize = 8)
plt.show()
```

输出结果如图 11-9 所示。

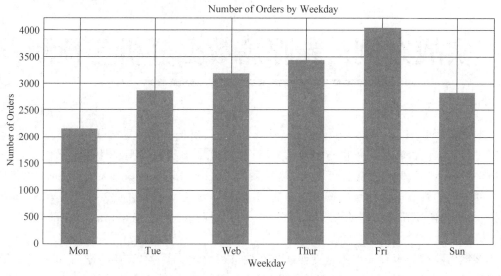

图 11-9　一周中每天的销售订单数

从图 11-9 中可知，一周中周四的累计订单数最多，周六的订单数为 0。

在此基础上还可以进行一天中各个时间段的累计订单数等分析，请读者自行开展相关分析。

11.4　本章小结

通过对数据的上述分析，可以得出以下信息：

（1）通过对各国订单的分析可知，订单最多的客户来自英国（UK），购买金额最高的客户来自荷兰，除英国外，订单数量最多的前 5 个国家是德国、法国、爱尔兰、西班牙、荷兰。由于这家电商公司是一家总部位于英国的公司，所以该公司从英国客户那里收到的订单数量最多。

（2）通过对客户情况的分析可知，本数据集中超过 90% 的客户来自英国；花费最高的是 ID 为 14646 的客户，该客户的购买金额超过了 250 000 英镑。在排名前 20 的最有价值的客户中，16 家来自英国，两家来自爱尔兰，各有一家来自澳大利亚和荷兰。

（3）最畅销的产品和销售额最高的产品均是编号为 23843 的产品，所售产品为 PAPER CRAFT 和 LITTLE BIRDIE。

（4）通过对销售数据按时间分析可知，订单最多的月份为 2011 年 11 月，2010 年 12 月 1 日至 2011 年 12 月 9 日没有交易。从周一到周四，公司接到的订单数量往往会增加，之后会减少。该公司在下午 12:00 收到的订单最多，大多数客户可能会在中午 12:00 到下午 2:00 购买。

通过以上对于订单来源国家情况、客户情况，以及按时间对销售数据进行的分析，可以更深入地了解该数据集中客户的分布、购买习惯等信息，为后期制定更好的销售计划做准备。

第 **12** 章

实战案例：乳腺癌数据分析与预测

本章利用 Python 中的 sklearn、NumPy、Pandas、Matplotlib 及 seaborn 等库对美国威斯康星州乳腺癌诊断数据集进行分析，并通过构建模型预测肿瘤是良性还是恶性。首先对数据进行导入、探索性分析和可视化，然后采用 LogisticRegression、DecisionTree 和 SVM 等几种不同的机器学习模型进行分类预测，并比较预测准确率。在此基础上还将采用特征选择、参数调优等几种不同的方法对预测进行优化，提高预测准确率，并将介绍模型的评价指标。

该案例的目的为对乳腺癌是良性还是恶性进行分类，通过本案例将学习如何理解和预处理数据、对数据进行可视化分析、使用特征选择得到最有助于预测的特征，并分析有助于提高预测准确率的模型选择、模型优化及超参数选择的方法。

本章要点：

- 数据的探索性分析。
- 数据的相关性分析。
- 数据的可视化分析。
- 分类预测模型的运用。
- 特征选择。
- 模型的评价指标。

12.1 案例背景

分类预测等数据挖掘方法是对数据进行分类及预测的有效途径，特别是在医疗领域，这些方法被广泛用于诊断和分析，以辅助做出诊疗决策。

乳腺癌(Breast Cancer,BC)是全球女性中最常见的癌症之一，已成为当今社会重要的公共卫生问题。全球乳腺癌的发病率自 20 世纪 70 年代末开始一直呈上升趋势。对 BC 的早期诊断可以促进对患者的及时临床治疗，因此可以显著改善预后，提高生存机会。良性肿瘤的进一步准确分类可以防止患者接受不必要的治疗。因此，对 BC 的正确诊断以及将患者分为恶性或良性组的分类是许多研究的主题。由于机器学习(ML)在从复杂的 BC 数据集中进行关键特征检测方面具有独特的优势，所以被广泛认为是 BC 模式分类和预测建模中的一种选择方法。

用户可以从 Kaggle 的官网下载 Breast Cancer Wisconsin(Diagnostic)数据集,网址为 "https://www.kaggle.com/uciml/breast-cancer-wisconsin-data",也可以在 UCI 机器学习库中获取,网址为"https://archive.ics.uci.edu/ml/datasets/Breast＋Cancer＋Wisconsin＋％28Diagnostic％29"。

数据集中的属性描述了细胞核的特征,并根据乳腺肿块的细针抽吸物(Fine Needle Aspiration,FNA)的数字化图像计算得出。

数据集中一共有 569 条数据,其中乳腺结果诊断为良性的有 357 条,诊断为恶性的有 212 条。具体的属性信息为 ID 号、乳腺组织的诊断结果(M＝malignant 表示恶性,B＝benign 表示良性)、为每个细胞核计算的 10 个特征值,分别是半径(从中心到周边点的距离的平均值)、纹理(灰度值的标准偏差)、周边、面积、平滑度(半径长度的局部变化)、紧密度(周长^2/面积－1.0)、凹度(轮廓的凹入部分的严重程度)、凹点(轮廓的凹入部分的数量)、对称性、分形维数。

分别为每个图像计算这些特征的平均值 Mean、标准差 SE(Standard Error)和最大值 Worst(3 个最大值的平均值),从而得到 30 个特征(以上 10 个特征的 3 个维度)。例如,字段 3 是平均半径 radius_mean,字段 13 是半径标准差 radius_se,字段 23 是最大半径 radius_worst。所有功能值都用 4 个有效数字重新编码。

本案例用细胞核的实值特征来预测乳腺组织的诊断结果。

12.2　数据加载和预处理

探索性数据分析的目的是通过分析得到更多关于数据的信息,帮助用户更好地理解所使用数据集的主题。

在探索性数据分析中通常要解决如下问题:通过分析该数据集,想要解决什么问题? 已有什么样的数据,如何处理不同类型的数据? 数据中是否有缺失值和异常值,要如何处理? 数据的分布情况,为什么需要关心数据的分布? 如何添加、更改或删除数据特征以从数据中获取更多信息?

本节将首先加载进行数据分析需要的库,然后读入数据,并进行数据的预处理。

12.2.1　加载需要的库及读入数据

首先导入必要的库,这些库将帮助用户分析数据和对数据进行可视化,其他库可以根据需要在使用前加载。然后将数据集读入并保存到 Pandas 的 DataFrame 类型中,所用语句如下:

```
In:
    import pandas as pd
    import numpy as np
    import matplotlib.pyplot as plt
    import seaborn as sns
    df = pd.read_csv('data.csv')
```

12.2.2　数据信息初步分析

当数据导入后,可以根据需要对数据进行初步分析,获取数据的相关信息,使用如下语

句来执行:

```
In:
    print(df.shape)        ♯查看数据的行数和列数
    print(df.head(3))      ♯查看数据的前3行
    print(df.columns)      ♯查看数据集的列名
    ♯可以用以下语句检查数据中是否含有空值
    df.isnull()
    df.isnull().sum()
    df.isna().sum()
    df.isnull().any()
```

df.shape用来查看数据集的行数和列数,即进行维度查看。数据行数和列数的结果显示为(569,33),表示数据为569行,33列。df.head(n)查看DataFrame对象的前n行,如果不加参数,默认查看前10行,同理,df.tail(n)查看数据的最后n行。df.columns查看数据集的列名。可以看出数据中的第1列是编号ID,第2列是诊断结果列,最后一列Unnamed:32中全部为空值,应该被删除。剩下的第3~32列为每个细胞核的特征(共30列)。

df.isnull()、df.isnull().sum()、df.isna().sum()和df.isnull().any()这几条语句用来检查数据中是否有空值。执行结果显示,特征Unnamed:32中均为空值,其余特征没有空值。

可以用如下语句进一步检查数据相关信息。

```
In:
    df.info()
    df.describe()
```

其中,df.info()可以用来查看索引、数据类型和内存信息,df.describe()可以查看数值型列的汇总统计,统计结果包括数据量、平均值、标准差、最大值、最小值等。

通过以上对数据的初步分析可知,数据集中共有569行,33列。除了诊断特征diagnosis(即M=恶性或B=良性)以外,所有其他特征都是float64类型,除了特征Unnamed:32中全为空值以外,其他特征没有空值。

12.2.3　数据预处理

通过对数据的初步分析可知,在数据集中有一个全为空值的列Unnamed:32,此外,id列为编号,对预测肿瘤是否为恶性不起作用。因此使用下面的代码对数据进行处理,定义要预测的结果列Y和用来进行预测的特征列集合X,并删除id和Unnamed:32列。

为了简化处理,将要预测的目标列——诊断特征(diagnosis)列映射为数值型0和1,其中M=恶性映射为1,B=良性映射为0。

同时,数据集中用来预测诊断特征(diagnosis)的其他列即[radius_mean…fractal_dimension_worst]的3~32列,这30列的特征为取值范围不同、均值和标准差不同的属性,可以对其进行标准化或规范化,使其满足在相同的数据区间或满足高斯分布。

1. 去掉不需要的列

将id列和全为空值的Unnamed:32列从df中删除,语句如下:

```
In:
     list_name = ['id','Unnamed: 32']
     df = df.drop(list_name,axis = 1)
```

2. 目标列值的替换

当前乳腺肿瘤的诊断结果列 diagnosis 是一个对象类型，可以将其映射为数值型，包含 0 和 1 两个值，以便应用模型进行预测。其中，恶性'M'转换为 1，良性'B'转换为 0。可以使用 DataFrame 中的 replace()或 apply()等方法（如下语句）进行替换，然后将数据集中为每个细胞核计算的 10 个特征值（包含每个特征的平均值 Mean、标准差 SE 和最大值 Worst）共 30 个列定义为特征列 X，将诊断结果列 diagnosis 定义为要预测的目标列 Y（良性或恶性）。

```
In:
     df['diagnosis'] = df['diagnosis'].replace({'M':1,'B':0})
     X = df.iloc[:,1:31]
     Y = df['diagnosis']
     print(Y.head(3))
Out:
     0    1
     1    1
     2    1
     Name: diagnosis, dtype: int64
```

12.3 探索性数据分析

在获取了数据的基本情况后，还可以对数据进行进一步的探索性分析，了解数据的分布及相关性，并以可视化方式了解整个数据的信息。可以使用 Python 中的 Matplotlib 和 seaborn 等库轻松实现数据的可视化。Matplotlib 库中包含多种图形样式，例如折线图、直方图、散点图等。seaborn 是一个建立在 Matplotlib 之上，可用于制作丰富和非常具有吸引力的统计图形的 Python 库。用户可以在实际任务中根据需要选择适合的样式绘制图形，了解数据特征。

12.3.1 诊断结果列的分布

在数据集中肿瘤诊断结果列 diagnosis 有 B（良性）和 M（恶性）两种取值，良性用 0 表示，恶性用 1 表示。首先可以检查一下每个类别中分别有多少条病例以及每种结果所占的百分比。

使用 DataFrame 类型中的 groupby()方法可以对数据按 diagnosis 列的取值进行分组，并统计每组的数据条数，用如下语句实现。

```
In:
     df.groupby('diagnosis').size()
Out:
     diagnosis
```

```
0    357
1    212
dtype: int64
```

从结果可知,数据集中共有诊断结果为良性的数据 357 条,诊断结果为恶性的数据 212 条。可以用如下语句对分组统计的结果进行可视化展示。

```
In:
    B, M = df.diagnosis.value_counts()
    x_labels = ['Number of Benign', 'Number of Malignant']
    colors = ['salmon', 'lightblue']
    plt.bar(x_labels, [B, M], color = colors)
    plt.show()
```

结果如图 12-1 所示。

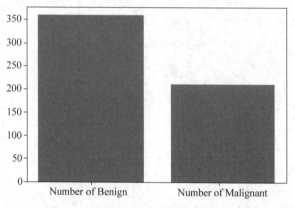

图 12-1 分组统计的结果

用户也可以使用 seaborn 库生成诊断结果统计的柱状图。其语句如下:

```
In:
    plt.figure(figsize = (5,5))
    sns.countplot(df['diagnosis'], palette = "husl")
```

结果如图 12-2 所示。

另外,还可以查看每类数据所占的百分比并进行可视化展示,所用的语句如下:

```
In:
    B1, M1 = df.diagnosis.value_counts()/df.diagnosis.count()
    diagnosis_labels = ['Number of Benign', 'Number of Malignant']
    colors = ['salmon', 'lightblue']
    plt.pie([B1, M1], labels = diagnosis_labels, colors = colors, startangle = 90, autopct =
'%1.2f%%')
    plt.show()
```

结果如图 12-3 所示。

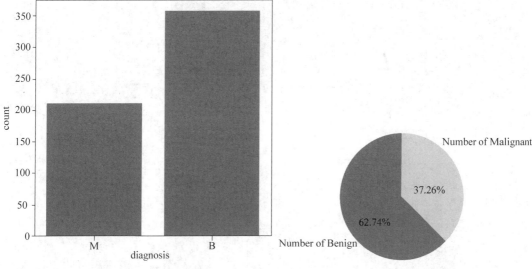

图 12-2　使用 seaborn 库生成诊断结果统计的柱状图　　图 12-3　查看每类数据所占的百分比

　　从结果可知良性数据占 62.74%，恶性数据占 37.26%，恶性诊断结果所占的比例较高。注意，本例中的数据集不代表典型的医疗数据分布。在通常情况下，医疗数据中会有比较多的结果为阴性的病例，而只有少数代表阳性(恶性)肿瘤的病例。

12.3.2　数据分布的可视化分析

　　在获取了数据集的基本信息后，对数据可视化、特征选择、特征提取或分类之前，是否需要对数据进行标准化或规范化处理？要回答类似的问题，用户还需了解各个特征的数据的具体情况，例如数据的方差、标准差、样本数(计数)、最大值、最小值等，掌握这些信息有助于更加深入地理解数据。

　　下面结合可视化进一步分析数据的特征，包括使用 Matplotlib 库作出基本的直方图、散点图等，以及使用 seaborn 库作出更多样化的图形。

1. 直方图

　　直方图是表示每个值的频率的图，频率指每个值在数据集中出现多少次，这种描述称为变量的分布。直方图是最常见的表示变量分布的方法。

　　可以用一行简单的语句 df.hist('radius_mean')或 df.radius_mean.hist()绘制出某一列的值的分布直方图。如图 12-4 所示为 radius_mean 列的值的分布直方图。

```
In:
    df.hist('radius_mean')
```

接下来用直方图显示良性和恶性的数据在 radius_mean 列上的分布情况。

```
In:
    plt.hist(df[df["diagnosis"] == 1].radius_mean, bins = 30, fc = (1,0,0,0.5), label =
"Malignant")
```

```
    plt.hist(df[df["diagnosis"] == 0].radius_mean, bins = 30, fc = (0,1,0,0.5), label =
"Benign")
    plt.legend()
    plt.xlabel("Radius Mean Values")
    plt.ylabel("Frequency")
    plt.title("Histogram of Radius Mean for Benign and Malignant Tumors")
    plt.show()
```

结果如图 12-5 所示。

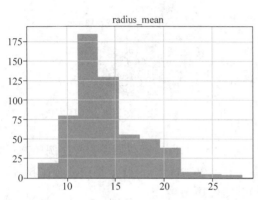

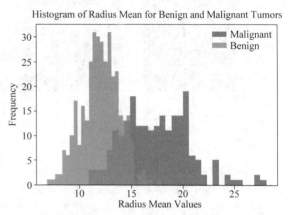

图 12-4　radius_mean 列的值的分布直方图　　　　图 12-5　radius_mean 列上数据的分布情况

从图 12-5 可以看出，大部分诊断结果为良性（Benign）的数据 radius_mean 列的值比 15 小，而诊断结果为恶性（Malignant）的数据 radius_mean 列的值比 15 大。

用户还可以绘制所有数值型列的数据分布直方图，语句如下。

```
In:
    df.hist(figsize = (20,15))
```

结果如图 12-6 所示。

2. 散点图

散点图通过用两组数据序列构成的多个坐标点来考察坐标点的分布，从而判断两个变量之间是否存在某种关联，或分析坐标点的分布模式。散点图将序列显示为一组点，值由点在图表中的位置表示。散点图通常用于比较跨类别的聚合数据，类别由图表中的不同标记表示。

下例以 radius_mean 为横轴、texture_mean 为纵轴，以散点图显示了良性和恶性数据的分布情况。

```
In:
    M = df[df["diagnosis"] == 1]
    B = df[df["diagnosis"] == 0]
    plt.scatter(M.radius_mean, M.texture_mean, color = 'red', label = 'Malignant', marker = '+')
    plt.scatter(B.radius_mean, B.texture_mean, color = 'green', label = 'Benign')
    plt.xlabel('radius_mean')
```

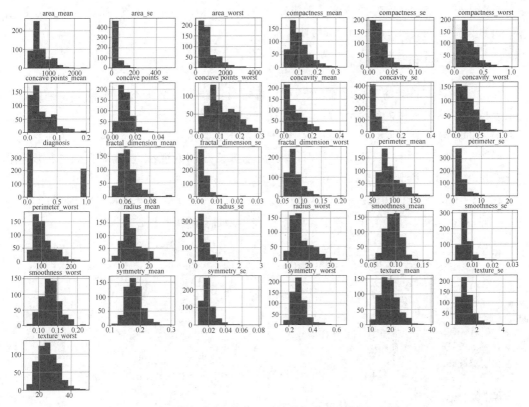

图 12-6　所有数值型列的数据分布直方图

```
plt.ylabel('texture_mean')
plt.legend()
plt.show()
```

结果如图 12-7 所示。

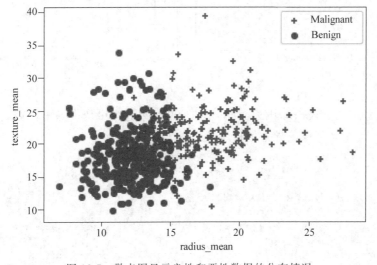

图 12-7　散点图显示良性和恶性数据的分布情况

从图 12-7 可以看出,恶性肿瘤的 radius_mean 和 texture_mean 值均偏大,而良性肿瘤的 radius_mean 和 texture_mean 值均偏小。

3. 箱形图(异常值检测)

在进行进一步的数据分析之前,错误值或异常值可能是一个严重的问题,它们通常是测量误差或异常系统条件的结果,因此不具有描述底层系统的特征。最佳做法是在下一步分析之前就进行异常值去除处理,可以采用箱形图进行异常值检测。

因为不同特征的值的取值范围差别很大,为了方便在图上观察,首先对数据进行规范化(normalization)或标准化(standardization),即将数据按比例缩放,使之落入一个小的特定区间。

在下例中使用 df1.loc[:,['radius_mean']].boxplot()绘制单一特征的箱形图,使用 df1.iloc[:,1:6].boxplot()绘制多个特征的箱形图,所用语句如下:

```
In:
    df1 = (df - df.mean())/(df.std())
    plt.figure(figsize = (15,5))
    plt.subplot(1,2,1)
    df1.loc[:,['radius_mean']].boxplot()
    plt.subplot(1,2,2)
    df1.iloc[:,1:6].boxplot()
    plt.show()
```

绘制的图形如图 12-8 所示。

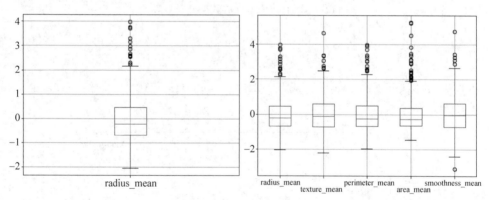

图 12-8　监测异常值的箱形图

用户也可以使用 seaborn 中的 boxplot 按诊断结果为各个特征做出异常值检测箱形图。在下例中为前 10 个特征做出异常值检测箱形图。

```
In:
    X1 = X
    X1_Stand = (X - X.mean())/(X.std())
    data = pd.concat([Y,X1_Stand.iloc[:,0:10]],axis = 1)
    data = pd.melt(data,id_vars = "diagnosis",var_name = "features",value_name = 'value')
    plt.figure(figsize = (5,5))
    sns.boxplot(x = "features",y = "value",hue = "diagnosis",data = data)
    plt.xticks(rotation = 90)
```

结果如图 12-9 所示。

12.3.3 相关性分析

下面对数据进行相关性分析。具有高相关性的特征更具线性依赖性，因此对因变量的影响几乎相同，所以当两个特征具有高相关性时可以删除其中一个特征。

1. jointplot 图

为了更深入地比较两个特征，可以使用 seaborn 中的 jointplot 图。在下例中，可以使用如下语句查看特征 concavity_worst 与特征 concave points_worst 之间的相关性，pearson 相关性结果为 0.86，表示这两个特征的相关性较高。

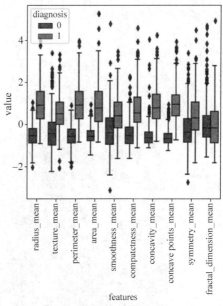

图 12-9 前 10 个特征的异常值检测箱形图

```
In:
    import scipy.stats as sci
    sns.jointplot(df.loc[:,'concavity_worst'],df.loc[:,'concave points_worst'],
            kind = "reg",stat_func = sci.pearson,color = 'r')
```

结果如图 12-10 所示。

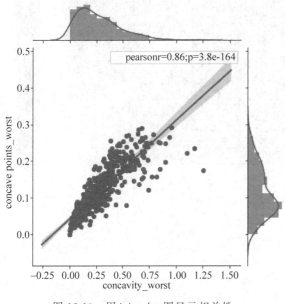

图 12-10 用 jointplot 图显示相关性

2. 生成相关性矩阵

可以用如下语句生成相关矩阵。

```
In:
    corr = df.corr()
    corr.head()
```

DataFrame 的 corr() 方法用来实现数据的相关性计算。相关系数通常有 3 种，常用的是 Pearson 标准相关系数，用来计算数值和数值间的相关性。另外，还可以设置 corr() 方法的参数 method—spearman 来计算 Spearman 等级相关系数，或者设置 method = kendall 来计算 Kendall 等级相关系数。

3. 生成相关性热力图

可以用热力图（heatmap）观察所有特征之间的相关性，这是一种常用的绘图方法。生成热力图的语句如下：

```
In:
    f,ax = plt.subplots(figsize = (18,18))
    sns.heatmap(X.corr(),annot = True,linewidths = .5,fmt = '.1f',ax = ax)
```

结果如图 12-11 所示。

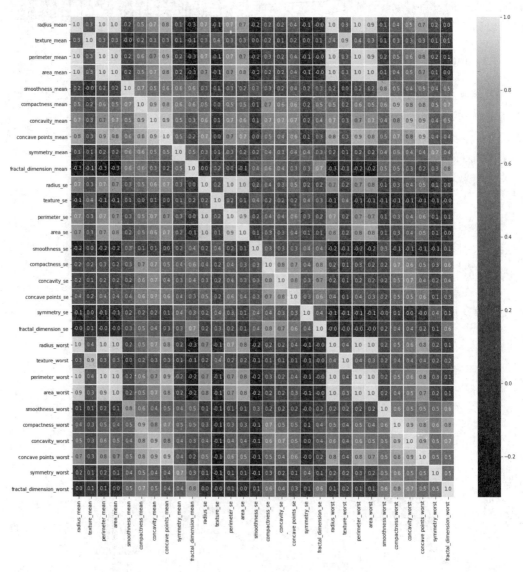

图 12-11　相关性热力图

12.4　分类模型

对于本例中的乳腺癌数据，诊断结果有恶性和良性两种，因此可以归结为一个二分类的问题。本节将构建 K 近邻、决策树和支持向量机等多个模型，将数据集分成训练集和测试集,用数据集来训练模型,并用模型预测出诊断结果,将预测的结果与实际结果对比得出准确率、召回率等评价指标。

12.4.1 LogisticRegression 模型

采用 LogisticRegression 模型进行肿瘤数据的分类预测。依次导入需要的库并读入数据,将数据分成训练集和测试集,构建 K 近邻模型,并进行分类,输出模型的准确率、精度和召回率等几个评价指标。

1. 导入需要的库并读入数据

```
In:
    import pandas as pd
    import numpy as np
    import matplotlib.pyplot as plt
    import seaborn as sns
    import warnings
    warnings.filterwarnings('ignore')
    df = pd.read_csv('data.csv')
    list_name = ['id','Unnamed: 32']
    df = df.drop(list_name, axis = 1)
    df['diagnosis'] = df['diagnosis'].replace({'M':1,'B':0})
    X = df.drop(['diagnosis'], axis = 1)
    Y = df['diagnosis']
```

2. 将数据分成训练集和测试集

将数据分成 70% 的训练集和 30% 的测试集,输出训练集和测试集的形状(shape),如图 12-12 所示。

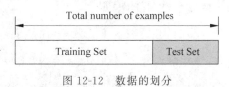

图 12-12 数据的划分

```
In:
    from sklearn.model_selection import train_test_split
    from sklearn.ensemble import RandomForestClassifier
    from sklearn.metrics import f1_score,confusion_matrix
    from sklearn.metrics import accuracy_score,precision_score,recall_score,auc,roc_curve
    from sklearn.tree import DecisionTreeClassifier
    x_train,x_test,y_train,y_test = train_test_split(X,Y,test_size = 0.3,random_state = 1234)
    print(x_train.shape)
    print(x_test.shape)
    print(y_train.shape)
    print(y_test.shape)
Out:
    (398, 30)
    (171, 30)
    (398,)
    (171,)
```

3. 构建模型进行分类

用训练数据 x_train 和 y_train 训练模型,并用训练好的模型 model_1 对 x_test 进行预测,结果为 y_pred。输出模型的准确率、精度和召回率等几个评价指标,语句和输出结果如下。

```
In:
    from sklearn.linear_model import LogisticRegression
    model_1 = LogisticRegression()
    model_1.fit(x_train,y_train)
    y_pred = model_1.predict(x_test)
    accuracy_score_1 = accuracy_score(y_test,y_pred)
    precision_score_1 = precision_score(y_test,y_pred)
    recall_score_1 = recall_score(y_test,y_pred)
    print('Before Data Scaler, Accuracy is: \t%0.3f'%accuracy_score_1)
    print('Before Data Scaler, Precision is: \t%0.3f'%precision_score_1)
    print('Before Data Scaler, Recall is: \t%0.3f'%recall_score_1)
    cm_1 = confusion_matrix(y_test,y_pred)
    sns.heatmap(cm_1,annot=True,fmt="d")
Out:
    Before Data Scaler, Accuracy is:    0.918
    Before Data Scaler, Precision is:   0.948
    Before Data Scaler, Recall is:      0.833
```

混淆矩阵的输出结果略。

12.4.2 决策树模型

构建决策树模型进行分类,语句和输出结果如下。

```
In:
    model_1 = DecisionTreeClassifier()
    model_1.fit(x_train,y_train)
    y_pred = model_1.predict(x_test)
    accuracy_score_1 = accuracy_score(y_test,y_pred)
    precision_score_1 = precision_score(y_test,y_pred)
    recall_score_1 = recall_score(y_test,y_pred)
    print('DecisionTreeClassifier Model Accuracy is:\t%0.3f'%accuracy_score_1)
    print('DecisionTreeClassifier Model Precision is:\t%0.3f'%precision_score_1)
    print('DecisionTreeClassifier Model Recall is:\t%0.3f'%recall_score_1)
    cm_1 = confusion_matrix(y_test,y_pred)
    sns.heatmap(cm_1,annot=True,fmt="d")
Out:
    DecisionTreeClassifier Model Accuracy is:  0.930
    DecisionTreeClassifier Model Precision is: 0.922
    DecisionTreeClassifier Model Recall is:    0.894
```

12.4.3 SVM 模型

采用支持向量机模型进行肿瘤数据的分类预测,语句和输出结果如下。

```
In:
    from sklearn.model_selection import GridSearchCV
    from sklearn.svm import SVC
    model_1 = SVC()
    model_1.fit(x_train,y_train)
    y_pred = model_1.predict(x_test)
    accuracy_score_1 = accuracy_score(y_test,y_pred)
    precision_score_1 = precision_score(y_test,y_pred)
    recall_score_1 = recall_score(y_test,y_pred)
    print('Before Feature selection, Accuracy is:\t%0.3f'% accuracy_score_1)
    print('Before Feature selection, Precision is:\t%0.3f'% precision_score_1)
    print('Before Feature selection, Recall is:\t%0.3f'% recall_score_1)
    cm_1 = confusion_matrix(y_test,y_pred)
    sns.heatmap(cm_1,annot = True,fmt = "d")
Out:
    Before Feature selection, Accuracy is:   0.895
    Before Feature selection, Precision is:  1.000
    Before Feature selection, Recall is:     0.727
```

12.5　提升预测准确率的策略

本节了解提升分类模型准确率的几种策略，包括特征缩放、特征选择和超参数优化。在本节将对比 12.4 节中的结果分析提升策略对预测准确率的影响。

12.5.1　数据标准化或规范化

在建立模型前，首先对数据进行标准化或规范化，使得特征的范围具有可比性。这些数据预处理工作对后面使用数据进行建模的结果具有重要的影响。

1. 标准化

标准化是一种有用的技术，可将具有高斯分布，平均值和标准差不同的属性转换为平均值为 0、标准差为 1 的标准高斯分布。

2. 规范化

在 scikit-learn 中进行规范化是指将每个观察值（行）重新缩放为长度为 1（在线性代数中称为单位范数或长度为 1 的向量）。

3. 二值化

二值化将所有高于阈值的值都标记为 1，将所有等于或低于阈值的值都标记为 0。

用户可以采用多种方法来实现数据的归一化和缩放，本例采用 sklearn 中的 StandardScaler 实现，并在 LogisticRegression 算法上对比缩放前后的预测准确率。

相应代码和结果如下：

```
In:
    from sklearn.preprocessing import StandardScaler
    sc = StandardScaler()
    x_train_scaled = sc.fit_transform(x_train)
    x_test_scaled = sc.fit_transform(x_test)
    model_2 = LogisticRegression()
    model_2.fit(x_train_scaled, y_train)
    y_pred = model_2.predict(x_test_scaled)
    accuracy_score_2 = accuracy_score(y_test, y_pred)
    precision_score_2 = precision_score(y_test, y_pred)
    recall_score_2 = recall_score(y_test, y_pred)
    print('After Data Scaler, Accuracy is: \t%0.3f'% accuracy_score_2)
    print('After Data Scaler, Precision is: \t%0.3f'% precision_score_2)
    print('After Data Scaler, Recall is: \t%0.3f'% recall_score_2)
    cm_2 = confusion_matrix(y_test, y_pred)
    sns.heatmap(cm_2, annot = True, fmt = "d")
Out:
    After Data Scaler, Accuracy is:    0.965
    After Data Scaler, Precision is:   0.969
    After Data Scaler, Recall is:      0.939
```

可以看到,在 LogisticRegression 算法中有效地提升了预测准确率。

12.5.2 特征选择

分析特征,并试图了解哪些特征具有更大的预测价值,尝试通过特征选择来提升模型的预测准确率。

本例的目标是构建模型来预测肿瘤是良性还是恶性,因此可以分析哪些特征不具有较大的预测价值,从特征中将它们删除,检查是否能提升模型的预测准确率。下面将采用 DecisionTreeClassifier 模型,通过实验分析 SelectKBest、Recursive Feature Elimination (RFE)及 Recursive Feature Elimination with Cross-Validation(RFECV)等几种特征选择方法在本数据集上的性能提升效果。

1. 使用 SelectKBest 进行特征选择

在单变量特征选择中,将使用 SelectKBest 来删除除 k 个最高得分特征之外的所有特征。在这种方法中,用户需要选择将使用多少特征。例如,k(特征数)应该设置为 5 还是 10 或者是 15? 用户可以设置不同的值来进行尝试,这里将 k 设置为 5 来找到最好的 5 个特征。

```
In:
    from sklearn.feature_selection import SelectKBest
    from sklearn.feature_selection import chi2
    # 找到得分最高的 5 个特征
    select_feature = SelectKBest(chi2, k = 5).fit(x_train, y_train)
    print('Score list:', select_feature.scores_)
    print('Feature list:', x_train.columns)
    x_train_2 = select_feature.transform(x_train)
```

```
    x_test_2 = select_feature.transform(x_test)
    model_2 = DecisionTreeClassifier()
    model_2.fit(x_train_2,y_train)
    y_pred_2 = model_2.predict(x_test_2)
    accuracy_score_2 = accuracy_score(y_test,y_pred_2)
    precision_score_2 = precision_score(y_test,y_pred)
    recall_score_2 = recall_score(y_test,y_pred)
    print('By SelectKBest Feature selection, Accuracy is: \t%0.3f'%accuracy_score_2)
    print('By SelectKBest Feature selection, Precision is: \t%0.3f'%precision_score_2)
    print('By SelectKBest Feature selection, Recall is: \t%0.3f'%recall_score_2)
    cm_2 = confusion_matrix(y_test,y_pred)
    sns.heatmap(cm_2,annot = True,fmt = "d")
```

Out:
```
    By SelectKBest Feature selection, Accuracy is:     0.906
    By SelectKBest Feature selection, Precision is:    0.969
    By SelectKBest Feature selection, Recall is:       0.939
```

2. 使用 RFE 进行特征选择

递归特征消除（Recursive Feature Elimination，RFE）的主要思想是反复地构建模型（例如 SVM 或者回归模型），选出最好的（或者最差的）的特征（可以根据系数来选），把选出来的特征放到一边，然后在剩余的特征上重复这个过程，直到所有特征都遍历了。在这个过程中特征被消除的次序就是特征的排序。因此，这是一种寻找最优特征子集的贪心算法。

RFE 自身的特性使得用户可以比较好地手动进行特征选择，但是它也存在原模型在去除特征后的数据集上的性能表现要差于原数据集，这和方差过滤一样，同样是因为去除的特征中保留了有效信息。

RFE 的稳定性在很大程度上取决于迭代时底层用了哪种模型。例如，假如 RFE 采用的是普通的回归，而没有经过正则化的回归是不稳定的，那么 RFE 就是不稳定的；假如 RFE 采用的是 Ridge，而用 Ridge 正则化的回归是稳定的，那么 RFE 就是稳定的。

sklearn 提供了 RFE 包，可以用于特征消除，还提供了 RFECV，可以通过交叉验证来对特征进行排序。

下例尝试用递归特征消除的特征排序方法来进行特征选择，所用代码和结果如下。

In:
```
    from sklearn.feature_selection import RFE
    model_3 = DecisionTreeClassifier()
    rfe = RFE(estimator = model_3,n_features_to_select = 5,step = 1)
    rfe.fit(x_train,y_train)
    print('Chosen best 5 feature by rfe:',x_train.columns[rfe.support_])
    y_pred_3 = rfe.predict(x_test)
    accuracy_score_3 = accuracy_score(y_test,y_pred_3)
    precision_score_3 = precision_score(y_test,y_pred_3)
    recall_score_3 = recall_score(y_test,y_pred_3)
    print('By RFE Feature selection, Accuracy is: \t%0.3f'%accuracy_score_3)
    print('By RFE Feature selection, Precision is: \t%0.3f'%precision_score_3)
```

```
        print('By RFE Feature selection, Recall is: \t % 0.3f' % recall_score_3)
        cm_4 = confusion_matrix(y_test, y_pred_3)
        sns. heatmap(cm_4, annot = True, fmt = "d")
Out:
        Chosen best 5 feature by rfe: Index(['concave points_mean', 'radius_worst', 'texture_worst',
                'perimeter_worst', 'fractal_dimension_worst'],
        dtype = 'object')
        By RFE Feature selection, Accuracy is:    0.942
        By RFE Feature selection, Precision is:   0.912
        By RFE Feature selection, Recall is:      0.939
```

3. 使用 RFECV 进行特征选择

RFE 通过学习器返回的 coef_ 属性或者 feature_importances_ 属性来获得每个特征的重要程度,然后从当前的特征集中移除最不重要的特征。在特征集上不断地重复递归这个步骤,直到最终达到所需要的特征数量为止。

RFECV 通过交叉验证来找到最优的特征数量。如果减少特征会造成性能损失,那么将不会去除任何特征。这个方法用来选取单模型特征相当不错,但是有两个缺陷,一是计算量大;二是随着学习器(评估器)的改变,最佳特征组合也会改变,有些时候会造成不利影响。

采用 RFECV 不仅可以找到最好的特征,还会找到需要多少特征才能达到最佳精度。运行结果给出了最优特征个数 15 及选出的进行预测的特征,最终的准确率可以达到 94.2%。所用代码和结果如下:

```
In:
        from sklearn. feature_selection import RFECV
        model_4 = DecisionTreeClassifier()
        rfecv = RFECV(estimator = model_4, step = 1, cv = 5, scoring = 'accuracy')
        rfecv. fit(x_train, y_train)
        print('Optimal number of feature:', rfecv. n_features_)
        print('Best feature:', x_train. columns[rfecv. support_])
        y_pred_4 = rfe. predict(x_test)
        accuracy_score_4 = accuracy_score(y_test, y_pred_4)
        precision_score_4 = precision_score(y_test, y_pred_4)
        recall_score_4 = recall_score(y_test, y_pred_4)
        print('By RFECV Feature selection, Accuracy is: \t % 0.3f' % accuracy_score_3)
        print('By RFECV Feature selection, Precision is: \t % 0.3f' % precision_score_3)
        print('By RFECV Feature selection, Recall is: \t % 0.3f' % recall_score_3)
        cm_4 = confusion_matrix(y_test, y_pred_3)
        sns. heatmap(cm_4, annot = True, fmt = "d")
Out:
        Optimal number of feature: 18
        Best feature: Index(['concave points_mean', 'fractal_dimension_mean', 'radius_se',
                'texture_se', 'perimeter_se', 'area_se', 'smoothness_se',
                'compactness_se', 'radius_worst', 'texture_worst', 'perimeter_worst',
                'area_worst', 'smoothness_worst', 'compactness_worst',
```

```
                'concavity_worst', 'concave points_worst', 'symmetry_worst',
                'fractal_dimension_worst'],
        dtype = 'object')
        By RFECV Feature selection, Accuracy is:    0.942
        By RFECV Feature selection, Precision is:   0.912
        By RFECV Feature selection, Recall is:      0.939
```

对比未做特征选择的 DecisionTreeClassifier 的分类结果，可以看出在肿瘤数据集上 SelectKBest、RFE 及 RFECV 等特征选择方法对提升预测性能有一定的效果，其中 RFE 和 RFECV 选出的特征集比较显著地提升了决策树模型的预测准确率。

12.5.3　参数调优

由于很多机器学习算法的性能高低依赖于超参数的选择，所以对机器学习中的超参数进行调优是一项烦琐但至关重要的任务。其中，手动调优占用了机器学习算法流程中一些关键步骤（例如特征工程和结果解释）的时间。

下面采用 sklearn 中的网格搜索（GridSearchCV）法来为 SVM 算法寻找最优超参数，比如 SVM 的惩罚因子 C、核函数 Kernel 等，以此尝试提升分类模型的预测准确率。

网格搜索法是一种通过遍历给定的参数组合来优化模型表现的方法。网格搜索针对超参数组合列表中的每一个组合，实例化给定的模型，做 cv 次交叉验证，将平均得分最高的超参数组合作为最佳的选择，返回模型对象。

其具体代码和结果如下：

```
In:
    from sklearn.model_selection import GridSearchCV
    from sklearn import svm
    model = svm.SVC()
    params = {'C':[6,7,8,9,10,11,12],
            'kernel':['linear','rbf']}
    model1 = GridSearchCV(model,param_grid = params,n_jobs = -1)
    model1.fit(x_train,y_train)
    print("Best Hyper Parameters:\n",model1.best_params_)
    prediction = model1.predict(x_test)
    from sklearn import metrics
    print("Accuracy:",metrics.accuracy_score(prediction,y_test))
    print("Confusion Metrix:\n",metrics.confusion_matrix(prediction,y_test))
Out:
    Best Hyper Parameters:
    {'C': 6, 'kernel': 'linear'}
    Accuracy: 0.935672514619883
    Confusion Metrix:
    [[101 7]
    [ 4 59]]
```

对比未做特征选择的 SVM 的分类结果，可以看出在肿瘤数据集上 GridSearchCV 能为 SVM 模型选出最佳超参数组合，比较显著地提升了 SVM 模型的预测准确率。

12.6　本章小结

本章利用 Python 中的 sklearn 等常用数据分析与挖掘相关库对 Kaggle 中的威斯康星州乳腺癌诊断数据集进行分析,首先对数据进行加载和预处理,并利用可视化分析等方法对数据进行探索性分析。本例构建了 LogisticRegression、DecisionTree 和 SVM 等模型,对肿瘤是良性还是恶性进行了预测,还在此基础上采用特征选择、参数调优等几种不同的方法对预测进行优化,提高预测准确率,并介绍模型的评价指标。

第 **13** 章

实战案例：钻石数据分析与预测

本章使用多种回归模型，结合 Python 中的 sklearn、NumPy、Pandas、Matplotlib 及
seaborn 等库对经典的回归数据集 diamonds 进行分析，根据钻石的重量、切割水平、颜色、
大小尺寸等属性对其价格进行预测。

本章首先对数据进行预处理、探索性分析和可视化，并将数据集划分为训练集和测试
集；然后选择 LinearRegression、Ridge 回归、Lasso 回归、RandomForestRegressor 和
XGBRegressor 等几种不同的回归模型，用训练集来训练模型；接着在此基础上选择在训练
集上预测性能最佳的回归模型对测试集进行预测，并输出模型的评价指标。

本章要点：

* 数据的预处理方法。
* 数据的探索性分析。
* 数据的可视化分析。
* 回归预测模型的运用。
* 模型的评价指标。

13.1 案例背景

钻石是由透明无色的纯碳晶体构成的宝石，是人类已知的最坚硬的宝石，只能被其他钻
石刮擦。由于钻石储量稀少、加工过程复杂，导致钻石的价格昂贵。diamonds 数据集是一
个经典的回归分析数据集，用户可以从 Kaggle 的官网下载，网址为"https://www.kaggle.
com/shivam2503/diamonds"。

diamonds 数据集中包含了近 54 000 颗钻石的价格和其他属性。数据集的目标列为钻
石的价格 price，另外有 9 个属性，包括重量 carat、切割质量 cut、颜色 color、透明度 clarity、
钻石的深度比例 depth、钻石的桌面比例 table，还有以毫米(mm)为单位的钻石的长 x、宽 y、
高 z。

其具体的属性信息如下：①price(目标列，以美元为单位的钻石价格，取值范围为 $326～
$18 823)；②carat(钻石的重量，取值范围为 0.2～5.01)；③cut(钻石的切割质量，取值为
Fair、Good、Very Good、Premium、Ideal)；④color(钻石的颜色，从 J 到 D，分别代表从最差
到最佳)；⑤clarity(钻石的透明度指标，取值为 I1、SI2、SI1、VS2、VS1、VVS2、VVS1、IF，分

别代表最差到最佳);⑥x(钻石的长度,取值范围为 0~10.74mm);⑦y(钻石的宽度,取值范围为 0~58.9mm);⑧z(钻石的深度,取值范围为 0~31.8mm);⑨depth(总深度百分比,定义为 depth=z/mean(x,y)=2*z/(x+y),取值范围为 43~79);⑩table(钻石顶部相对于最宽点的宽度,取值范围为 43~95)。

本案例的目的是用钻石的重量、切割质量、颜色等属性预测钻石的价格。

13.2 数据加载和预处理

本节首先加载分析需要的库,然后读入数据,对数据进行初步分析,并对数据进行预处理。

13.2.1 加载需要的库及读入数据

首先导入必要的库,包括建模需要的回归模型、模型评估库、数据预处理库及数据可视化库等。

```
In:
    # 加载需要的库
    import numpy as np
    import pandas as pd
    import math
    # 建模用的回归算法
    from sklearn.linear_model import LinearRegression,Ridge,Lasso,RidgeCV, ElasticNet
    from sklearn.ensemble import RandomForestRegressor
    from xgboost import XGBRegressor
    # 建模辅助
    from sklearn.model_selection import train_test_split
    from sklearn.model_selection import GridSearchCV, cross_val_score
    from sklearn.pipeline import Pipeline
    # 数据预处理
    from sklearn.preprocessing import OneHotEncoder, LabelEncoder,StandardScaler
    # 模型评估
    from sklearn import metrics
    from sklearn.metrics import mean_squared_log_error,mean_squared_error, r2_score,mean_absolute_error
    from sklearn.metrics import accuracy_score,precision_score,recall_score,f1_score
    # 数据可视化
    import matplotlib as mpl
    import matplotlib.pyplot as plt
    import matplotlib.pylab as pylab
    import seaborn as sns
```

然后读入数据,并将数据保存到 Pandas 的 DataFrame 类型的对象 df 中,所用语句如下:

```
In:
    df = pd.read_csv('data/diamonds.csv')        # 读入数据
```

13.2.2　数据信息初步分析

在导入数据后，可以根据需要对数据进行初步分析，获取数据的相关信息，使用如下语句来执行：

```
In:
      print(df.shape)            #查看数据的行数和列数
      print(df.head())           #查看数据的前5行
      print(df.columns)          #查看数据集的列名
      print(df.info())           #查看索引、数据类型和内存信息
      print(df.describe())       #数值型列的汇总统计
```

df.shape 的执行结果为(53940,11)，表示数据集为 53 940 行，11 列。df.head() 显示了数据集中前 5 行的数据情况，df.columns 输出了数据集中的列名，df.info() 输出了数据集的索引、数据类型和内存信息，df.describe() 显示了数据集中数值型列的数据量、平均值、方差、最大值、最小值的汇总统计结果。

通过以上对数据的初步分析可知，数据集中共有 53 940 行，11 列。索引列 Unnamed：0 为 int64 类型，carat、depth、table、x、y、z 列和目标列 price 为 float64 类型，cut、color 和 clarity 列为 object 类型，数据集中各列均没有空值。

13.2.3　数据预处理

在数据预处理部分进行了如下工作：①数据清理，去掉不需要的列；②检查数据中是否有缺失值，并对缺失值进行处理；③识别和去除异常值；④对类别特征进行编码。

1. 去掉不需要的列

通过对数据的初步分析可知，钻石数据集首列 Unnamed：0 是为数据加的索引列，对钻石的价格预测不起作用，因此将该列从数据中删除，语句如下：

```
In:
      df.drop(['Unnamed: 0'], axis = 1, inplace = True)
      df.head()
```

2. 缺失值处理

用如下语句检查数据集中是否有缺失值：

```
In:
      df.isnull().sum()
```

从输出结果可知，数据集中没有空值。通过对数据集的进一步检查，发现钻石的维度特征列（长度 x、宽度 y 或深度 z）中存在最小值为 0 的情况。对于钻石数据而言，若长度 x、宽度 y 或深度 z 为 0，则该条数据没有任何意义。因此需要对数据进一步检查。

```
In:
      df.loc[(df['x'] == 0) | (df['y'] == 0) | (df['z'] == 0)]      #检查是否存在x、y或z值为0的数据
      len(df[(df['x'] == 0) | (df['y'] == 0) | (df['z'] == 0)])      #检查x、y或z值为0的数据条数
```

发现有 20 条数据存在 x、y 或 z 为 0 的情况,需要删除这些数据。

```
In:
    df = df[(df[['x','y','z']]) != 0).all(axis = 1)]
    print(df.shape)                #查看数据的行数和列数
```

以上语句只在 df 中保留了 x、y 或 z 不为 0 的数据,再次查看数据的行数和列数,输出为(53920,10),说明删除了 20 条有维度缺失值的钻石数据。

3. 离群点检测及处理

离群点(outlier)是指数据中和其他观测点偏离非常大的数据点。离群点是异常的数据点,但不一定是错误的数据点。离群点可能会对数据分析、数据建模等工作带来不利的影响,例如增大错误方差、影响预测和影响数据正态性等,GBDT 等模型对异常值很敏感。因此,对离群点进行检测及处理是数据预处理的重要环节。用户可以采用对数据绘制散点图、箱形图等方式检测离群点。

首先绘制箱形图,检测数值型列 carat、depth、table、x、y 和 z 中的离群点。

```
In:
    df[['carat','depth','table','x','y','z']].plot(kind = 'box',layout = (2,3),subplots = True,
figsize = (15,12),
    title = ['Carat','Depth','Table','X','Y','Z'])
```

结果如图 13-1 所示。

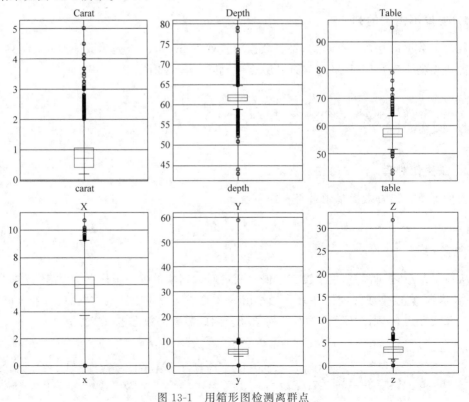

图 13-1　用箱形图检测离群点

通过绘制箱形图，可以发现一些特征中存在离群点，这些离群点数据与数据集中的其他部分差距很大，将影响回归模型的结果。例如，钻石的维度特征宽度 y 和深度 z 中存在离群点，depth 和 table 特征中存在上限值，但需进行进一步观察。

用户可以使用 seaborn 库的 scatterplot() 函数绘制 depth 与 price 列的散点图，并使用 seaborn 库的 regplot() 函数绘制 table 与 price 的回归关系图，进一步观察 depth 和 table 列的离群点特征。

```
In:
    fig, (ax1, ax2) = plt.subplots(1, 2, figsize = (16,6))
    sns.scatterplot(x = 'depth', y = 'price', data = df, ax = ax1)
    sns.regplot(x = 'table', y = 'price', data = df, ax = ax2)
```

结果如图 13-2 和图 13-3 所示。

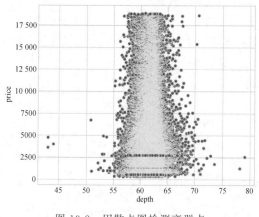

图 13-2 用散点图检测离群点

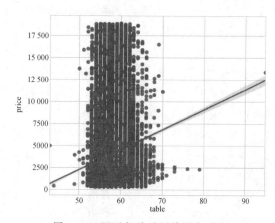

图 13-3 用回归关系图检测离群点

通过箱形图、散点图和回归关系图的分析，发现数值型列 depth、table、y 和 z 中存在比较明显的离群点，可以用下面的语句删除数据集中的离群点。

```
In:
    df = df[(df["depth"]< 75)&(df["depth"]> 45)]
    df = df[(df["table"]< 80)&(df["table"]> 40)]
    df = df[(df["y"]< 30)]
    df = df[(df["z"]< 30)&(df["z"]> 2)]
    print(df.shape)
```

删除离群点后，数据集的维度由(53920,10)变为(53907,10)，说明有 13 条数据被删除。

4. 类别特征的处理

本例将采用多种回归模型对钻石价格 price 进行预测，因此需要将类别特征进行编码处理，转换为数值型数据。

类别(categorical)特征是包含标签值而非数值的列，列的取值通常为一个固定的集合。类别特征也可称为分类变量或名义变量。许多机器学习算法不能直接对类别特征进行处理，它们要求所有输入变量和输出变量都是数值型变量，此时需要对类别特征进行处理，将其转换为数值类型。如果类别特征是输出变量，可能还需要将模型的数值型预测结果转换为类别形式，以便在某些应用中显示或使用结果。

首先分别获取数据集中的数值型特征列的列名和类别特征列的列名。

```
In:
    numerical_cols = list(df.select_dtypes(exclude = 'object').columns)
                                                    # 获取数值型特征
    categorical_cols = list(df.select_dtypes(include = 'object').columns)
                                                    # 获取类别特征

    print("Numerical columns:",numerical_cols)
    print("Categorical columns:",categorical_cols)
```

从输出结果可知，钻石数据集中一共有 3 个类别特征，分别是 cut、color 和 clarity，其他特征为数值特征，分别是 carat、depth、table、x、y、z 和目标列 price。

然后将类别变量转换为数值类型。转换通常有两种方式——独热编码（OneHotEncoder）和标签编码（LabelEncoder）。若类别特征的取值之间没有大小的意义，那么就可以使用独热编码。独热编码使用 N 位状态寄存器对 N 个状态进行编码，每一个状态都有独立的寄存器位，且在任何时候只有一位有效。标签编码是将类别特征中的每一类别赋予一个数值，从而转换成数值型。

下面使用标签编码对钻石数据中的类别特征进行编码。

```
In:
    # 用标签编码器对分类数据进行编码
    label_df = df.copy()        # 复制数据进行处理,避免更改原始数据 df
    label_encoder = LabelEncoder()
    for col in categorical_cols:
        label_df[col] = label_encoder.fit_transform(label_df[col])
    label_df.head()
```

在本例中，首先将数据 df 复制到 label_df 中，避免更改原始数据，然后采用标签编码方式对类别变量进行编码，转换为数值型，转换后 label_df 中的所有列均为数值型。

13.3 探索性数据分析

在了解了数据的基本信息后，下面分别对类别特征和数值特征的数据分布及相关性情况进行分析，并使用 Python 中的 Matplotlib 和 seaborn 等库对分析的结果进行可视化，以便更好地了解数据的特性。

13.3.1 类别特征分析

首先查看各个类别特征中数据的分布情况。

```
In:
    print(df.cut.unique())
    print(df.color.unique())
```

```
print(df.clarity.unique())
df.groupby('cut').size()
```

从输出结果可知，'cut'的取值为['Ideal' 'Premium' 'Good' 'Very Good' 'Fair']，'color'的取值为['E' 'I' 'J' 'H' 'F' 'G' 'D']，'clarity'的取值为['SI2' 'SI1' 'VS1' 'VS2' 'VVS2' 'VVS1' 'I1' 'IF']。使用 seaborn 的 countplot()方法进行类别特征数据分布的可视化。

In:
```
def countplotConstructor(df):
    fig, axes = plt.subplots(nrows = 3, figsize = (15, 15))
    sns.countplot(x = 'cut', data = df, ax = axes[0])
    sns.countplot(x = 'color', data = df, ax = axes[1])
    sns.countplot(x = 'clarity', data = df, ax = axes[2])
    plt.tight_layout()
countplotConstructor(df)
```

可视化结果如图 13-4 所示。

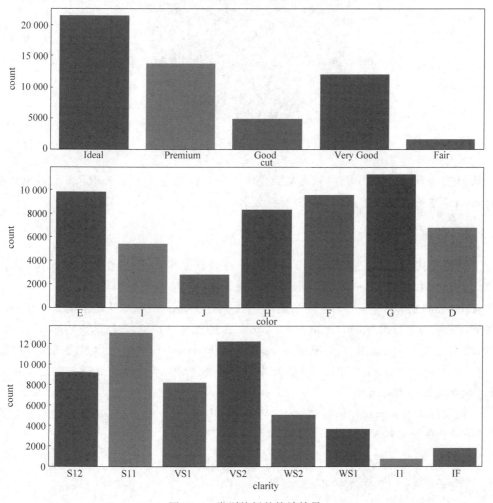

图 13-4　类别特征的统计结果

用户还可以使用饼图查看类别特征的数据分布情况。这里以 clarity 特征为例,绘制类别特征数据分布情况的饼图。

```
In:
    plt.figure(figsize = (6,6))
    plt.pie(x = df['clarity'].value_counts(), labels = df['clarity'].value_counts().index,
autopct = '%.1f')
    plt.title('clarity categorical values')
    plt.show()
```

结果如图 13-5 所示。

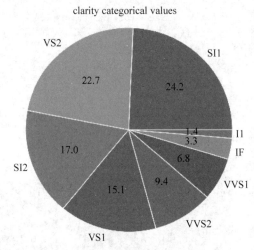

图 13-5 clarity 特征数据分布情况的饼图

从图 13-5 所示的饼图可知,钻石数据集中的 clarity 特征共有 8 种取值,其中占比最多的是 clarity 取值为"SI1"的数据,约占所有数据的 24.6%。

13.3.2 数值特征分析

下面将使用 seaborn 的 distplot 函数对钻石数据集中的数值型特征列 carat、depth、table、x、y、z 和目标列 price 进行分析,以便了解数据的趋势和分布。

seaborn 的 distplot 函数的主要功能是绘制单变量的分布图,默认绘制的是一个带有核密度估计曲线的直方图。distplot 集合了 Matplotlib 的直方图 hist() 与核函数估计 kdeplot() 的功能,增加了用 rugplot 分布观测条显示,及利用 SciPy 库 fit 拟合参数分布的新用途。distplot 函数通过设置 hist 和 kde 参数调节是否绘制(标注)直方图及高斯核密度估计曲线(默认 hist、kde 均为 True)。

首先以特征列 depth 和目标列 price 为例,采用 seaborn 的 distplot 函数绘制变量分布图,了解数据的分布情况。

```
In:
    fig, axes = plt.subplots(1,2, figsize = (12, 5))
    sns.set_style('whitegrid')
```

```
axes[0].set_title('Depth Histogram')
sns.distplot(df['depth'], kde = True, hist = False,color = 'red', bins = 20,ax = axes[0])
axes[1].set_title('Price Histogram')
sns.distplot(df['price'], kde = False, hist = True,color = 'red', bins = 20,ax = axes[1])
plt.tight_layout()
```

图 13-6 显示了对 depth 列绘制的核密度估计曲线，图 13-7 显示了对 price 列绘制的直方图（数据频度）结果。

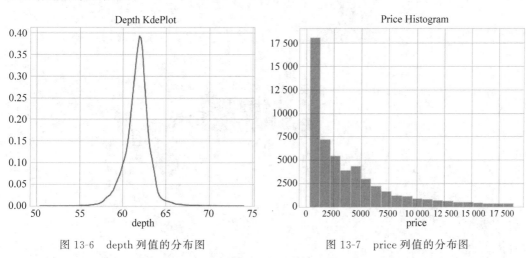

图 13-6　depth 列值的分布图　　　　　图 13-7　price 列值的分布图

类似地，可以做出其他数值型特征的直方图和密度图，代码如下。

```
In:
def histogramConstructor(df):
    columns = ['carat', 'table', 'x', 'y', 'z']
    fig, axes = plt.subplots(nrows = len(columns), figsize = (12, 15))
    for i in range(len(columns)):
        sns.distplot(df[columns[i]], kde = True, color = 'red', bins = 20,ax = axes[i])
        axes[i].set(xlabel = columns[i], ylabel = 'frequency', title = columns[i])
    plt.tight_layout()
histogramConstructor(df)
```

结果如图 13-8 所示：

从图 13-6～图 13-8 所示的结果可知，特征 carat、price 和 x 的数据分布向右倾斜，特征 y 和 z 的分布呈锯齿状。特征 depth 的数据分布相当对称，接近正态分布。同时，本数据集中的各个数值型特征在每一侧都有长尾，这表明可能存在极值。

13.3.3　相关性分析

相关性体现了两个变量间的关联程度。下面分别使用 pairplot、jointplot 和 heatmap 等图形化方法分析各个特征与钻石价格 price 之间的相关关系。

1. pairplot 图分析

在查看单个变量分布的基础上有时也需要查看变量之间的联系，可以使用 pairplot 绘

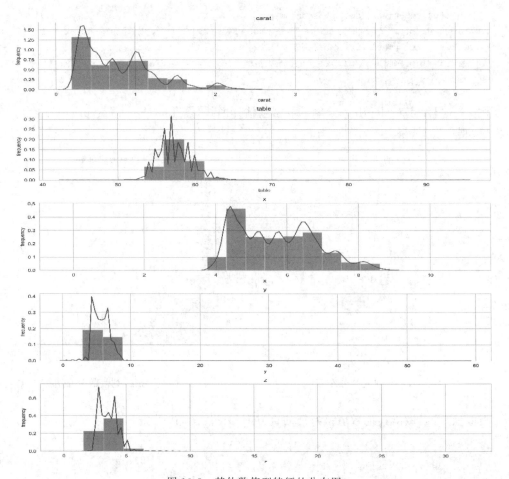

图 13-8　其他数值型特征的分布图

制成对变量的关系图,分析变量间是否存在线性关系,有无较为明显的相关关系。

```
In:
    sns.pairplot(data = df,x_vars = [ "carat","depth","table"],y_vars = "price",diag_kind = None,
height = 4)
    sns.pairplot(data = df,x_vars = ['x', 'y', 'z'],y_vars = "price",diag_kind = None,height = 4)
```

输出结果如图 13-9 所示。

从输出结果可知,x、y、z、carat 和 price 之间存在较明显的线性关系,depth、table 与 price 的线性关系较弱。

2. jointplot 图分析

seaborn 中的 jointplot 是联合分布图,可以深入地分析两个特征的相关性。jointplot 函数用于将成对特征的相关情况、联合分布以及各自的分布在一张图上集中呈现,是相关性分析最常用的工具,在 jointplot 图上还能展示回归曲线及相关系数。在下面使用 jointplot 分别显示特征 carat 与 price、特征 depth 与 price 之间的相关性。

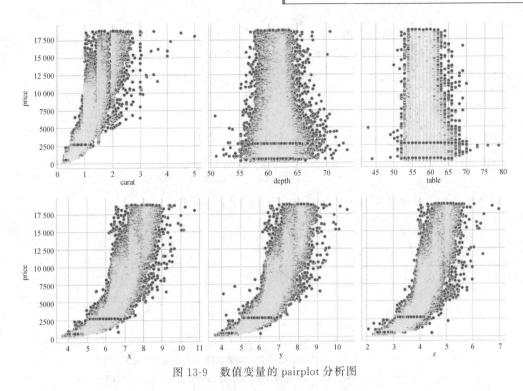

图 13-9 数值变量的 pairplot 分析图

```
In:
    import scipy.stats as sci
    # carat 与 price 的 jointplot 图
    sns.jointplot(x = 'carat', y = 'price', data = df , stat_func = sci.pearsonr, height = 8,
color = 'green')
    # depth 与 price 的 jointplot 图
    sns.jointplot(x = 'depth', y = 'price', data = df, kind = "reg", stat_func = sci.pearsonr,
height = 8, color = 'r')
```

结果如图 13-10 和图 13-11 所示。

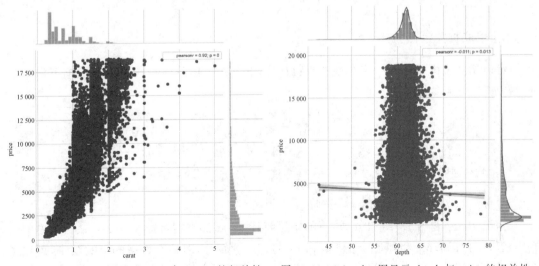

图 13-10 jointplot 图显示 carat 与 pricer 的相关性　　图 13-11 jointplot 图显示 depth 与 price 的相关性

从图 13-10 可以看出,钻石的 carat 特征与钻石的价格 price 有较强的正相关关系,钻石的重量 carat 越大,其价格 price 越高。从图 13-11 可以看出,depth 相同的钻石的价格 price 可能会存在很大的差异,皮尔逊相关性结果显示,depth 与 price 之间存在较弱的负相关关系。

3. 价格与其他特征的相关度

另外可计算钻石价格 price 与其他特征的相关度,并排序显示。

```
In:
    plt.figure(figsize = (10,5))
    label_df.corr()['price'].sort_values()[:-1].plot.barh()
    plt.title('Order of dependence of price on Numerical Features')
    plt.xlabel('Correaltion coefficient with Price')
    plt.ylabel('Feature')
    plt.show()
    print(label_df.corr()['price'])
```

结果如图 13-12 所示。

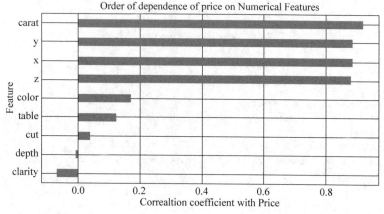

图 13-12　价格与其他特征的相关度排序

4. 生成相关性热力图

可以用热力图 heatmap 来观察所有特征之间的相关性,这是一种常用的绘图方法。生成热力图的语句如下:

```
In:
    plt.figure(figsize = (10,10))
    plt.title('Correlation Map')
    sns.heatmap(label_df.corr(), linewidth = 3.1, annot = True, center = 1)
```

生成的相关性热力图如图 13-13 所示。

由图 13-12 和图 13-13 可知,钻石的重量特征 carat 和维度特征 x、y、z 是钻石价格的决定因素,而特征 table 和 depth 与价格 price 的相关度较低,对钻石价格的影响较小,可以考虑在进行回归分析前将其删除(在 13.4 节的分析中暂时先保留这两个特征)。

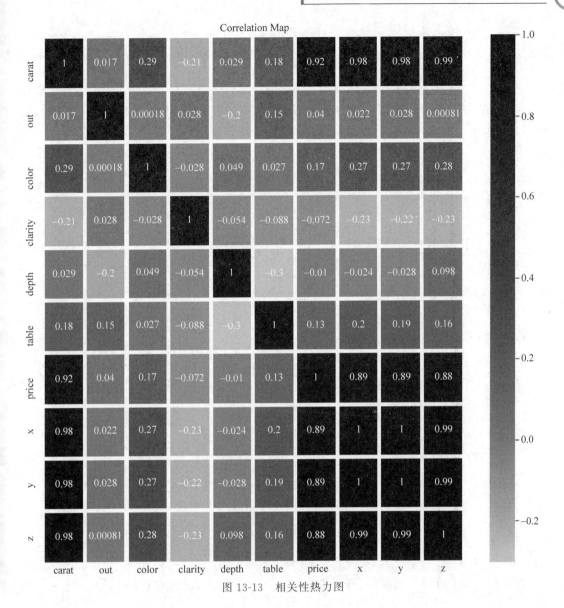

图 13-13　相关性热力图

13.4　回归模型的预测

本节将构建 LinearRegression、Ridge 回归、Lasso 回归、RandomForestRegressor 及 XGBRegressor 等多个模型，对钻石价格进行预测。首先将数据集分成训练集和测试集，用训练集来训练模型，获取所有模型在训练集上交叉验证的均方根误差 RMSE，然后选择在训练集上 RMSE 平均值最小的模型，即在训练集上性能最佳的模型，用它对测试集中的数据进行预测，并使用测试集对模型进行评估。

将经过预处理的数据 label_df 划分为训练集和测试集，语句如下：

```
In:
    X = label_df.drop(["price"],axis = 1)
```

```
y = label_df["price"]
X_train, X_test, y_train, y_test = train_test_split(X, y, test_size = 0.3, random_state = 7)
```

为数据标准化和不同的回归模型构建 pipeline,用训练集拟合 pipelines 中的各个回归模型。sklearn 中的 pipeline 机制(管道机制)实现了对预处理等全部步骤的流式化封装和管理,可以很方便地使参数集在新数据集(比如测试集)上重复使用。

```
In:
pipe_lr = Pipeline([("scalar1",StandardScaler()),
                    ("LinearRegression",LinearRegression())])
pipe_ridge = Pipeline([("scalar2",StandardScaler()),
                    ("Ridge",Ridge())])
pipe_lasso = Pipeline([("scalar3",StandardScaler()),
                    ("Lasso",Lasso())])
pipe_rfr = Pipeline([("scalar4",StandardScaler()),
                    ("RandomForestRegressor",RandomForestRegressor())])
pipe_xgb = Pipeline([("scalar5",StandardScaler()),
                    ("XGBRegressor",XGBRegressor())])
♯所有 pipelines 的列表
pipelines = [pipe_lr, pipe_ridge, pipe_lasso, pipe_rfr, pipe_xgb]
♯构建字典 pipe_dict,以便于引用模型
pipe_dict = {0: "LinearRegression", 1: "Ridge", 2: "Lasso",3: "RFRegressor",
4: "XGBRegressor"}
♯用训练集拟合 pipelines 中的各个回归模型
for pipe in pipelines:
    pipe.fit(X_train, y_train)
```

使用负均方根误差(neg_root_mean_squared_error)作为打分指标,对各个模型进行交叉检验,将所有模型交叉检验结果的平均值的绝对值保存到列表 cv_results_RMSE 中。

```
In:
cv_results_RMSE = []          ♯保存各个回归模型在训练集上的 RMSE
for i, model in enumerate(pipelines):
    cv_score = cross_val_score(model, X_train,y_train,scoring = "neg_root_mean_squared
_error", cv = 5, verbose = 1,n_jobs = - 1)
    cv_results_RMSE.append(abs(cv_score.mean()))
    print("% s: % f " % (pipe_dict[i], abs(cv_score.mean())))
```

输出各个模型在训练集上的 RMSE 结果,结果如下:

```
Out:
LinearRegression: 1345.667893
Ridge: 1345.574389
Lasso: 1347.886019
RFRegressor: 553.466329
XGBRegressor: 552.122205
```

对各个模型在训练集上的 RMSE 平均值进行排序,将结果保存在 RMSE_on_train_sorted 中,并作图显示各个模型在训练集上的 RMSE。

```
In:
    ♯对各个模型在训练集上的 RMSE 平均值进行排序
    RMSE_on_train = pd.DataFrame({'Algorithm':list(pipe_dict.values()),'RMSE':cv_results_
RMSE})
    RMSE_on_train_sorted = RMSE_on_train.sort_values(by = 'RMSE',ascending = True)
    ♯作图显示排序后的各个模型的 RMSE 平均值
    plt.figure(figsize = (25,10))
    plt.title('RMSE on train dataset')
    plt.rcParams["font.sans - serif"] = ["Microsoft YaHei"]
    plt.rcParams['font.size'] = 3
    sns.set(style = "white",context = "talk")
    bar_plot = sns.barplot(x = 'RMSE', y = 'Algorithm', data = RMSE_on_train_sorted)
    ♯barplot 添加数据标注
    for p in bar_plot.patches:
        bar_plot.annotate(format(p.get_width(), '.2f'),
                          (p.get_width(), p.get_y() + p.get_height() / 2.), ha = 'center',
    va = 'center', xytext = (30, 0), textcoords = 'offset points')
    plt.show()
```

作图显示排序后的各个模型在训练集上的 RMSE 平均值,结果如图 13-14 所示。

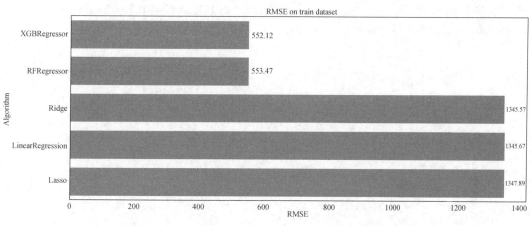

图 13-14　排序后各个模型在训练集上的 RMSE 平均值

由图 13-14 可以看出,XGBRegressor 的 RMSE 最小,说明其在训练集上的预测性能最佳。选择 XGBRegressor 对测试数据进行价格预测,并输出均方误差 MSE、平均绝对误差 MAE、均方根误差 RMSE、决定系数 R^2、校正决定系数(Adjusted R^2)等各项评价指标。

```
In:
    ♯采用在训练集上性能最好的 XGBRegressor 模型对测试集进行预测
    pred = pipe_xgb.predict(X_test)
    print("MAE:",round(metrics.mean_absolute_error(y_test, pred),2))
    print("MSE:",round(metrics.mean_squared_error(y_test, pred),2))
    print("RMSE:",round(np.sqrt(metrics.mean_squared_error(y_test, pred)),2))
    print("R^2:",round(metrics.r2_score(y_test, pred),2))
    print("Adjusted R^2:",round(1 - (1 - metrics.r2_score(y_test, pred)) * (len(y_test) - 1)/(len
(y_test) - X_test.shape[1] - 1),2))
```

输出结果如下：

```
Out:
    MAE: 280.02
    MSE: 302144.87
    RMSE: 549.68
    R^2: 0.98
    Adjusted R^2: 0.98
```

XGBRegressor 模型在测试集上的决定系数 R^2 和校正决定系数（Adjusted R^2）均接近 1，说明该模型在测试集上的预测性能较好。

13.5 本章小结

本章利用 Python 中的 sklearn 等常用数据分析与挖掘相关库对经典的回归数据集——钻石数据集进行分析和预测。

本章案例的目标是根据钻石的多个特征对钻石的价格进行预测。在案例中学习了如何对数据进行预处理、如何对类别特征和数值特征进行分析及可视化、如何采用多种方法进行相关性分析等，同时介绍了 LinearRegression、Ridge 回归、Lasso 回归、RandomForestRegressor 和 XGBRegressor 等几种不同模型的使用方法。

参 考 文 献

［1］ JetBrains 开发者生态系统的调查. https：//www.jetbrains.com/lp/devecosystem-2021/python/，2022.

［2］ 嵩天，礼欣，黄天羽.Python 语言程序设计基础［M］.2 版.北京：高等教育出版社，2017.

［3］ 黑马程序员.Python 数据预处理［M］.北京：人民邮电出版社，2021.

［4］ 董付国.Python 数据分析、挖掘与可视化［M］.北京：清华大学出版社，2020.

［5］ Matplotlib 官网. https：//matplotlib.org.

［6］ 魏伟一，张国治.Python 数据挖掘与机器学习［M］.北京：清华大学出版社，2021.

［7］ 喻梅，于健，等.数据分析与数据挖掘［M］.北京：清华大学出版社，2018.

［8］ 周志华.机器学习［M］.北京：清华大学出版社，2016.

图 书 资 源 支 持

感谢您一直以来对清华版图书的支持和爱护。为了配合本书的使用,本书提供配套的资源,有需求的读者请扫描下方的"书圈"微信公众号二维码,在图书专区下载,也可以拨打电话或发送电子邮件咨询。

如果您在使用本书的过程中遇到了什么问题,或者有相关图书出版计划,也请您发邮件告诉我们,以便我们更好地为您服务。

我们的联系方式:

地　　址: 北京市海淀区双清路学研大厦 A 座 714

邮　　编: 100084

电　　话: 010-83470236　　010-83470237

客服邮箱: 2301891038@qq.com

QQ: 2301891038（请写明您的单位和姓名）

资源下载: 关注公众号"书圈"下载配套资源。

资源下载、样书申请

书 圈

图书案例

清华计算机学堂

观看课程直播